人と協働する
ロボット革命最前線

基盤技術から用途、デザイン、利用者心理、ISO13482、安全対策まで

監 修　佐藤　知正

NTS

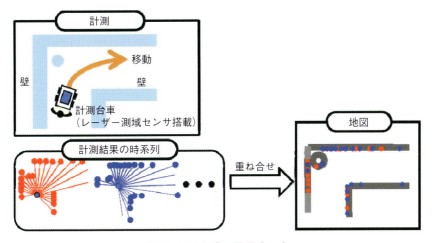

図7　地図作成の原理（p.61）

図6　鑑賞者の振る舞いの識別（p.116）

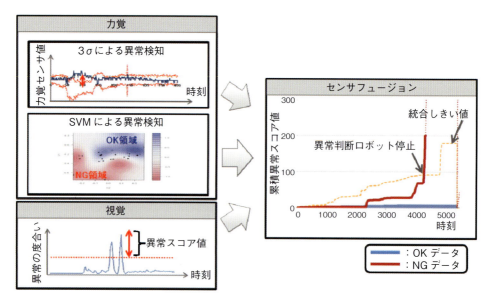

図5　統合判断の構成（p.235）

監修・執筆者一覧

■監修者（敬称略）

佐藤　知正　　東京大学名誉教授

■執筆者（掲載順，敬称略）

佐藤　知正　　東京大学名誉教授

川村　貞夫　　立命館大学理工学部　教授

谷口　忠大　　立命館大学情報理工学部　准教授

橋本　康彦　　川崎重工業株式会社　常務執行役員／精密機械カンパニーロボットビジネスセンター
　　　　　　　センター長

榊原　伸介　　ファナック株式会社　執行役員／ロボット事業本部　技監

白根　一登　　株式会社日立産機システム研究開発センタ　研究員

松本　高斉　　株式会社日立製作所研究開発グループ基礎研究センタ　主任研究員

中　拓久哉　　株式会社日立製作所研究開発グループテクノロジーイノベーション統括本部
　　　　　　　機械イノベーションセンタ　研究員

奥田　晴久　　三菱電機株式会社名古屋製作所ロボット製造部　知能化開発推進担当課長

河合　俊和　　大阪工業大学工学部　准教授

小川　浩平　　大阪大学大学院基礎工学研究科　助教

港　　隆史　　株式会社国際電気通信基礎技術研究所石黒浩特別研究所　研究員

石黒　　浩　　大阪大学大学院基礎工学研究科　教授／株式会社国際電気通信基礎技術研究所
　　　　　　　石黒浩特別研究所　所長

三枝　　亮　　豊橋技術科学大学人間・ロボット共生リサーチセンター　特任准教授

小林　貴訓　　埼玉大学大学院理工学研究科　准教授

久野　義徳　　埼玉大学大学院理工学研究科　教授

山崎　敬一　　埼玉大学大学院人文社会科学研究科　教授

山崎　晶子　　東京工科大学メディア学部　准教授

福田　敏男　　名城大学理工学部　教授

長谷川泰久　　名古屋大学大学院工学研究科　教授

志方　宣之　　パナソニック株式会社エコソリューションズ社エイジフリービジネスユニット
　　　　　　　事業推進部　主幹

岡﨑　安直　　パナソニック株式会社先端研究本部知能研究室生体メカニクス研究部メカニクス技術
　　　　　　　研究課　主幹研究員

向井　利春　　名城大学理工学部　教授

松本　治	国立研究開発法人産業技術総合研究所ロボットイノベーション研究センター 総括研究主幹	
小林　宏	東京理科大学工学部　教授	
小栁　栄次	株式会社移動ロボット研究所　代表取締役	
加藤　晋	国立研究開発法人産業技術総合研究所情報・人間工学領域知能システム研究部門 フィールドロボティクス研究グループ　研究グループ長	
野口　伸	北海道大学大学院農学研究院　教授	
市原　和雄	株式会社プロドローン　常務取締役	
澤田　朋子	国立研究開発法人科学技術振興機構研究開発戦略センター海外動向ユニット　フェロー	
久保田直行	首都大学東京システムデザイン学部　教授	
大保　武慶	首都大学東京システムデザイン学部　特任助教	
武田　隆宏	首都大学東京システムデザイン学部　特任助教	
宮下　敬宏	株式会社国際電気通信基礎技術研究所知能ロボティクス研究所　室長	
松村　礼央	karakuri products　代表	
富田　順二	株式会社富士通研究所ものづくり技術研究所ファクトリーエンジニアリング プロジェクト　プロジェクトディレクター	
亀井　剛次	株式会社国際電気通信基礎技術研究所知能ロボティクス研究所クラウド知能研究室 室長	
萩田　紀博	株式会社国際電気通信基礎技術研究所知能ロボティクス研究所　所長	
鬼頭　明孝	新世代ロボット研究会　会長	
横山　考弘	株式会社ブイ・アール・テクノセンター企画開発部　部長	
篠田　佳和	セコム株式会社IS研究所センシングテクノロジーディビジョン新領域創成グループ グループリーダー	
瀬川　友史	トーマツベンチャーサポート株式会社	
中村　民男	株式会社安川電機ロボット事業部ロボット技術部アプリケーション技術部技術第2課 課長補佐	
小山　久枝	VECTOR株式会社　代表取締役	
野村　竜也	龍谷大学理工学部　教授	
明和　政子	京都大学大学院教育学研究科　教授	
松田　佳尚	同志社大学赤ちゃん学研究センター　特任准教授	
木村　哲也	長岡技術科学大学専門職大学院技術経営研究科　准教授	
大場光太郎	国立研究開発法人産業技術総合研究所ロボットイノベーション研究センター 副センター長	

目　　次

序　論　ロボットイノベーションで未来を切り拓く
（佐藤　知正）

1. はじめに　3
2. 政府のロボット革命　3
3. 生産分野におけるロボット革命　5
4. 生活分野におけるロボット革命　11
5. まとめ　14

第1編　基盤技術〜センシング，アクチュエータ，AIなどの　最新動向〜
（川村　貞夫，谷口　忠大）

1. ロボットの歴史と動向　19
2. 人との協働を支える技術　27
3. ソフトウェア　31
4. まとめ　34

第2編　新しいロボットによるプロセスイノベーション　〜ロボット概要とその用途〜

第1章　操作する

第1節　双腕スカラロボット duAro の開発
（橋本　康彦）

1. はじめに　39
2. 当社の産業用ロボット技術　39
3. 「duAro」の開発の背景　41
4. 「duAro」のロボット技術　42
5. おわりに　46

第2節　センサ利用産業用ロボット開発
（榊原　伸介）

1. はじめに　47
2. 構　成　47
3. 産業用ロボットの適用例　49
4. 協働ロボット　54
5. その他　54
6. おわりに　55

第3節　物流支援ロボット Lapi の開発
（白根　一登，松本　高斉，中　拓久哉）

1. 背　景　57
2. Lapi の概要　58
3. レーザー測域センサによる位置同定　60

4.　Lapi の運用 ……………………………………………………………… 62

　　　5.　位置同定技術の展開 ……………………………………………………… 64

　　　6.　まとめ ……………………………………………………………………… 65

　第4節　組立てロボット開発　　　　　　　　　　　　　　　　　（奥田　晴久）

　　　1.　はじめに …………………………………………………………………… 67

　　　2.　知能化技術 ………………………………………………………………… 67

　　　3.　構造化技術 ………………………………………………………………… 74

　　　4.　安全技術 …………………………………………………………………… 75

　　　5.　まとめ ……………………………………………………………………… 76

　第5節　共存協調型手術支援ロボット開発　　　　　　　　　　　（河合　俊和）

　　　1.　はじめに …………………………………………………………………… 77

　　　2.　執刀医と共存協調する鉗子ロボット LODEM の設計思想 ………… 79

　　　3.　SCARA LODEM …………………………………………………………… 80

　　　4.　Mobile LODEM …………………………………………………………… 81

　　　5.　Multi-angle LODEM ……………………………………………………… 83

　　　6.　おわりに …………………………………………………………………… 84

第2章　会話する / 案内する

　第1節　自律会話可能なアンドロイド開発　　　　（小川　浩平, 港　隆史, 石黒　浩）

　　　1.　はじめに …………………………………………………………………… 87

　　　2.　販売員としてのアンドロイド …………………………………………… 87

　　　3.　人とアンドロイドの自然な音声対話の実現 ………………………… 90

　　　4.　おわりに …………………………………………………………………… 95

　第2節　人とロボットの協調学習に基づく医療福祉支援　　　　　（三枝　亮）

　　　1.　はじめに …………………………………………………………………… 97

　　　2.　医療福祉の現場におけるロボット技術 ………………………………… 98

　　　3.　医療福祉支援ロボット Lucia（ルチア）……………………………… 98

　　　4.　人機械協調学習による歩行訓練支援 ………………………………… 100

　　　5.　医療従事者によるヒアリング調査 …………………………………… 105

　　　6.　おわりに ………………………………………………………………… 106

　第3節　ミュージアムガイドロボット開発　（小林　貴訓, 久野　義徳, 山崎　敬一, 山崎　晶子）

　　　1.　はじめに ………………………………………………………………… 107

　　　2.　インタラクションの社会学的分析 …………………………………… 108

　　　3.　ミュージアムガイドロボット研究 …………………………………… 110

　　　4.　まとめ …………………………………………………………………… 117

第3章　介助する

　第1節　歩行支援つえ型ロボット開発　　　　　　（福田　敏男, 長谷川　泰久）

　　　1.　つえ型ロボットの需要・コンセプト ………………………………… 119

　　　2.　つえ型ロボットの歴史 ………………………………………………… 119

　　　3.　つえ型ロボットの概要 ………………………………………………… 120

　　　4.　つえ型ロボットの制御構造 …………………………………………… 122

	5.	転倒予防技術—タンデムスタンス防止による転倒姿勢回避	123
	6.	今後の展望	125

第2節　自立支援型起立歩行アシストロボット開発　　　　　　　（志方　宣之，岡﨑　安直）
1. はじめに ……… 127
2. 高齢化の進展 ……… 127
3. パナソニック㈱のエイジフリー事業 ……… 127
4. 自立支援アシストロボット開発のアプローチとターゲット ……… 128
5. 理学療法士のスキルの分析 ……… 130
6. 自立支援アシストロボットの詳細 ……… 131
7. おわりに ……… 134

第3節　介護支援ロボット開発　　　　　　　　　　　　　　　　　　　　（向井　利春）
1. 介護支援ロボット RIBA と ROBEAR ……… 135
2. 開発したロボットによる移乗介助 ……… 137
3. ロボット用に開発した触覚センサとその応用 ……… 140
4. まとめ ……… 141

第4節　自律移動車いすロボット開発　　　　　　　　　　　　　　　　　（松本　治）
1. はじめに ……… 143
2. 自律走行車いす「TAO Aicle」 ……… 144
3. 自律走行車いす「Marcus」 ……… 146
4. つくばモビリティロボット実験特区での技術実証試験 ……… 147
5. おわりに ……… 148

第5節　装着型自立歩行訓練ロボット開発　　　　　　　　　　　　　　　（小林　宏）
1. はじめに ……… 151
2. アクティブ歩行器の概要 ……… 151
3. 歩行障害をもつ方による試乗 ……… 154
4. まとめ ……… 156

第4章　屋外で作業する

第1節　災害対応ロボット開発　　　　　　　　　　　　　　　　　　　　（小柳　栄次）
1. はじめに ……… 157
2. RoboCup レスキューロボット実機リーグ ……… 157
3. Quince の開発 ……… 158
4. 特殊環境対応ロボット Sakura の開発 ……… 163
5. 災害対応マルチロボットシステム ……… 165
6. 火山調査ロボット ……… 167
7. おわりに ……… 170

第2節　親子型運用を可能とするクローラー式災害無人調査ロボット開発　　（加藤　晋）
1. はじめに ……… 171
2. 災害対応ロボットの開発 ……… 171
3. 親子型災害調査ロボットの開発 ……… 172
4. 現場検証 ……… 175

目 次

 5. おわりに —————————————————————————————— 177

第3節 無人トラクタ開発   （野口 伸）

 1. はじめに ————————————————————————————— 179

 2. 無人トラクタ開発の現状 ——————————————————— 179

 3. 無人トラクタ技術の実用事例 ———————————————— 182

 4. 今後の展望 ——————————————————————————— 184

 5. おわりに —————————————————————————————— 185

第4節 産業用ドローン開発   （市原 和雄）

 1. 産業用ドローンの現状 ——————————————————— 187

 2. 産業用ドローンのアプリケーション／サービス事例 ——— 190

 3. 産業用ドローンに求められる技術要素と今後の技術 ——— 193

 4. 今後のドローン技術 ————————————————————— 196

第5章 つながる

第1節 ロボットとインダストリー4.0   （澤田 朋子）

 1. インダストリー4.0とは ——————————————————— 197

 2. 個別化生産の実現 —————————————————————— 199

 3. プラグ＆プロデュース ———————————————————— 201

 4. インダストリー4.0で産業用ロボットに期待されること ——— 205

第2節 スマートデバイス連動型ロボット開発 （久保田 直行，大保 武慶，武田 隆宏）

 1. はじめに ————————————————————————————— 207

 2. スマートデバイス連動型ロボットのシステム構成 ———— 208

 3. スマートデバイス連動型ロボットのためのコミュニケーションシステム ——— 214

 4. 応用事例 ————————————————————————————— 218

 5. おわりに —————————————————————————————— 221

第3節 Bluetooth Low Energy（BLE）が作る新しいネットワークロボットの新たな展開

                  （宮下 敬宏，松村 礼央）

 1. はじめに ————————————————————————————— 223

 2. 近距離無線通信 ——————————————————————— 223

 3. ネットワークロボット技術 ————————————————— 225

 4. ネットワークロボット技術と近距離無線通信 —————— 227

 5. BLEによるサービス事例紹介 ——————————————— 227

 6. おわりに（今後の展望） —————————————————— 228

第4節 つながる工場システム開発   （富田 順二）

 1. はじめに ————————————————————————————— 231

 2. 次世代ものづくりに向けた取り組み ———————————— 231

 3. 研究の取り組み ——————————————————————— 232

 4. 開発技術—異常判断システム ———————————————— 233

 5. まとめ ——————————————————————————————— 236

第5節 ネットワークロボット国際標準化の動き （亀井 剛次，萩田 紀博）

 1. はじめに ————————————————————————————— 237

2.	ネットワークロボット	237
3.	UNR プラットフォーム	239
4.	UNR プラットフォーム関連技術の国際標準化状況	240
5.	関連技術の国際標準化の動向	241

第6章　見守る / 警備する

第1節　中小企業が取り組む介護支援ロボット開発　　　（鬼頭　明孝，横山　考弘）

1.	はじめに―背　景	243
2.	見守りロボットの開発経緯	244
3.	見守りロボットのシステム構成，外観	244
4.	見守り機能について	246
5.	安全性	246
6.	無線通信による映像音声試験	248
7.	おわりに	249

第2節　警備サービスのためのロボット開発　　　（篠田　佳和）

1.	セキュリティサービスとサービスイノベーション	251
2.	セキュリティ目的のロボットシステム	252
3.	おわりに	256

第7章　市場と利用促進

第1節　ロボット産業の市場動向　　　（瀬川　友史）

1.	ロボット産業の市場概況	257
2.	産業用ロボット市場のさらなる成長期待	257
3.	サービスロボットの市場拡大期待	259
4.	ロボット産業拡大のポイント	261

第2節　人協働ロボットの取り組みについて　　　（中村　民男）

1.	はじめに	265
2.	人協調作業の進化プロセス	265
3.	人協調作業のシステム事例	266
4.	安全機能	270
5.	力コントロールロボット	272
6.	今後の展望と課題	273

第3編　ロボットデザインと利用者心理

第1章　デザインが人とロボットをつなぐ～機能するデザイン～　　　（小山　久枝）

1.	はじめに	277
2.	ロボットのもつ高い技術と人との共生	277
3.	おわりに	285

第2章　使う側の心理　　　（野村　竜也）

1.	はじめに	287
2.	対ロボット心理	287

目　次

3.	対ロボット心理に関連する個人内要因	288
4.	対ロボット心理における文化の影響	289
5.	対ロボット心理と他の要因との関連	290
6.	おわりに	291

第3章 「不気味の谷」現象はどこからくるのか〜「親近性」と「新奇性」の
2つの評価軸の葛藤〜 （明和　政子, 松田　佳尚）

1.	映画『ファイナルファンタジー』	295
2.	「不気味の谷」現象	295
3.	「不気味の谷」現象の検証	296
4.	「親近性」と「新奇性」―2つの評価軸	297
5.	母子関係にみる「不気味の谷」現象	299
6.	不気味の谷を乗り越える―「人見知り」現象	302
7.	おわりに	304

第4編　リスクと安全対策

第1章 サービスロボット安全規格 ISO 13482 の概要と課題 （木村　哲也）

1.	ISO 13482 発行の背景	309
2.	ISO 13482 の概要	309
3.	ISO 13482 の課題	313
4.	おわりに	314

第2章 社会実装するためのシステムデザイン論 （大場　光太郎）

1.	はじめに	315
2.	過去の成功体験の分析	315
3.	ロボットとは	316
4.	何のために	317
5.	「俯瞰的システムデザイン」の重要性	317
6.	システムを安全に使うために	318
7.	社会実装プロセスガイドライン	320
8.	現状の問題	321
9.	産業技術の変革	322
10.	国際戦略	323
11.	おわりに	324

※本書に記載されている製品名，サービス名等は各社もしくは各団体の登録商標または商標です。なお，本書に記載されている製品名，サービス名等には，必ずしも商標表示（®，TM）を付記していません。

序 論

ロボットイノベーションで未来を切り拓く

東京大学名誉教授　佐藤　知正

1. はじめに

　日本政府は，2015 年の 5 月にロボットによる生産と生活の革新をもたらすロボット革命を宣言した。2020 年までの今後の 5 年間について，政府や民間投資の拡大を図り，1,000 億円規模のロボットプロジェクトの推進をめざすこととなっている。

　生産と生活の革新は，ロボットと人とが協調するワークスタイル，ライフスタイルをもたらす。これは，ロボットと共に働く工場や，自動運転自動車，宅配にドローンが利用される状況を想像すれば，現実感をもって認識される。

　ロボット革命宣言を契機として，ロボットが再度注目されるようになり，現在の日本では，一種のロボットブームといえるような様相を呈している。単なるブームに終わらせたくない。

　この機会を捉え，本『人と協働するロボット革命最前線』と題する書籍では，生産と生活に分けてロボット革命の概要を説明し，生産，生活，災害対応にまたがる分野について，最新の情報を整理して示す。具体的には，次のように構成されている。まず，序論「ロボットイノベーションで未来を切り拓く」では，政府のロボット革命に関する動きを概観し，追及されている生産と生活の革新に関して，あるべき姿と，解決が必要な課題とその展望をする。ロボット革命を実現するためには，革新的なロボットが不可欠である。そこで第 1 編「基盤技術～センシング，アクチュエータ，AI などの最新動向～」では，ロボット革命に不可欠な基盤技術について概説する。ロボット革命を現実のものとするアプローチの 1 つに，第 1 編で示したような革新的なロボットを実現を追及するアプローチがあるが，それとともに，ロボットによって実現された機能や作業，動作などが，生産や生活のやりかたを革新するプロセスイノベーションを追及するアプローチも存在する。第 2 編「新しいロボットによるプロセスイノベーション～ロボット概要とその用途～」では，さまざまな分野にわたる作業について，どのようなロボット化が実現されているのかを紹介することで，ロボットによるプロセスイノベーションの一端を把握してもらい，この方向からロボット革命を考える材料を提供している。第 3 編「ロボットデザインと利用者心理」や第 4 編「リスクと安全対策」は，ロボット革命を実現する革新的ロボットやロボットプロセスイノベーションを現実のものとするときに，踏まえておかなければならないデザインや安全（リスク）について論述している。

　本書が，革新的ロボットの実現，ロボットプロセスイノベーションの実現を介して，ロボット革命を現実のものとすることに役立つことを祈念してやまない。

2. 政府のロボット革命

2.1　ロボット革命宣言と日本再興戦略

　日本政府のロボット革命は，2014 年 5 月 6 日に安倍総理大臣の OECD 閣僚理事会での次のような基調演説に端を発する。『サービス部門の生産性の低さは，世界共通の課題。ロボット技術のさらなる進歩と普及は，こうした課題を一挙に解決する，大きな切り札となるはずです。ものづくりの現場でも，ロボットは，製造ラインの生産性を劇的に引き上げる「可能性」を秘めています。ロボットによる「新たな産業革命」を起こす。そのためのマスタープランを早急につくり，成長戦略に盛り込んでまいります。』

序　論　ロボットイノベーションで未来を切り拓く

2.2　ロボット革命実現会議とロボット新戦略

この基調講演を受け，さっそく6月24日には，『「日本再興戦略」の改訂2014版—未来への挑戦—』が出された。そこには，『（社会的）な課題解決に向けたロボット革命実現への第一歩として，少子高齢化の中での人手不足やサービス部門の生産性の向上という日本が抱える課題の解決の切り札にすると同時に，世界市場を切り開いていく成長産業に育成していくための戦略を策定する「ロボット革命実現会議」を早急に立ち上げ，2020年には，日本が世界に先駆けて，さまざまな分野でロボットが実用化されている「ショーケース」となることをめざす。』と書かれている。ロボット革命実現会議では，政府の成長戦略として，産業用ロボットの市場を2倍に拡大すること，サービスロボットの市場を20倍にすることを議論している。

約1年間のロボット革命実現会議の成果は，2015年1月23日に『ロボット新戦略ロボット新戦略—ビジョン・戦略・アクションプラン—』としてまとめられた。その中では，ロボット革命で目指す3つの柱（戦略）として下記のことが書かれている。

(1)　世界のロボットイノベーション拠点—ロボット創出力の抜本的強化

産学官の連携やユーザーとメーカーのマッチング等の機会を増やしイノベーションを誘発させていく体制の構築や，人材育成，次世代技術開発，国際展開を見据えた規格化・標準化等を推進する。

(2)　世界一のロボット利活用社会—ショーケース（ロボットがある日常の実現）

中堅・中小を含めたものづくり，サービス，介護・医療，インフラ・災害対応・建設，農業など幅広い分野で，真に使えるロボットを創り活かすために，ロボットの開発，導入を戦略的に進めるとともに，その前提となるロボットを活かすための環境整備を実施する。

(3)　世界をリードするロボット新時代への戦略

IoTの下でデジタルデータが高度に活用されるデータ駆動型社会においては，あらゆるモノがネットワークを介して結びつき，日常的にビッグデータが生み出される。さらにそのデータ自体が付加価値の源泉となる。こうした社会の到来によるロボット新時代を見据えた戦略を構築する。

重要なことは，ロボット新戦略の中に，『2020年までの5年間について，政府による規制改革などの制度環境整備を含めた多角的な政策的呼び水を最大限活用することにより，ロボット開発に関する民間投資の拡大を図り，1,000億円規模のロボットプロジェクトの推進をめざす。』と書かれていることである。

2.3　ロボット革命イニシアティブ協議会

2015年度には，ロボット革命実現会議とロボット新戦略のフォローアップ体制として，ロボット革命イニシアティブ協議会（RRI）が発足した（2015年5月5日）。つまり，ロボット新戦略の推進母体として，産官学等幅広いステークホルダーから構成される「ロボット革命イニシアティブ協議会」が設置され，（一社）日本機械工業連合会，（一社）日本ロボット工業会，および国立研究開発法人新エネルギー・産業技術総合開発機構（NEDO）がそのとりまとめ事務局を担当することになり，活動している。

具体的には，ロボット革命イニシアティブ協議会のもとに生産システム改革（WG1），ロボッ

－4－

ト利活用推進（WG2）とロボットイノベーション（WG3）の3つのワーキンググループが，上記の3団体を事務局として設置され，目下，議論ととりまとめの作業が進行している。

3. 生産分野におけるロボット革命

課題先進国である日本では，産業や生活社会のあり方に大きな変革が求められている。生産の変革を [3] で，生活の革新を [4] で議論する。

3.1 生産の革新

日本の超高齢社会は，次のように推移する。つまり，ロボット革命宣言が出された 2014 年の社会は，7,785 万人が働き，4,195 万人を支える社会であったが，2050 年には，4,995 万人が働き，4,705 万人を支える社会となる。絶対的な労働力不足となる。

これに対し，女性や高齢者の活用も考えられるが，仕事と家庭の両立，などを考慮するとワークシェア等の労働スタイルのパラダイム転換とそのロボット化が必要となる。

一方，わが国の製造業は，GDP の 20 ％，輸出額は全体の 75 ％を占める技術立国日本の根幹をなす産業である。その製造業が，労働人口の絶対的減少のみならず，生産の海外シフト，国内市場縮小の影響を受けている。中小企業は全出荷額の半分を占めるが，人手の面でも限界に近づいている。製造業を日本に戻すためにも，変種変量生産というフレキシブル生産へのシフトが先進諸国共通の重要課題となっている。

アメリカでも，モノつくり回帰宣言がなされている（Advanced Manufacturing Partnership）。これは，2011 年 6 月 24 日のオバマ政権の新政策に関する演説で，大統領自ら演説・発表したものである。もっとも重要な部分は，国防にとってクリティカルな製品を国内で生産する能力を確立するという部分である。その中に，次世代ロボット開発（$70M）が，うたわれている。Co-X と総称される，人と共に働くロボットの研究開発や，生産現場で人とともに作業するロボットも研究開発対象となる。ここで Co- は，人とともにいるという意味で，X は変数で，Worker, Inhavitant などがはいる。Co-Worker だと産業用ロボット，Co-Inhavitant だと，生活支援ロボットを意味する。

アメリカでは，軍関係が大きな産業となっているが，日本の場合は，民生が中心となる。日本で何を作るべきかに関しては，自動車のロボット化，住宅や関連製品のロボット化，医療福祉関連製品のロボット化（個人機械）が，重要である。

3.2 変種変量生産

自動車のロボット化，住宅や関連製品のロボット化，医療福祉関連製品のロボット化につながるものづくりを実施するうえで，変種変量生産という新しいものの作り方が求められている。それは，人とロボットとが場所を共有して，一緒に働く形態をとる。

つまり，協働ロボットである。協働ロボットは，人と協働する機能を進化させたロボットの新種族であり，その技術的ポイントは，下記の4点にまとめられる。

（1）マニピュレーションスキル

精密組合せ動作，不定形物体把握，柔軟対象物ハンドリングなどを可能にする器用さ

序　論　ロボットイノベーションで未来を切り拓く

（2）　コンプライアンス（柔軟性）

人に対する安心安全の基本技術，自身が壊れない為の対外柔軟性

（3）　ユーザーインターフェイス

一般ユーザーへの直感的操作性（パソコンからスマートフォンへ代わった時のような変化が求められる）

（4）　システムインテグレーション

具体的な事例展開を通じたテクノロジー・ブラッシュアップ，従来の産業用ロボット新しい産業用ロボット人と共存して人と一緒に働くロボット，柵の中で人から隔離されて働くロボット

これらのロボットの基盤技術は，本書の第1編「基盤技術～センシング，アクチュエータ，AIなどの最新動向～」で解説されている。

3.3　プロセスイノベーション

人と協働する機能を進化させたロボットの新種族である"協働ロボット"の積極的導入を通して生産様式および生活様式の革新を目指す試みの1つに，ロドニーブルックスの挑戦がある。元MIT AIラボの所長であったブルックスは，ルンバを実用化に成功した後のトライとして，Rethinkという会社を興し，中小規模工場へのロボット（Baxter）導入を試みている。彼は，1兆7,000億円の市場を形成する10人から500人の工場への導入（10万社）を当面のターゲットとし，17万社存在するといわれている10人以下の三ちゃん工場などもその射程にいれて，事業を推進しようとしている。具体的には，2万2,000ドルのロボットハードウエアとネットワーク結合されたロボットシステムにより利用情報を収集しそれに基づいたプログラム改良による事業を展開しようとしているように見える。このような市場は，大規模，大量生産を対象としてきた従来のロボットメーカーからみれば，手切れの悪い世界であり，この試みが成功すれば，まさに，革命的である。これは，下記に述べるようなプロセスイノベーションを追及しているようにみえる。

中小規模の事業所では，多くの作業が人手で実施されている。この人が実施している作業のロボット化や，協働作業化を念頭にプロセスイノベーションを引き起こすことが重要である。プロダクトイノベーションと双対をなすプロセスイノベーションは，生産のやり方を，人手のみでなく，協働ロボット導入により変革することで実現される。そのためには，ロボットマニピュレーションに関する研究を実施する必要がある。具体的には，

①　さまざまなマニピュレーション（下記，マニピュレーションの世界を参照）にかかわる科学技術の研究開発

②　それを可能にするセンサ，アクチュエータとロボット，ロボットシステムの研究開発

③　マニピュレーションスキルに関するデータベースの蓄積とその活用に関する研究開発

④　開発したマニピュレーション技術によるプロセスイノベーションの実現研究

を進める必要がある。

ロボットマニピュレーションに関しては，その世界は以下のように整理される。それは，高瀬國克氏が，極限作業ロボットの研究成果（昭和60年度研究成果の概要 p.13）に整理したリストに加筆したものである。これは，国語辞書からマニピュレーションに関連する動詞を引き出

し，レベル分類したものである。

- ●レベル 1：ロボットのジャンルに相当するレベル

  Repair（修理する），Build（建てる），Machining（加工する），Measure（計測する），Operate（手術する），Produce（生産する），Sense（換知する），Test（試験する）

- ●レベル 2：加工を加える動作（工作機械が対応する）

  Punch（たたいて穴をあける），Drill（ドリルで穴をあける），Saw（のこでひく），Cut（切る），Cut-out（切り抜く），Whet（研ぐ），Sharpen（とがらせる），Shave（剃る），Plane（かんなで削る），Whittle（ナイフで削る），Polish（みがく），Grind（研磨する），Weld（溶接する），File（やすりをかける），Squeeze（押し潰す），Powder（粉にする），Scratch（ひっかく），Drive-nail（釘を打つ），Unnail（釘を抜く），Dig（ほる）

- ●レベル 3：柔軟物を扱う作業（両手作業に相当する）

  Wind（巻く），Tie（むすぶ），Wire（配線する），Spread（張る），Bend（曲げる），Fold（折る），Wrap（つつむ），Saw（縫う），Knead（もむ），Tear-off（はがす）

- ●レベル 4：集合体（液や粉）を扱う動作

  Pour（注ぐ），Paint（塗る），Plaster（しっくいを塗る），Spray（散布する），Distribute（まく），Sift（ふるいにかける），Fill（重点する），Lubricate（油をやる），Stuff（ねり物をつめる），Mix（まぜる），Wipe（ふく），Gather（かき集める），Draw, Pump（汲む），Scoop（すくう），Laddle（柄杓ですくう），Clean（掃除する），Write（書く）

- ●レベル 5：結合状態が変化する動作（マニピュレーションサイエンスの対象）

  Arrange（配列する），Combile（結合する），Deposit, Pile（積む），Etract（引き抜く），Fly（飛ばす），Hang（つるす），Insert（挿入する），Intereconnect（結合する），Lean（たてかける），Lock（締める），Pack（つめる），Place（置く），Pull（引っ張る），Pu-on（のせる），Rotate（回す），Screw（ねじ込む），Set（合わす），Separete（分離する），Transfer（運ぶ），Throw（投げる），Unscrew（ねじをぬく），Unlock（ゆるめる），Unpack（取り出す）

- ●レベル 6：単なる動作（サーボレベル）

  Incline（傾ける），Pull（引っ張る），Lift（もち上げる），Turn（まわす），Twist（ねじる），Push（押す），Support（支える），Shake（振る），Vibrate（振動する），Swing（ゆらす），Impact（衝撃力を加える），Strike（打つ），Fit（あてる），Slide（すべらす），Grasp（にぎる），Pick（つまむ），Release（はなす）

以上リストアップした一つひとつの動詞に相当する作業をロボット化したり，それを極めることが，プロセスイノベーションであり，この観点からいうと上記リストは，宝の山リストである。典型的活用法を以下に示す。

- ●レベル 1（ロボットのジャンルに相当するレベルで，これからのロボット研究分野を示している）：Produce（生産する→産業ロボット），Build（建てる→建設ロボット），…など，ロボットの応用の広さが理解される。逆にいうと，ロボットの新分野が示されている。

- ●レベル 2（加工を加える動作で工作機械が対応する）：Grind（研磨する→ 分子レベルでみがけたらレンズ会社のコアコンピータンスとなる），Weld（溶接する），…。

- ●レベル 3（柔軟物を扱う作業（両手作業に相当）：Wire（配線する→ワイアハーネスのハンド

リングは重要な課題），Bend（曲げる）や Fold（折る）→板金作業などは作業ノウハウのかたまり作業で，ロボット化されることでそのノウハウの収集蓄積を可能としそれらを活かした ValueChain を構築することが，インダストリー 4.0 対策として重要と考えている。

- レベル 4（集合体（液や粉）を扱う動作）：Spray（散布する→塗装ロボットして自動車分野では重要な役割を果たしている），Mix（まぜる→粉体を扱えるロボットというのは，理論的にも応用的にも将来おおいにのびると予想している）….
- レベル 5（状態変化を伴う動作（マニピュレーションサイエンスの対象となる）：Insert（挿入する→これまでどれだけ数多くの論文が出されたのかわからないぐらい研究者にとって興味のつきない分野），Pack（つめる→ Pick&Pack 作業は，Pick & Place と同様，応用範囲の広い作業である），Arrange（配列する），Combine（結合する），Deposit，Pile（積む），…など深みのある研究分野である。
- レベル 6（単なる動作（サーボレベル））：Push（押す），Pull（引っ張る），Turn（まわす）→これらをコンプライアンス制御で使いこなせることがこれからのマニピュレーションの中心課題になると考えている。

3.4 産業用ロボット社会実装の効果的展開

ロボット革命実現会議では，生産分野におけるロボット市場を 2 倍にすることが議論された。その実現のためには，これまでの工場への産業ロボット導入で取り残されている分野，たとえば物流，食品などの分野への産業用ロボット導入とともに，中小規模工場への産業用ロボットの導入を図ること，つまり，産業用ロボットのロングテール市場をも掘り起こし，そこへの導入を図ることが不可欠である。

産業用ロボットの市場を 2 倍にするという試みにおいて，図 1 に示したアプローチが有効であると考える。

図 1 においては，ロボットのハードウエアとソフトウエアが安価で使いやすいプラットフォームとして市場に提供され，サービス事業者がロボットプラットフォームを利用してロボットの社会実装を進める．教育・研究機関が人材育成や社会啓発を担う体制が構築されれば，ロボッ

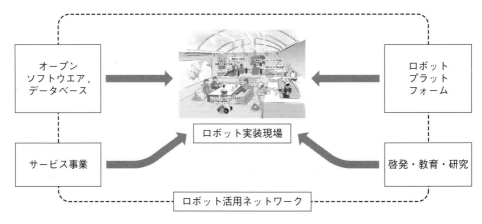

図 1　ロボット実用化に有効なアプローチ

ト実用化が推進されるアプローチとなることが示されている。資本主義社会においては，経済的に持続可能であることが必須であり，この体制は，ロボット活用コミュニティやエコシステムの体制図といいかえてもさしつかえない。

図2に，ロボット実用化に有効なアプローチのより詳細な体制図を示す。

図2においては，ロボットハードウエアプラットフォームを右上に，ロボットソフトウエアプラットフォームを左上に，サービス業者を左下に，そして，啓発・教育・研究を右下に配置し，その具体的な内容やステークホルダを書き込んでいる。図の中央の縦線は，ロボット活用現場であり，産業用ロボット分野，生活支援分野および，災害対応分野の典型的な事例を示している。その上で，それらの現場におけるプラットフォームやサービス事業者，啓発・教育・研究との連携のある部分（接点のある部分）を「●」印で示してある。これらの連携を主導するのが，産業用ロボット分野においてはシステムインテグレータであり，生活支援分野ではシニアコンシェルジェ，災害対応分野では，システムエンジニアということになる。この図で示した体制のロボット活用コミュニティの形成や，エコシステムの構築を推進することが，これからのロボット実用化において不可欠な事項である。

産業用ロボットの市場を2倍にするという試みの一環として，相模原市では，図1のアプローチをより具体化した**図3**に示す体制が構築され，産業用ロボットの普及活動が推進されている。この図に示すように，相模原市では，ロボットメーカやソフトウエアハウスが，ロボットプラットフォームとしてのハードウエアやソフトウエアを提供し，それらを治具を制作しているメーカなどの生産機器メーカが，市や市が雇用したコオーディネータと連携しつつ，ロボット導入を希望している事業所に産業用ロボットを納入しており，その際に金融機関などが，どの

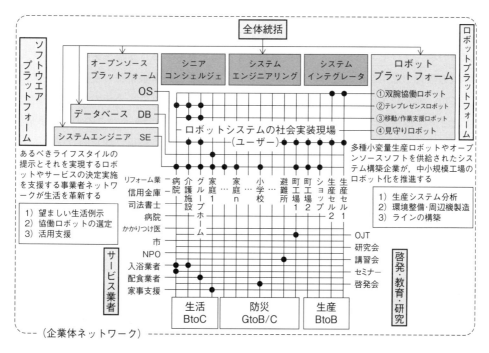

図2　ロボット実用化を可能とするロボット活用コミュニティ

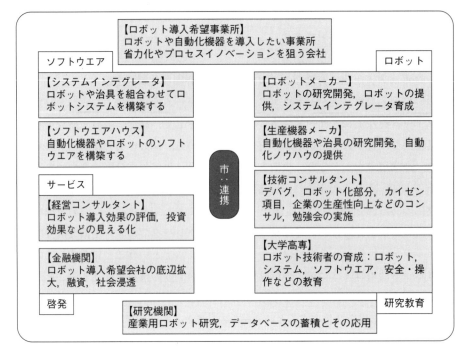

図3　相模原市での産業用ロボット導入プロジェクト体制

事業所がロボット導入を希望しているのかの調査にあたることが実現されている。まだコミュニティ創出のレベルまでは達していないが，その端緒は切り拓かれている。

　相模原市で実現されている産業用ロボット導入のプロセスを図4に示す。金融機関（地方銀行や信用金庫）が，ロボットのことをよく知っているコーディネータや市の職員と連携をとりながら，産業用ロボットの潜在市場であるさまざまな事業所を調査し，可能性のありそうな場合，以下の導入プロセスに入る。金融機関が潜在市場であるさまざまな事業所を調査できる理由は，地方銀行や信用金庫にとって地域の事業所は融資などの金融業務の重要なターゲットであり，また，地域変革の担い手として投資の対象となるからである。地域の事業所に常にコンタクトをとり，情報交換することが銀行業務にとって不可欠なのである。このような事業者は，必ずしもロボットをよく知らないことが問題であるが，ロボット技術に詳しいコーディネータと連携したり，啓発教育を受けることによって克服できる場合がある。

　一方，産業用ロボットの導入は，基本的にはSIerが受け持つ仕事ではあるが，現実は地域に十分な質と量をもったSIerが存在するわけではない。その育成が重要課題となるが，相模原市では，SIer育成を，次のような手順で実施することも可能となっている。たとえば，ロボット分野に進出したい自動機器メーカーや，ロボット分野に専門性を用いたソフトウエアハウスとで，チームを結成し，事業所への産業用ロボット導入活動を，大学などの研究機関のロボットシステムやロボットソフトウエアの手ほどきを受けながらのOJTにより実現する。このようにして，同市では，これまで，産業用ロボットの導入を，さまざまの補助金やプロジェクト支援を受けて推進している。具体的には，経産業のロボット導入実証事業，ロボット活用型市場化適用技術開発プロジェクト，次世代ロボット中核技術開発，地域活性化・地域住民生活等緊急

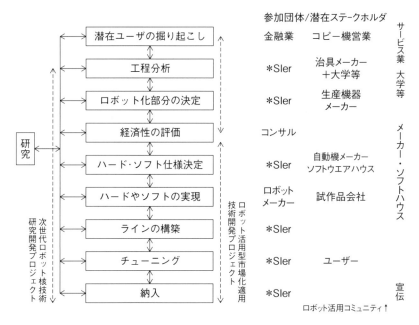

図4　産業用ロボット社会実装プロセス

支援交付金を活用して産業用ロボットの導入が，産業用ロボットのロングテール市場の銀行による掘り起こしから，治具メーカーを取り込んだロボット導入体制の構築まで，さまざまなレベルの工場への産業ロボット導入までの一貫した取り組みがなされている。このような体制が，今後も維持され，科拡大してゆくと産業用ロボット導入のためのエコシステムにつながってゆく。

　これまで述べてきたことを踏まえると，産業用ロボット分野のロボット実用化は，実際の社会で求められる課題を取り上げ，その解決のための科学技術を創り出し，それを現場に導入する活動を通じて，産業用ロボットの技術開発と社会実装の並行プロセスとなっていることが望ましい。そのために取り組まねばならない課題は，次のように，産業用ロボット導入プロセスに関するものと，産業用ロボットの社会実装に関するものの2種類に大別される。
● 産業用ロボット導入プロセスを加速する方策の研究とその実施
● 産業用ロボット社会実装を加速するエコシステム構築研究とその実施

4. 生活分野におけるロボット革命

　課題先進国である日本では，産業や生活社会のあり方に大きな変革が求められている。生活の革新を災害対応も含めて，本章で議論する。

4.1　生活の革新の課題

　生活支援分野におけるロボットの実用化は，非常に困難な課題である。その理由を下記に示す。
(1)　生活支援ロボット実用化の困難性1：高齢社会のニーズがマスプロ向きでない

　高齢者が欲しがる物，サービスは，個別的なものでありマスプロに向かないものである点が挙げられる。日本の高度成長時代，現在の新興国では，たとえば夏の暑さに対するクーラーの

ように，便利，快適生活を求める便利快適ニーズビジネスが中心であった。そこでは，マスプロ製品が主要な役割を果たせた。これに対し，現在の高齢成熟社会日本では，『幸福な家庭はすべてよく似よったものであるが，不幸な家庭はみなそれぞれに不幸である（「アンナ・カレーニナ」レフ・トルストイ）』の言を待つまでもなく，災病老死にかかわる根源ニーズ，安全安心生活ビジネスが求められている。そこでは，マスプロ製品ではなく，個人のニーズにジャストフィットした個別適合製品，ないし個人機械，個別適合サービスが求められる。マスプロとは異なった，テイラーメイドなアプローチや産業構造の構築が新たに求められている。

(2) 生活支援ロボット実用化の困難性2：高齢者資金塩漬けの問題

成熟国日本の高齢社会の背景を規定する課題の1つに，セーフティネットの崩壊問題がある。これが原因となって，高齢者資金の塩漬け問題が発生している。日本の個人金融資産額は，1,300兆円といわれており，特に60歳以上に54.0％が集中している。このように高齢者が貯蓄する理由を，3つまでの複数回答可で求めると，

- 病気や不時の災害への備え（64％）
- 老後の生活資金（58.6％）　　　　（（森宮勝子）による）

となる。つまり，今の高齢者は，病気や老後などへの備えに対するセーフティネットに危機感を有しているために，高齢者資金の塩漬け問題が発生しているのである。農耕時代の大家族は，一種のセーフティネットの機能を果たしていた。しかしながら，産業時代になって核家族化したために，このセーフティネットが崩壊したままになっている。情報化時代に即した，新しいセーフティネットの構築が求められている。

(3) 生活支援ロボット実用化の困難性3：潜在ニーズとバラバラサービスの問題

高齢者は，自身の生活に関して，ひざが痛いなどの問題点は明確にわかるが，どのような機器や対策をとればよいのかや，総合的視点からの配慮と対応希求している。しかしながら，現状の専門家，たとえば医者やケアワーカは，縦切りの配慮，対応しかとらないことが多く，

① どのような生活支援機器や生活支援ロボットが有効なのかを知るよしがない

② 全体を見通した統合サービスが受けられない

などが困っている。つまり，

① 高齢者自身，自身の問題点は把握しているが，対応策（自分にふさわしい生活とその実現方法）を，知り得ない。これは，対象者に近い高齢者の成功例，具体的にいえば，ありうる生活の具体的例示と，その実現成功例の提示を支援してくれる人が近くにいたり，そのようなサジェスチョンシステムが存在して使いこなせれば解決される（潜在ニーズの掘り起こし支援）

② 高齢者サービスは，実に多様なものが世の中には存在しているが，それがバラバラに存在しているために，高齢者が知り得ないという問題がある。つまり，サービスは存在するが，さまざまな業者や場所に分散して存在しているために，全体が把握できない問題である。これは，ワンストップサービスの提案・実施システムがあれば解決する。このような高齢者の潜在ニーズの掘り起こしシステムや，高齢者向けワンストップサービス提示実施システムが求められている。

(4) 生活支援ロボット実用化の困難性4：社会コスト算定の困難性

産業用ロボット導入可否は，ロボット導入によるコスト削減額（製品原価の低減をもたらし，利益を増大させる効果）が，その作業を実施する人件費を上回るかどうかでの判断されることが多い。企業にとって，利益の増大は重要事項であり，見える化もしやすい。熱心に検討し，見える化することが産業用ロボット導入を促進する。これに対し，医療福祉分野では，その費用は，国や地方自治体の財政を破綻させる勢いで増大してい

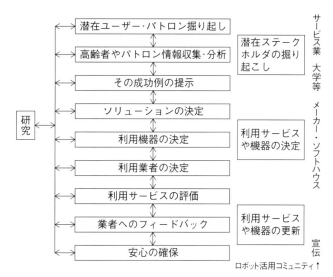

図5　生活支援ロボットの実用化プロセス

る。医療福祉にかかる費用は社会コストであり，その見える化が困難であるばかりでなく，算定主体が，利益主体で動いていない国や県，市町村のために，その計算に熱心でない。社会コストの算定手法の確立とともに，社会コストの低減を医療福祉の実現とともに追及する姿勢が，深く国や自治体に浸透することが求められる。

　以上述べたように，生活支援ロボットの実用化には，多くの困難性が横たわっている。しかしながら，このような困難性ゆえに，図1で示したようなロボット実用化のアプローチや，その具体化である図2のような，社会性を踏まえたロボット実用のための体制，エコシステムの構築が有効である。このような体制の下では，図5に示すようなプロセスでロボットの実用化が進行する。

4.2　生活の革新を現実とするために

　生活の革新を現実とするためには，生活支援ロボット技術とその応用分野の確立は必須のものである。生活支援ロボット実用化に役立つロボット技術は，第1編にて概説されている。また，ロボット活用事例は第2編に解説されている。このような技術が解決されたとしても，生活支援ロボット実用化には困難性3と4に示したように，潜在ニーズの掘り起こしや潜在パトロンの掘り起こし（国や自治体が生活支援ロボットの最大のお金の出し手であることを自覚し，その効果的利用法に熱心に取り組んでくれるようになってもらう）ことも実現されなければならない。前者には，信用金庫などの金融機関が，後者には，啓発・教育・研究機関のコミットメントが不可欠である。そのためには，高齢者やパトロン情報収集・分析プロセスが，その基盤づくりとして重要となってくる。これらが，現実のものとなれば，後は，産業用ロボットとは異なる分野であるが，似たようなプロセスを経て実用化が進むと考えられる。これらのプロセスを担うステークホルダがエコシステムを構築することも，ロボット実用化の重要な要件であることは，産業用ロボットと同様である。

　アメリカのAmazon.com社が，ドローンをその物流手段として利用することを表明したこと

で，この分野の研究開発を大いに刺激している。このように，マーケットをもったユーザーが先導し，マーケットを創出しながら技術開発，社会実装を加速することは，生活支援ロボットの実用化に有効なアプローチである。これを先導する技術競技や社会実装展示をデザインすることが求められている。

　以上のことを考えると，生活分野でロボット革命を実現しようとすると，そのためのロボット技術を創成するとともに，それが社会にて着するエコシステムを構築することが不可欠である。そのために解決すべき課題は，次の3つに集約される。

- ●生活支援の社会導入プロセスを加速する方策の洞察と，その結果をプロセスの効果的実施法として抽出し，実際の実施にいかしてゆくこと
- ●生活支援ロボットの社会実装を加速するエコシステム構築の研究とその実施
- ●ユーザーに先導された生活支援ロボット社会実装を加速方策の研究とその実施

4.3　災害分野におけるロボット革命

　災害対応ロボットの実用化には，「もしも」の時（災害時）に利用できるばかりでなく，「いつも」の時（平常時利用）にも，利用されていることが重要である。2011年3月11日の福島第一原子力発電所での事故後，アメリカ軍のロボットや，火山被害に継続的に使われていた災害対応無人化システム（遠隔操縦建設機械）が，事故直後に現場に投入され役立ったのに対し，その他の日本のロボットが，しばらく時間をおいてからから現場に投入されたことからも，普段から利用されている災害対応ロボットが，操作への習熟，および市場規模の確保という観点からも重要であるといえる。

　したがって，災害対応分野におけるロボットオリンピック（仮称）では，DRCのような技術開発を促進する視点とともに，開発した科学技術を社会に定着させるための社会実装の観点からの視点をもって取り組むことが不可欠である。そのためには，以下の課題解決に取り組まねばならない。

- ●「もしも」時と，「いつも」時を両立させる災害対応ロボットの技術開発と社会実装を加速するためのロボットコンテストのありかた，効果的遂行法を，企画時のみならず，運用時において追及し，実行に移す

5.　まとめ

　本編では，ロボットイノベーションで未来を切り拓くと題して，日本政府のロボット革命についてその経緯を説明し，ロボット革命で議論された生産と生活の革新について，そのあるべき姿を示し，それを実現するロボット技術を概観し，ロボット革命を現実にするためには，将来なにに取り組まなければならないのかを解説した。

　『人と協働するロボット革命最前線』と題された本書籍では，上記を序編とし，第1編では，ロボット革命を実現するロボット技術について概説している。革新的なロボットを実現する上で不可欠な情報を提供している。それに続く第2編では，ロボットの応用について紹介しているが，これを本編で示したようなロボットによるプロセスイノベーションの観点から吟味いただければ，新しい展開がそこから出てくると考えている。第3編，第4編は，ロボット革命を

実現する際に避けて通れないロボットのデザインと安全（リスク）について記述している。

　本編の最後に書いたロボット革命を現実のものにするために取り組まなければならないのかのポイントは，ロボットメーカー，ロボットユーザーのみならず，市場を掘り起こしたり投資する金融機関や商社，ロボットの有効性を啓発したり，ロボット技術者を教育したり新しいロボット技術を創成する学校や研究機関，これらのステークホルダを連携させ，ロボット社会実装を推進するステアリンググループなどからなる一種のコミュニティを構築することであると認識している。経済的に継続する観点からいうと，このロボット活用コミュニティは，ロボットエコシステムといいかえることもできる。このような社会の仕組みづくりを含めた活動が，ロボットイノベーションで未来を切り拓くことになる。

第 1 編

基盤技術
~センシング, アクチュエータ, AI などの最新動向~

立命館大学　川村　貞夫
立命館大学　谷口　忠大

1. ロボットの歴史と動向

1.1 ロボットとは

　一般に，ロボットを明確に定義することは難しい。しかし一方で，「ロボット」は，専門家以外の人にも共通言語として利用されている。歴史的にロボットの大きな流れとして2つの流れが存在する。1つは人や動物と似た形態の自動機械であり，もう1つは人の機能を代替する自動機械である。前者の形態の類似性を重視したロボットは，自動人形や茶運び人形などに見られ，現在でヒューマノイドや動物型ロボットがこの代表例といえる。後者の機能の代替を重視したロボットの代表例は，自律運転自動車や掃除ロボットであろう。また，上記では自動機械をロボットの前提としたが，操縦型で完全自動機械でないものもロボットよばれる場合が多い。

　より学術的なロボットの定義としては，「外界の環境を認識し，認識に基づいて行動する人工物」が典型的な定義の1つであろう。この定義を満たすためには，ロボットはハードウェアとして，センサ，コンピュータ，アクチュエータ（駆動器の意味），およびエネルギー源をもつ必要がある。これらの要素をシステム化したものをロボットとよんでもよいであろう。一見，十分な定義のように見えるが，この定義の示す範囲は大変に広い。この定義に従って，形態を無視して機能を重視すれば，現在の多くの機械システムがロボットとなる。たとえば，自動改札機，デジタルカメラ，自動ドアなどもロボットである。しかし，一般的にはこれらはロボットとよばれないことが多い。

　現在，さまざまな機械システムに，センサ，コンピュータ，アクチュエータが搭載され，ロボット化する傾向にある。従来の機械システムにロボット技術が導入され，ロボットとよばない状況で，従来の機械システムの高機能化・高知能化されたものとして認識される場合も多い。一方，掃除機（お掃除ロボット）はロボットとしての名称を獲得した例となる。上記のようなことから，機械システムの中でロボットの線引きを厳密にすることは，本質的には重要でないと判断し，本編では広い意味でのロボットを対象として議論を進めたい。

　センサ，コンピュータ，アクチュエータ，エネルギー源の統合体をロボットと考える場合でも，ロボットを考えはじめる始点と，そこからの方向性には，以下の2つがある。

① センサやアクチュエータなど，現実世界で情報を入手し，現実世界に働きかける要素に，コンピュータが付加され，知能が高度化する方向

② 高度に発達したコンピュータとネットワークが，現実世界の情報得て，現実世界に働きかける機能を付加する方向

　生物の進化の過程は，まさに前者のような方向でロボットのシステム化が進んだと考えられる。人工知能研究の延長線でロボティクスを捉える場合は，後者のような始点と方向性をとる場合が多い。両者は，高度化するにしたがって，同じゴールに収束するとも予想されるが，現実世界の基盤を始点とするロボットか，情報世界の基盤を始点とするロボットかによって，実際の開発や実装，アプローチにおいては，さまざまに異なる特徴を有することになる。

1.2 現在のロボット—製造業用ロボット

1.2.1 産業用ロボットの歴史

　現在までにおいて産業化が確立しているロボットの代表は，自動車生産の工場等で数多く利

第1編　基盤技術

用される産業用ロボットである。現在の産業用ロボットは，アメリカの George C. Devol が，1954 年に出願した特許 Programmed Article Transfer にそのアイディアの源がある[1]。このアイディアの重要点は，ロボット運動を教示と再生により実現し，物体の設置や搬送を行うところにある。現在に至っても多くの産業用ロボットが，この原理に基づいて動作している。

　その後，1980 年から本格的に産業用ロボットが多くの工場に導入されていった。その過程の中で 1974 年に，山梨大学の牧野洋により SCARA 型ロボットが開発された[2]。SCARA 型ロボットは，工場内のベルトコンベア等を利用する自動生産の環境に適した機構となっており，広く製造業に利用されることになった。現在に至るまでに，教示再生方式の産業用ロボットは，高速化・高精度化において，飛躍的にその性能を向上させてきた。現在では樹脂成形，プレス，アーク溶接，スポット溶接，塗装，機械加工，研磨・バリ取り，組立て，入出荷，クリーンルーム，その他に産業用ロボットが広く活用されている[3]。

1.2.2　教示再生方式による自律性の確保

　教示再生方式によるロボット運動制御の基本原理は，いわゆる NC 加工（Numerical Control Machining）と同一である。教示された内容に基づいて，ロボットは各軸（関節）を制御して，目標位置に高精度に位置決めする。目標位置を教示するためには，通常ティーチング装置があり，ロボットをオペレータが操縦して，ロボットに目標位置を教示する。通常，目標位置は，各関節角度の値として記憶される。ロボットは一度記憶された目標位置への運動を繰り返すために，オペレータは不要となり，ロボットのみによって自動的に作業を実行しつづけることができるようになる。

　人間がロボットの身体に直接触れ，ロボットの関節にオペレータが力を加えてロボットを動かすダイレクトティーチングができれば，大変直感的な教示を行うことができるが，ロボットは通常，関節部には高い比率の減速ギヤ等が利用されるので，ダイレクトティーチングはできない場合が多い。そこで，別途，ティーチング装置によって，オペレータがロボットを動作させて目標位置を設定することによって，教示が達成される。

　教示再生方式が有効に機能するためには，次の 2 点が必要となる。

（1）　剛体ロボットリンク

　関節角度に目標位置を設定し，ロボットは目標位置への運動を繰り返す。関節角度が目標位置に収束することで，ロボット手先が目標位置へ到達することを保証するためには，対象物の重量などに依存してロボットのリンクが曲がらないことが必要である。つまり，ロボットのリンクは剛体と近似できなければならない。

（2）　高精度関節角度計測

　ロボットの手先を正確に位置決めするためには，関節角度を高精度に計測する必要がある。一般に，モーターのギヤなどの減速比を高めることは，モーターに取り付けられたエンコーダ等のセンサにとっては分解能を高める方向に働き，有利である。

1.2.3　作業実現のために確定環境設定

　ここまでに記述してきたように教示再生方式では，ロボット関節の角度情報に基づき，教示

された目標関節角度と同じ関節角度を実現することがめざされる。このことは，ロボット「自身」の形状を高精度に再現できることを保証できるが，ロボットの設置場所や位置・姿勢といったロボット自身の位置が変化してしまうと，空間座標系とロボットの身体座標系の相対関係が発生し，手先は本来の空間目標位置からずれてしまう。この問題を解決するためには，ロボットの位置姿勢を工場などの環境に対して正確に設定する必要がある。たとえば，工場の製造ラインを想定した場合，ベルトコンベアなどの別装置に対して，ロボットを精度よく据え付ける必要がある。はじめに設定したロボットの位置と姿勢から誤差が発生すると，ベルトコンベアなどと手先の間に位置誤差が発生し，ロボットが作業できなくなってしまう場合が多い。さらに，ロボットの作業対象物も想定された位置と姿勢にあることが要求される。これらの条件が満足できる精度で達成されれば，教示再生方式は有効に機能する。つまり，教示再生方式が有効に作用するためには，環境が確定的に設定されていることが必要なのである。

このような確定環境を準備してロボットを利用するためには，ロボットについての一定の知識が必要である。また，製造物が比較的高価であり，変形せず，同一製造物の大量製造の場合にロボット利用が可能となる。確定的な製造環境整備を行っても利益が期待できる重工業，自動車，電子製品の製造に，現在の産業用ロボットの利用が集中している。

ここで重要な点は，確定環境を実現するために，人はロボットの運動環境にいないことが前提となる点である。人とロボットが機械的に接触することは，教示再生方式のロボットにとって，予想できない状況である。また，工場における人間の安全性の確保の観点からも，現在までの産業用ロボットは，ロボットの運動空間には人が立ち入らないことを原則としてきた。

1.2.4　人との協働を指向する産業用ロボット

現在までに，一般の製造業の作業をロボットに代替させることは，ロボット技術が未熟であるために達成できていない。また，ものづくりの現場においては画一的製品の大量生産から変種変量生産の要望が強くなり，大規模な初期投資を必要とする生産工程は，採算が合わない状況となっている。この問題に対する具体的な1つの解決法は，ロボットにとって困難な判断，認識，複雑な組立作業などは人間作業員が行い，ロボットが得意な作業はロボットが実行するという分業体制である。典型的には人を中心とするセル生産方式などがこれに相当する。

従来の産業用ロボットの安全基準では，80 Wを超えるモーター等を利用するロボットには，柵または囲いなどを設置して，人と作業空間を分離する必要があった。そのため，人との協働作業を実現するためには，80 W以下のモーター等のために作業内容が限定されていた。しかし2013年12月に政府は，この規定を見直して，十分な安全対策を施した場合には，従来の柵または囲い等を利用しなくてもよいとした[4]。このような流れを受けて，2015年12月に東京で開催された国際ロボット展では，前回2013年の内容から大きく変化して，人との協働を重視した技術紹介が多く見られるようになった。

1.3　現在のロボット―極限作業用ロボット

1.3.1　極限作業用ロボットの歴史

極限作業用ロボットとは，人にとっての極限環境における作業を行うロボットの意味である。

第 1 編　基盤技術

極限環境としては，真空，高温，低温，高圧，放射線，戦場などの環境や，その他の理由で生命の危険性が高い環境が想定される。さらに，少し範囲を広げて，農業や社会インフラの保守点検等の屋外作業用ロボットを総称してフィールドロボットをよぶ場合もある[5]。

　原子力の利用現場では，20世紀中ごろから遠隔操縦技術による対象物のマニピュレーションが必要となり，ロボットアームが利用されてきた[6]。また，宇宙／海洋開発では，人が立ち入れない環境での作業を実施する技術が開発されてきた。これらは，ロボットをよばれない場合もある。これらの機械システムの形態は，人や動物と似た形態の自動機械という意味でのロボットではなく，人工衛星や潜水艦となっている。形態こそ一般的にイメージされるロボットからは違ってはいるものの，前述の広い意味でのロボットに含まれており，さまざまな作業を達成している。

　ブルドーザーや油圧ショベル等の建設機械のロボット化は，産業用ロボットや他の情報技術，センサ技術の成熟と同期して，技術的には可能な段階に達していた。ただし，ロボットが，熟練作業員にかわる決定的な理由はなかったように思われる。そのため，産業用ロボットの発展時期と，建設機械の自動化は同期していなかった。そのような状況の中で，1990年の雲仙普賢岳での噴火に伴う火砕流が発生した。その後も土石流が発生し続けたために，周辺住民の安全を脅かす事態となった。そこで，人に代わって土石流堆積物を掘削運搬できる技術が必要となった。ここで用いられたのは基本的には操縦型のロボット技術であり，安全な場所で操縦者が，モニタを見ながら建設機械を操縦した。この作業は1994年から開始され，無人化施工とよばれて技術を蓄積することになった[7]。その後，これらの技術は，有珠山噴火災害，三宅島噴火災害でも利用された。さらに，2011年3月の東北地方太平洋沖地震による福島第一原子力発電所事故の処理においても必須の技術として利用されることとなった。

1.3.2　自律型／操縦型

　自律性はロボットの重要な特徴の1つではあるものの，人に操縦される機械システムもしばしばロボットとよばれる。このようなロボットをここでは操縦型ロボットとよぶことにする。極限作業用ロボットの場合，ロボットの環境は産業用ロボットとは大きく異なる。すなわち，ロボットを取り巻く環境は未知である場合が多い。このため，作業の確実性を高めるために，多くの場合操縦型ロボットが利用されることになる。ただし，遠隔で操縦する場合，操縦者とロボット間の実時間で通信が困難な場合や通信可能な情報量が十分でないときには自律型ロボットが利用される。たとえば惑星探査用ロボットでは，通信時間が長く，実時間制御が困難であるので，個々の作業はロボットが自律的に行う。また，海洋ロボットでは，設定された目標運動に従って海中を遊泳して，目標位置に浮上する自律制御が利用されている。

　自律型ロボットと表現しても，作業ごとにロボットの起動指示を人が行う際には，ある意味ではマクロな指令に基づく操縦型ロボットとも表現できる。また操縦型ロボットであっても，ロボットが部分的に自律する方向にシステムが改良され，人の操縦の肉体的・精神的負担を低減するような技術開発も進んできている。

－22－

1.3.3　社会インフラ保守点検用ロボット

　近年，ビル，橋，トンネル，上下水道，ダム等の社会インフラの老朽が顕在化し，それらの長期的利用のためにロボットによる保守点検のニーズが高まっている。特に，日本では高度経済成長期に作られた社会インフラが，今後急速に老朽化を迎える時期となる。これらの保守点検は，人手がかかる予算的な問題のみならず危険性の高い高所作業や水中作業を必要とするために，ロボットの利用が期待されている。

　上下水管の保守点検用ロボットシステムを実用化が進んでいる[8]。国土交通省では 2014 年から，橋梁維持管理，トンネル維持管理，水中維持管理，災害調査，応急復旧の部門ごとに，実際に利用可能なロボット技術を公募して，現場検証実験を重ねている。これらの詳細は，国土交通省　次世代社会インフラ用ロボット技術・ロボットシステムに記載されている[9]。

　現在では，計算機の小型軽量化のみならず，通信技術の進歩，小型モータの W（ワット）/g（グラム）比の性能が向上，MEMS 技術によるセンサ極小化・低価格化の加速などの恩恵を受けて，モータ駆動により飛行可能なロボット（ドローン）が，安価に提供されるようになった。小型ロボットの空中移動が可能となったため，社会インフラの保守点検にもロボットの利用が広がりつつある。

1.4　現在のロボット―医療 / 福祉 / 介護ロボット

1.4.1　医療ロボット

　医療ロボットとひとことでいっても，その枠に含まれるロボットは多岐にわたる。ここでは，医師の手術支援，リハビリテーション，看護に関するロボットついて記載する。

　⑴　手術支援ロボット

　医師の手術支援ロボットが既にいくつか開発されている。人工股関節の手術用に Robodoc（Integrated Surgical Systems）では，X 線 CT 画像をもとに三次元骨形状を把握して，コンピュータ上で詳細に人工関節設置位置を定義し，そのデータによりロボットが高精度な骨切除を行う[10]。基本的には，産業用ロボットの教示再生方式と同様の原理となる。一方，ロボットアームと 3D 視野を用いて腹部臓器手術用の da Vinci Surgical System（Intuitive Surgical[11]）では，医師の手先精度を高めるために利用される。したがって，このロボットは遠隔操縦方式であり，医師の遠隔操作を必要とする。このロボットの利用に関しては，⑴社日本ロボット外科学会ホームページに記載されている[12]。また，腹腔鏡手術を支援する NAVIOT（㈱日立製作所）では，内視鏡下手術を行う際に，執刀医自身による内視鏡操作を可能とする手術支援ロボットである[13]。

　⑵　リハビリテーション支援ロボット

　厚生労働省大臣官房統計情報部の発表では，2010 年の脳卒中の死亡率は，がんや心疾患に次いで 3 位である。しかし，入院治療には癌や心疾患の 3 倍以上の期間が必要であり，退院後も何らかの介護が必要となる場合が多い。したがって，本人の自立を促進するのみならず，介護の経済的，人的負担を低減するためにも，脳卒中後の機能回復が望まれる。

　脳卒中は，知的障害，認知障害，運動麻痺，感覚障害などの機能障害を生じる。その中でも，片麻痺（一側上下肢の痙性麻痺）が主要なリハビリテーションの対象となっている。現在まで

第1編　基盤技術

に，HAL（CYBERDYNE）[14] など，いくつかのロボットシステムが開発され，リハビリテーション現場で利用されている。これらの情報については，文献[15]-[17] に詳しく記載されている。

（3）看護支援ロボット

医師の手術支援ロボット等の研究に関して，比較的早い段階から医学と工学の連携が開始され，多くの研究プロジェクトも開始された。一方，看護学と工学との連携は，同時期に大きな動きは見られなかった。しかし，看護理工学会が，2013 年に設立され，従来よりも看護における工学や理学との連携を深める動向がある[18]。高齢化社会では，看護される人口が増加する。その際，看護師の負担を増加させずに，看護の質の向上を図る技術が必要とされている。現在，ロボット技術に限定せず，広くさまざまな技術を積極的に看護学に導入する時期となっている。

動物との触れ合いから精神的な安定を取り戻す効果を，ロボットによって達成する試みも実現されている[19]。認知症の人に適用した場合に，精神の安定を取り戻し，薬の量を低減できるとの報告がある。

1.4.2　介護支援 / 自立支援ロボット

身障者の自立支援目的として，ロボットアームを操作して，食事や整容動作の支援を行う Handy1（Rehab Robotics）[20]，ロボットアームに取り付けられたスプーンを操作して食物を口まで運ぶマイスプーン（セコム㈱）[21] などがある。これらは，下肢や上下肢の運動障害のある人が，指や口元などの微細な運動によって，ジョイスティックなどを操作して，ロボットアームを機能させるものであり，操縦方式となる。

介護ロボットと称される場合には注意を要する。介護現場は，先の産業用ロボットの利用環境とは異なり，個人の体格のばらつき，環境や作業の多様性が大きい。このために，ロボットの作業環境を画一化することは一般に困難である。このため現在の技術では，自律型介護ロボットは実現できていない。現在介護においてロボットの役割は，上述の介護対象者の自立支援ロボットおよび介護者の介護支援ロボットである。

介護支援ロボットは，人の介護動作を模した機器も提案されているが，介護現場では大型，高重量等の理由で利用促進が困難との指摘もあり，ベッドが車いすに変形するなどの機器開発も行われている[22]。また経済産業省と厚生労働省は，ロボット技術による介護現場への貢献や新産業創出のため，2012 年に策定した「ロボット技術の介護利用における重点分野」を 2014 年に改訂して，①移乗介助，②移動支援，③排泄支援，④認知症の方の見守り，⑤入浴支援とした[23]。

1.5　現在のロボット―サービスロボット

1.5.1　掃除ロボット

サービス分野で自律ロボットとして社会に浸透している例は，家庭用掃除ロボットに見られる[24]。その特徴を以下に記載する。

①　家庭内の仕事の中で，段差の少ない床掃除に限定している

②　小型・軽量によって，一定の安全を確保している

③　利用者の操作は簡単で，ロボットが自律性をもっている

④　安価で，費用対効果に優位性がある

教示再生方式の産業用ロボットが利用される工場等の確定環境に比べると，家庭内は明らか
に環境の不確定性が大きい。不確定性の大きい環境においても作業を限定して，費用対効果の
高いロボットシステムを構築している。

1.5.2　コミュニケーションロボット

（1）　コミュニケーションロボットとは

コミュニケーションロボットは人間とのコミュニケーション自体を目的とするロボット，ま
たは，人間とのコミュニケーションを行う機能を主たる機能としてもつロボットのことである。
主にエンターテイメント分野において商品化がなされるとともに，家庭へのロボットの導入や，
美術館や展示場での案内係としての研究，開発，活用が進められてきた。

コミュニケーションロボットとこれまで記述してきた多くのロボットとの決定的な差は，ロ
ボットの行うタスクが物体操作や加工などといった物理的なタスクではなく，社会的なタスク
であるという点にある。つまり人間に情報を的確に伝える，適切に誘導する，よい印象を与え
るなどといった，曖昧性を含み，人間の主観的な理解や解釈に依存したタスクの実行が求めら
れる。この適切な実現のためには，人間の社会的，言語的要素を陽に含んだ研究開発を展開す
る必要があり，旧来の機械工学を基軸としたロボティクスからは大きく枠組みを広げた取り組
みが必要になる。

（2）　コミュニケーションロボットの歴史

コミュニケーションロボットは娯楽映像作品の中では古くから見受けられるが，実世界の中
で本格的に研究開発がはじまったのは比較的最近である。先駆けの1つとなったのはMITの
シンシア・ブラジールが1990年台に開発したKismetである。Kismetは首から上だけをもっ
たロボットであり，人間とのコミュニケーションのためだけに開発された。視覚，聴覚，自己
受容器を備え，さまざまな表情，音声を表出することで，人間と社会的なインタラクションが
できるように設計された。それぞれの情報処理のために合計10台以上のパソコンによりリアル
タイム制御された。近年ではHuman Robot Interactionは1つの学術分野となり精力的に研究
がなされている[25]。

（3）　コミュニケーションロボットの技術と今後

多くの人はコミュニケーションといった際に言語コミュニケーションを想定する。そのため
にコミュニケーションロボットの多くに求められる基本機能の1つは音声認識と音声合成とな
る。音声認識や音声合成の性能はウェブを介して収集される大規模データの活用や深層学習の
貢献もあり，近年，飛躍的に向上している。またオープンソースやフリーウェア，クラウドサー
ビスの活用により利用可能性も高まっている。これらを多くの開発者が活用し，コミュニケー
ションロボットを構築していくことが容易な時代に入ってきている。

また，言語的コミュニケーションはインターネット上のテキスト情報との親和性が高いため
に，コミュニケーションロボットは身体をもったインターネット端末としての役割をもつこと
も期待される。ソフトバンク㈱が発売したPepperはインターネットとの常時接続を前提とし
ており，スマートフォンアプリなどとの連携も可能としたサービス端末としての側面がある。
コミュニケーションロボットのクラウドサービスとの連携はさらに進展していくであろう。

第1編　基盤技術

　一方で，現状の技術においてコミュニケーションは言語コミュニケーションが人間とロボットの関係性を構築する上では最適なわけではない。AIBO はソニー㈱より 1999 年に発売され世界的なブームを生んだが，そのきっかけとなった初代の AIBO は人間とのコミュニケーションに自然言語を用いず，ゲームの効果音のような音を用いていた。ロボットが人間の言語を話すと，人間はその意味をロボットが理解していることを期待するが，それは現状の人工知能技術では叶わないことが多い。そのためにユーザエクスペリエンスを阻害する可能性もある。国立研究開発法人産業技術総合研究所（以下，産総研）が開発したアザラシ型ロボットのパロは「癒しの動物型ロボット」の研究の成果として生み出されたものである。看護支援ロボットの節においても触れたが，これはアニマルセラピーと同様の効果をもつといわれ，高齢者向け施設や病院などで利用されている。

　人間とロボットの間に遮蔽を設けず，相互作用を許せば，そこには必ずコミュニケーションが期待されることになる。コミュニケーションロボットの市場の広がりも，まだ未知数であり，今後の発展が期待される。

1.6　人と協働するロボット

1.6.1　人とロボットの関係が深まる未来社会

　医療，福祉，生産，生活などの環境においてロボットに要求される作業では，人とロボットを空間的に隔離した状態ではロボットを利用できない場合が多い。また製造業においても，後述するように，人と協力して作業を行うロボットが必要となっている。このような場合，産業用ロボットで成功したロボット周辺を確定環境に整備する方法が利用できなくなることが多い。この問題解決には基本に，以下の 3 つが必要となる。

①　従来のロボットよりも多くの種類のセンサによって，外界の情報をロボットが取り込む。同一種類を多数利用する方法や異種類のセンサを用いる複合センシングなどが想定される。得られた情報からロボットの認識，作業や運動を適切に生み出すロボットの知能が必要となる

②　人に対する安全性の確保の技術を構築する。または利用者がロボット使用時のリスクを理解し，法律を含む社会制度が整備される必要がある

③　ロボットと人間がコミュニケーションするための基盤を構築する必要がある。現在，人間の言語をロボットは認識できても，理解できているとはいえず，①の技術を基に，人間とロボットが同一の環境認識を得た上で，コミュニケーションを通して協調（コラボレーション）を実現する技術の開発が必要となる

1.6.2　専門家から一般利用者へ

　産業用ロボットに利用される教示再生方式では，ロボットの知識のある専門家がロボットの利用環境を含めて設計し，教示時もロボットの特性を理解している専門家が行う。このような方式が適用できる分野も存在するが，ロボットの利用を拡大するためには，ロボットの知識を持たない一般利用者が，容易に使えることが必要となる。

　ユーザーインタフェースとよばれる技術が，これに相当する。ただし機構，制御等の設計が

同じで，インタフェース技術のみ改善しようとしても，本質的な問題の解決が必要な場合も想定される。また，作業空間や作業目的をどのように限定するかもロボット全体のデザインに大きく影響するので，これらの内容を総合的に考慮して，ユーザーフレンドリーなロボットを設計することが重要と思われる。

　また，ここでユーザーフレンドリーといった際には，従来のデバイスのユーザビリティという側面にとどまらない。ロボットは環境に適応し，新たなタスクを学習していく必要がある。また，コミュニケーションロボットのようにユーザー自身に適応していく必要がある。ユーザーインタフェースのみならず，ユーザーや環境との相互作用の中で長期的に学習し変化していける人工知能の実現も重要となる。

1.6.3　人と協働可能ロボット技術の幕開け

　従来の教示再生方式や専門家による完全操縦方式から，上記の人と協働するロボットを実現するための技術が充実しつつある。1970年以降に世界中でさまざまなロボットが試作され，ロボットの構成材料，センサ，アクチュエータ，作り込み技術，機構開発，運動制御法，ミドルウェア，ネットワーク，人工知能などに多くの成果が得られている。これらの成果を，どのような目的で，どのようなデザインを行うかが課題となる。

2.　人との協働を支える技術
2.1　材　料
2.1.1　多様な材料のロボットへの適用

　ロボットを小型化，軽量化，柔軟化することは，人と協働する際にきわめて重要な要件である。現状の多くの産業用ロボットでは金属材料が利用される。今後，製造業においてもロボットを小型，軽量，柔軟にすることによって，運搬の容易性，低価格化，高エネルギー効率，安全性の確保などのメリットを生み出すことができるであろう。さら人へのサービス等を目的するロボットでは，多くの場合において小型化・軽量化・柔軟化の必要性がより一層高まるであろう。

2.1.2　CFRP/高分子材料の利用

　今後は，金属以外の材料を積極的にロボットに導入することによって，小型化，軽量化，柔軟化を達成すべき時期に来ている。Carbon Fiber Reinforced Plastic（CFRP）は，材料の価格面からロボットへの導入が，進んでいないと思われるが，今後の利用促進が期待される。今後のロボットの小型，軽量，柔軟のキーテクノロジーは，高分子材料であり，現在までにさまざまな材料が開発されている。これらの材料は，ロボットの構成材料のみならず，センサやアクチュエータとして利用される能力を有している。ただし，現状までのロボット実現法や研究分野は，機械工学，電気電子工学，情報学，制御工学等を基盤としており，化学との協力は例外的である。今後は，化学特に材料分野が，ロボットの小型化，軽量化，柔軟化のために貢献すると期待される。

第1編　基盤技術

2.2　機　構

2.2.1　機構と制御

　機械の歴史を振り返れば，水力や蒸気機関などの駆動系は，その自由度を1自由度（1回転駆動）に限定されていた。このために，多様な動きを実現する目的で，さまざまな機構が発明されてきた。19世紀には，多様な機構が提案され，産業機械としても利用されることになった[26]。これに対して，20世紀は計算機の時代となった。制御工学の発展もあり，20世紀後半には計算機制御によって機械を制御することが常識となっていった。その貢献もあり，現在では比較的容易に，多自由度の運動が実現できる状況が生まれている。その結果，ロボットの研究においても，機構の工夫よりも制御／知能を目的とする内容が多く見られるが，機構の研究の重要性が減少したわけではない。今後の実用的なロボット開発では，信頼性の向上，部品点数の減少，高エネルギー効率，低価格化などの観点からも機構の研究は重要であり，新しい機構開発に期待が集まっている[27]。

2.2.2　弾性材料を利用したロボット

　今後，人や機械とロボットが機械的に接触する場合が従来よりも数多く想定される。現状の産業用ロボットなどでは，後述するように高減速比ギヤ等をもつ電動モーターが利用され，ロボットの関節は硬く，外力に対して変形しない。ロボットのリンクや手先が剛体の対象物と接触する場合に，対象物の破損，ロボット自身のギヤ等機構の破損などが懸念される。1つの解決方法は，ギヤ等の出力軸にばねなどの機械的弾性要素を接続して，ロボットの関節を柔軟にする機構の活用である。このような弾性要素の利用は，ロボット研究の初期から検討され，多くのテキストにも記載されている。近年販売されたBaxter（Rethink Robotics）[28]では，この方法（SEA：Series Elastic Actuator）が，ロボットに採用され，高減速比ギヤと出力リンクの間をバネが連結した機構となっている。

2.2.3　機構による重力補償

　実際に利用されているロボットの運動に必要なトルク成分の中では，重力項が大きい場合が多い。重力項に関しては，ロボットの停止時にも電動モーターなどのアクチュエータがトルクを発生する必要がある。このような観点から，重力項をカウンタウエイトやばねで補償する方法が提案されてきた。一般に多自由度ロボットの全自由度の重力補償を機構のみで行うことは難しく，根本の1自由度のみの重力項の平均値を補償する方法などがとられる。しかし，多自由度関節ロボットの重力補償機構も提案されつつある[29)30]。

2.3　アクチュエータ

2.3.1　電動アクチュエータ

　ロボットの構造はリンクの連鎖系となる場合が多い。よって手先のリンクを運動させるアクチュエータが，次のリンクの負荷重量となり，根本に近づくに従って，高重量となる。このためロボットのアクチュエータとして，電動モーターの小型化，軽量化，高出力化が必須条件となった。これに応えて1980年代から電動モーターの小型軽量化が加速し，現在の産業用ロボッ

トのほとんどは電動モーターを使用している。

電動モーターは，電磁力を利用するので制御系としてみると，応答性が高く，急加減速に適している。この点もロボット用アクチュエータの要求に合致している。ただし，数千 rpm（1分間の回転数）程度がモーターの効率がよく，トルクは小さいために，通常は高減速比のギヤなどを介して，低速化・高トルク化する必要がある。減速比が，100：1 程度などでは，ギヤなどの静止摩擦，粘性摩擦，クーロン摩擦などが大きくなることが問題となる。特に出力軸からトルクを与えて，モーター軸が回転できるかの能力であるバックドライバビリティをもたなくなる場合が多い。これは人がロボットの関節を押した場合に，ロボットの方が変化すべき状況では，大きな問題となる。

このようなバックドライバビリティの問題を解決する方法としては，以下がある。

① 前述の SEA などの弾性要素を利用する方法
② 後述のトルクセンサや力センサを利用して，外力を計測して，その信号を利用してモーターを駆動し，バックドライブさせる方法[31)32)]
③ ギヤをなくして直動モーター（Direct Drive モーター）とする方法

DD モーターは，低摩擦のメリットがある。しかし，低速回転で高トルクが発生可能なモーター設計が必要となる。このためモーターが高重量となる傾向がある。近年，小型 DD モーターも製造されている[33)]。

2.3.2 空気圧アクチュエータ

空気圧シリンダ，空気圧モーターは産業界でも利用されている。これら以外にも，ゴム人工筋アクチュエータ，インフレータブルロボットなどある[34)]。これらの場合，作動流体が空気であることから，全体の軽量化が可能となる。また，空気の圧縮性からロボットが柔軟にできるなどのメリットがある。しかし一方で空気の圧縮性は，バルブへの入力からロボットの運動までの制御システムを高次系とさせるために，一般に制御は電動モーター等に比して難しくなる。

近年，ゴム人工筋アクチュエータ[35)]やインフレータブルロボットアーム[36)]について，小型，軽量，薄型，柔軟，安価など特徴に着目する新たな試みも報告されている。

2.3.3 油圧アクチュエータ

初期の産業用ロボットでは油圧シリンダ駆動が利用されていた。しかし現在では電動モーターの性能が向上したこと，油圧駆動の油漏れが敬遠されたことなどから，油圧駆動の産業用ロボットが作られることはなくなった。現状では，油圧駆動は建設機械において利用される場合が多い。

しかし，油圧駆動は油圧ポンプからアクチュエータまでの全体を眺めると，減速器の役割も果たしており，現状の電動モーターでは達成できない運動制御を実現できる期待も大きい。事実，アメリカでは Boston Dynamics 社など油圧駆動ロボットの研究が進んでいる。日本でも近年，油圧駆動システムの研究は活発化してきている[37)38)]。

2.3.4 その他のアクチュエータ

電動，空気圧，油圧以外にも，超音波モーター，圧電駆動，形状記憶合金，水素吸着合金高

第 1 編　基盤技術

分子圧電フィルム，高分子ポリマーアクチュエータ等の新しいアクチュエータの研究開発が進められている。近年，Disney Research（The Walt Disney Company 社）は伝導性ナイロン糸を編んだアクチュエータを開発している[39]。

2.4　センサ

2.4.1　内界センサから外界センサへ

　産業用ロボットなどの関節構造のロボットに，当初から利用されていたセンサは，関節角度計測用のエンコーダなどのロボット自身の形状を計測する内界センサである。関節角度計測からロボットの形状を知ることができた。これによって，前述の教示再生方式も可能となった。一方，高機能なロボットを実現し，特に人との協働を達成するためには，ロボットを取り巻く環境（外界）を認識する必要がある。このために何らかの外界センサを利用する必要がある。

　外界の認識としては，視覚，聴覚，触覚，力覚，臭覚，味覚，方位覚，姿勢覚，位置（感）覚などがある。センサとして，もっとも多く利用されるものは視覚情報を入手可能な種々のカメラである。

2.4.2　カメラ

　USB 接続可能なカメラは，小型軽量で低価格となり，ロボット用センサとしても利用しやすい状況となっている。従来，画像処理は高度なプログラム作成が必要であり，その実現は専門家に依存していた。しかし，OpenCV[40] とよばれるオープンソースのコンピュータビジョン向けのライブラリの充実により，現在では一般人が容易に画像処理を利用できる状況にある。

　一方，通常のカメラでは，30 fps（frame per second，1 秒間 30 フレーム）となり，制御サンプリングタイムは，33 msec 以上となる。画像処理に時間がかかると，サンプリングタイムは，さらに長くなる。画像データに基づいてフィードバック制御を行う場合，サンプリングタイムが長くなると，ロボット運動は不安定現象を生じやすい。このような問題を解決するために，1 mec 程度の高速な画像処理技術も発達してきている[41]。

2.4.3　視覚センサによる三次元計測

　ロボットの外界の環境は，三次元空間である場合が多く，三次元の情報が必要となる。カメラのみで三次元情報を得る方法として，2 台のカメラを利用するステレオ視がある。ただし一般に奥行情報に関しては誤差が発生しやすい。このような問題を克服する方法として，センサ側からアクティブに赤外線や可視光を出す方法が開発されている。たとえば，移動ロボットが屋外等で三次元情報を入手するために，測域センサ（レーザーレンジスキャナ）が利用される[42]。この場合，レーザをセンサ側から照射して，対象物から反射する光の飛行時間（time of fry）を計測して，距離を算出する方法である。また，レーザパターンを投影する方式も開発されている。工業製品のバラ積み状態から，パターン照射を利用して，対象物の三次元情報を入手し，対象物を個別につまみ上げる（ビン・ピッキング）作業が実現されている[43][44]。

2.4.4 力 / トルクセンサ

ロボット研究の初期から，6軸（3方向力と3方向トルク）の力センサが開発され，利用されてきた。外力によって発生するセンサ部の金属の歪みをストレインゲージによって計測する方法である。ロボットの手首部に装着して，ロボット手先部と外部環境との間に発生する力とトルクを計測する形式で利用された[45]。近年では，静電容量式力センサ[46]，光学式力センサ[47]などが利用されている。一方，ロボットの各関節部に装着可能なトルクセンサの開発も進み，利用が促進している[48]。

触覚をロボットにセンサとして実現する研究[49]や実用化[50]が進んでいる。製造業で対象物を把持する目的や人に機械的に接触する医療福祉等での利用が期待される。分布的に多数のセンサを利用することが多いので，配線，信号処理が課題となる。

2.4.5 MEMS センサ利用の多様化

加速度センサ，ジャイロセンサ，光学式位置センサ，温度センサ，圧力センサなど多くの物理量を検出できるセンサが，Micro Electrical Mechanical System（MEMS）技術の発展によって，小型化，軽量化，低価格化されて，ロボットに多様に多数利用できる状況になった。小型，軽量，低価格から異種センサの複合センシングや同種センサの分布センシングなどが可能となる。異種センサの複合センシングによって，従来のロボットアームの角度計測のみから，多種類のセンサを利用して外界の環境をロボットが認識できる。分布センシングからは，集中的なセンシングでは判別できない状況の認識が可能となる。

3. ソフトウェア

3.1 ロボットのソフトウェア

ロボットは人間のモデルである。体があり物体を感覚し操作する人間の様を，ロボットではセンサとアクチュエータで表現しているといえる。ロボットの先祖を遡れば江戸のからくり人形などさまざまな機械にたどり着くことができる。しかし，それらの「動く機械仕掛けの人形」と今日の，またこれから現れてくるロボットを比較した際に大きな差となるものの1つは頭脳にあたるソフトウェアにあるといえるだろう。

今日のロボットのほとんどは何らかの情報処理装置を活用している。人間が環境から多くのことを学び，さまざまな行動を覚えていくことができるのと同じように，適切なソフトウェアを備えたロボットはさまざまな情報を処理し，さまざまな記憶を蓄えることで，実世界に適応的な行動すらとることができるようにもなる。

学習や適応とまでは行かなくても，さまざまなセンサ情報を適切に取り扱い，適切なアクチュエータの制御につなげるためには，情報処理は不可欠である。また，機械工学的な文脈での体を動かし，移動し，作業するといった物理的な情報処理のみならず，現代のロボットにはよりさまざまな情報処理が求められる。たとえば，人間との対話であったり，博物館や医療施設内での案内であったりする。このあたりになると人工知能とよんだ方がよいのかもしれないが，ロボットのソフトウェアと人工知能の関係は連続的につながっており，どこからが人工知能でどこまでがロボットの情報処理装置なのかの線引きは難しい。また不要ですらあるだろう。い

第 1 編　基盤技術

ずれにせよ，人と協働するロボットの実現に向けてソフトウェアはロボット開発の主戦場になりつつある。

3.2　ミドルウェア

ミドルウェアとは一般的にオペレーティング・システムとアプリケーションソフトの中間的な処理や動作を行うソフトウェアのことである。ロボット用のミドルウェアが注目を集めている。国内では産総研が中心に開発してきた OpenRTM-aist[51] やウィローガレージを中心に開発されてきたオープンソースソフトウェアの Robot Operating System（ROS）[52] などがある。特に，現在は ROS がロボット研究の世界でもデファクトスタンダードに近づきつつある。

今日の計算機（パーソナルコンピュータ）も Windows や Mac OS，Linux といったオペレーティング・システム（OS）の層が存在する上でさまざまな企業が作ったさまざまな計算機がソフトウェア開発者やユーザーにとっては大きな区別なく用いることができるようになっている。携帯電話における Apple と Google の間で行われた iOS と Android の OS の覇権争いはむしろ記憶に新しく，現在も進行中である。適切な OS やミドルウェアが導入されることで，ハードウェアの違いが緩和され，そのソフトウェアの上に，新たなソフトウェアや，新たなサービスを開発していくことも可能になる。計算機に比べるとロボットは身体をもつために，ハードウェアの個別性は高い。ロボットのミドルウェアやオペレーティング・システムは，計算機や携帯電話に比べると，まだ，現状では成熟した状態とはいえないが，それでも 10 年前と比べると隔世の感がある。今後とも重要なロボット開発の中心的な分野となっていくであろう。

3.3　クラウド

人と協働するロボットを作るという時に重要となるのは，人間とロボットの役割分担である。ロボットというと比較的新しいテーマのように聞こえるが，機械による自動化というと，その歴史は非常に古い。自動化を導入する際に，重要だといわれるのが，人間の得意なことを人間にさせ，人間が苦手で機械が得意なことを機械にさせるという点である。自動化においては自動織機や自動餅つき機のようにひたすら単純な動作を繰り返すのが 1 つの定番であったが，ロボットに備えられた情報処理システムにできて，人間にできないことの 1 つが，インターネットへの直接接続である。

インターネットへの直接的な接続は，現代のロボットの重要な特徴の 1 つである。ロボットと人間の対話のデモを行うときに，よく実施されるタスクがユーザーに「○○は何ですか？」「あしたの天気を教えて下さい。」などという質問をさせて，ロボットに答えさせるというものである。この場合，ロボットはすべての情報を内部の記憶装置に蓄えるのではなく，インターネット上（クラウド上）の情報資源にアクセスして情報を引っ張り出してくることができる。最近では，ロボットの音声認識自体をクラウド上の計算機で行うというソフトウェアもある。ロボットが聞いたユーザーからの発話の音声データをインターネット越しのサーバーに送信し認識結果をロボットに返すのである。このようなソフトウェアがユーザーに過度の遅延を感じさせることなく実現できるようになってきている。

クラウドにつないだ時，ロボットの見え方が少しかわる。それは，まるでスマートフォンか

－32－

タブレットのような情報端末の一種に見えてくるということだ。最近ではタブレットを直接旨に搭載したロボットや，ロボットそのものが携帯電話になるといったものもある。どこからどこまでがロボットかというのはいつの時代でも曖昧である。これらの事例からもわかるのが情報機器とロボットとの境界線がきわめて曖昧になってきているということであり，ロボット革命においては，情報技術との融合は不可避であるということである。

3.4　IoT

　クラウドに続いて近年注目されてきたキーワードが Internet of Things（IoT）である。IoTはその名の通り「もののインターネット」のことである。従来の計算機や通信端末だけではなく，世の中のあらゆるものに通信機能をもたせて，インターネットに接続したり，相互に通信させたりすることで新たなサービスを生もうというものである。このような考え方はユビキタスコンピューティングやサイバーフィジカルシステムなど，さまざまな言葉で何度も語られてきた言葉でありコンセプトとしては必ずしも新しくないが，ようやく，時代と技術が追いついてきた感がある。

　IoT において重要なのはインターネットにものがつながることであるが，そこで重要なのは，センシングとアクチュエータである。遠隔から情報をとり，何らかの作用をする。そこにいままでの通信機器の通信では得られなかった価値が生まれるのである。本編はじめに与えたようにロボットのもっとも簡単な定義は「外界の環境を認識し，認識に基づいて行動する人工物」であり，センサとアクチュエータを備えた計算機である。この計算機がインターネットにつながった時，まさに IoT の端末そのものになる。また，IoT を支点にロボットを再解釈した時には，ロボットの社会における価値を再認識する機会となる。たとえば，家の中にセンサを多く配置し，その情報を宅内のサーバーで計算し，動く移動ロボットで飲み物をもって行くなどのサービスを行った際，移動したロボットだけではなく，家そのものがロボットだと考えた方が自然だろう。さらにこの計算がクラウド上で行われていた際には，一体ロボットはどこに実体をもつのか。IoT はロボットをネットワーク化していく際に，進化の必然として現れるものであり，また，IoT の発展はロボットと情報通信技術を不可避に融合させる契機となるのである。

3.5　人工知能

　近年，人工知能が大きな注目を集めているが，人工知能という言葉もロボットという言葉にも負けず広範な対象を意味する。2010 年代に入ってからの人工知能ブームは深層学習とよばれる手法による性能向上に負うところが大きい。その主な成果はパターン認識である。特に音声認識や画像認識において顕著な性能向上を得ることで，一躍注目を集めるようになった。

　しかし，注意すべき点は，人工知能という言葉が一般の人々や技術者に現実とは異なったイメージや，過剰な期待を寄せさせてしまう点にある。現在，人工知能という存在がものすごい勢いで発展しているというような触れ込みもある。しかし，現状は，SF やアニメで出てくるような人間の知能にとってかわる意思をもった存在が作られたとかいう話からは遠い状況にある。広く人工知能とよばれる分野の一部であった，音声認識や画像認識，自然言語処理の一部のタスクにおいて，パターン認識装置としての道具の性能が 10% ほど上がったというような認識を

第1編　基盤技術

もつので十分であろう。重要なのはそのような道具をどう使い，次のシステムをインテグレートしていくかという視点である。また，新たなサービスを構築していくかという視点であろう。

　日本では情報産業がサービス業として位置づけられてきたこともあってか，いわゆる「ものづくり」において，情報技術，さらには，そのもう一段階上のレイヤーであるパターン認識などの知能情報処理を理解し，活用できる人材が少ないといわれる。人工知能という言葉に過度に反応しないながらも，その基盤的な知能情報技術を学び，適用していくことが肝要であろう。

4. まとめ

　本書のタイトルにもあるように「ロボット革命」という言葉が走り出している。この本質がどこにあるのか？　現状はどこにいるのか？　といった内容は本書の中で明らかになっていくであろう。

　せっかちな読者は「ロボット革命の本質を一言でいうと何になるのですか？」と聞くかもしれない。しかし，その質問自体がロボット技術の本質を見誤る危険性を含んでいる。現在進行中のロボット革命は決して，あるアクチュエータ技術の発達，センサ技術の進化，ネットワークの高度化，オープンソースプラットフォームの進展，人工知能技術の革新などのうちのいずれかに還元できるものではない。それらのすべてが同時並列的に進化しており，それらの統合の先にロボット革命なるものがあるのである。

　これはロボティクスそのものが「統合科学」であることと無縁ではない。ロボティクスとは，決して機械工学だけの問題ではない。身体的な問題から情報処理の問題，知能の問題，社会的相互作用の問題まで，含んだところにロボティクスという学際分野がある。その関係する諸分野において，さまざまな進歩がある。これらをいかに把握し，これらをいかに結合させていくかということこそ，いま次のロボット革命に呼応する本質となるだろう。単一の本質ではなく「多面的な現象」として見ることがまず重要なのである。

　一方で，2010年代という時代においては，情報技術の発展が，ロボットを取り巻く環境変化の大きな位置を占めているのは間違いない。その中であってさえ，情報のオープン化，クラウド，スマートフォンの浸透であったり，センサの低廉化，パターン認識技術の普及，機械学習技術の発展であったりと，無数の構成要素がひしめき合っている。これらに加え本編で述べた，材料，機構，アクチュエータ，センサといった諸要素を知り，インテグレーションしていくところに，新たな価値の源泉が眠っているのであろう。

文　献

1）日本のロボット産業，日本ロボット工業会ホームページ，http：//www.jara.jp/other/dl/industry.pdf

2）日本のロボット研究開発の歩み，日本ロボット学会ホームページ，http：//rraj.rsj-web.org/ja_history

3）産業用ロボット事例紹介，日本ロボット工業会ホームページ，http：//www.jara.jp/x1_jirei/jirei.htm

4）経済産業ジャーナル10・11月号（2014）．http：//www.meti.go.jp/publication/data/newmeti_j/meti_14_10_11/book115/book.pdf

5）「実環境での作業を実現するロボットシステム」総合特集号，システム制御情報，**59**(6)(2015)．

6）ロボット工学ハンドブック，第5章　操縦型ロボット，コロナ社（2005）．

7）国土交通省九州地方整備局雲仙復興事務所ホームページ，雲仙で生まれた無人化施工技術，http：//www.qsr.mlit.go.jp/unzen/sabo/mujinka/mujinka.html

8）日本下水道事業団：「水すまし」平成26年No.157 https：//www.jswa.go.jp/company/shuupan/mizusumashi/pdf/No.157.pdf

9）国土交通省次世代社会インフラ用ロボット技術・ロボットシステム～現場実証ポータルサイト，http：//www.c-robotech.info/

10) ROBODOC, A Curexo Technology Company：http：//robodoc.com/_oldfiles/_about.html

11）インテュイティブサージカル合同会社ホームページ，http：//www.intuitivesurgical.com/jp/

12）日本ロボット外科学会ホームページ，http：//j-robo.or.jp/da-vinci/index.html

13）低侵襲手術支援システムNaviotの開発，日本ロボット学会誌，**23**（2），168-171（2005）．

14）CYBERDYNE株式会社ホームページ，http：//www.cyberdyne.jp/products/HAL/index.html

15）蜂須賀研二：脳卒中リハビリテーションにおけるロボット支援訓練，脳神経外科ジャーナル，**21**（7），534-540（2012）．

16）向野雅彦，才藤栄一，平野哲：特集 超高齢社会の幕開けと今後の日本／超高齢社会における医療・福祉ロボットの動向について教えてください，*Geriatric Medicine*（老年医学，**53**（1）：63-65（2015）．

17）池田哲彦，遠藤寿子，中島孝：リハビリロボットの現状，*Locomotive Pain Frontier*，**4**（1），52-54（2015）．

18）看護理工学会ホームページ，http：//nse.umin.jp/

19）パロ㈱知能システムホームページ，http：//intelligent-system.jp/

20) Rehab Roboticsホームページ，http：//www.rehab-robotics.com/

21）セコム㈱ホームページ，http：//www.secom.co.jp/personal/medical/myspoon.html

22）パナソニックプロダクションエンジニアリング㈱ホームページ，http：//www.panasonic.com/jp/company/ppe/resyone.html

23）経済産業省と厚生労働省ロボット技術の介護利用における重点分野，http：//www.meti.go.jp/press/2013/02/20140203003/20140203003.html

24) iRobotホームページ，http：//www.irobot-jp.com/roomba/980/?gclid=CPWtjbb6kcoCFQGbvQodOj8Kiw

25）人工知能学会論文誌，論文特集「ヒューマンエージェントインタラクション（HAI）」，**28**（2）（2013）．

26）日本機械学会ホームページ，機械遺産一覧，http：//www.jsme.or.jp/kikaiisan/jidai_list.pdf

27）日本ロボット学会誌，特集「機構の知と技」**29**（6）

（2011）．

28) rethink roboticsホームページ，http：//www.rethinkrobotics.com/

29）山田泰之，長坂俊，森田寿郎：機械的な荷重補償装置の開発，日本機械学会論文集（C編）**77**巻777号（2011-5）．https：//www.jstage.jst.go.jp/article/kikaic/77/777/77_777_2042/_pdf

30）遠藤玄，山田浩也，矢島明，広瀬茂男：非円形プーリ－バネ系による自重補償機構と4節平行リンク型アームへの適用，日本ロボット学会誌，**28**（1），77-84（2010）．

31) A, Albu-Schaffer, O, Eiberger, M, Grebenstein, S, Haddadin, C, Ott, T, Wimbock, S, Wolf and G, Hirzinger：Soft Robotics, http：//www.ynl.t.u-tokyo.ac.jp/publications/pdf2008/journal/getPDF.pdf

32) L.E.Pfeffer, O.Khatib and J. Hake：Joint Torque Sensory Feedback in the Control of a PUMA Manipulator, *IEEE TRANSACTIONS ON ROBOTICS AND AUTOMATION*, **5**（4），418-425（1989）．

33）マイクロテックラボラトリーホームページ，http：//www.mtl.co.jp/

34）日本ロボット学会誌，特集「次世代アクチュエータが描く未来像」，**33**（9）（2015）．

35）大野晃寛，鈴森康一，脇元修一：細径空圧人工筋肉を用いた能動織布の試作，2014 SICE 第15回計測自動制御学会システムインテグレーション部門講演会．

36) H, J.Kim, Y.Tanaka, A.Kawamura, S. Kawamura and Y. Nshioka：Improvement of Position Accuracy for Inflatable Robotic Arm using Visual Feedback Control Method, Proc. of the IEEE International Conference on Advanced Intelligent Mechatronics（AIM2015），767-772, Busan, Korea, July 7-11（2015）．

37）中村仁彦，神永拓：高バックドライバビリティを実現する油圧駆動システム，日本ロボット学会誌，**31**（6）568-571（2013）．

38) S.-H, Hyon, D. Suewaka, Y. Torii, N. Oku and H. Ishida：Development of a fast torque-controlled hydraulic humanoid robot that can balance compliantly, IEEE-RAS International Conference on Humanoid Robots, Seoul, Korea, 576-581（2015）．

39) D. Research：High-Performance Robotic Muscles from Conductive Nylon Sewing Thread https：//www.disneyresearch.com/publication/high-performance-robotic-muscles/

40) Open CVホームページ，http：//opencv.jp/

41）石川渡辺研究室 研究成果集ホームページ，http：//www.k2.t.u-tokyo.ac.jp/Booklet/all.pdf

42) Kinect ホームページ, http：//www.microsoft. com/en-us/kinectforwindows/meetkinect/ default.aspx

43) ㈱3次元メディアホームページ, http：// www.3dmedia.co.jp/index.html

44) 三菱電機㈱ホームページ, http：//www. mitsubishielectric.co.jp/news-data/2008/ pdf/0214-a.pdf

45) ビー・エル・オートテックホームページ, http： //www.bl-autotec.co.jp/fa/rc/rcc/index.html

46) ㈱ワコーホームページ, http：//www.wacoh. co.jp/company/index.html

47) OPTOFORCE ホームページ, http：//optoforce. com/3dsensor/

48) 第一精工㈱ホームページ, http：//www.daiichi-seiko.co.jp/japanese/product/development/

49) 日本ロボット学会誌特集号「ヒトの触感覚特性を活かす」, **30**(5)(2012).

50) ㈲シスコホームページ, http：//www.syscom-corp.jp/doc/product/sensor/syokkaku.html

51) OpenRTM-aist official website http：//www. openrtm.org/

52) ROS ホームページ, http：//www.ros.org/

第2編

新しいロボットによるプロセスイノベーション
～ロボット概要とその用途～

◆ 第2編 新しいロボットによるプロセスイノベーション～ロボット概要とその用途～
◆ 第1章 操作する

第1節 双腕スカラロボット duAro の開発

川崎重工業株式会社　橋本　康彦

1. はじめに

　川崎重工業㈱（以下，当社）は，水平多関節（スカラ）ロボットを同軸上に配置した双腕ロボット「duAro（デュアロ）」を開発し，2015年6月から世界で同時発売した。duAroは，「Easy to use」「人とロボットとの共存と協調」などをキーワードに，あらゆるユーザーにとっての使いやすさを追求して誕生した（図1）。

　これまでの産業用ロボットは，自動車業界など製品のライフサイクルが長い量産分野を中心に導入が進み，発展してきた。その一方で，電気・電子業界など製品のライフサイクルが短く，数ヵ月単位でのモデルチェンジを繰り返す分野では，ロボット導入への期待があったものの準備期間や費用対効果で自動化が難しいと考えられてきた。duAroは，こうした分野における産業ロボットの導入を実現すると同時に，機能の高さと低価格の同時実現により，中小企業のものづくり現場への産業用ロボットの導入・活用にも道を拓くものである。

　duAroは，人と共存して働くのに必要な機能が備わっている。ロボット本体は，胴体から水平に伸びた2本のアームが対になって動き，人が両腕で行っている作業を，人1人分のスペースに置き換えられる。衝突検知機能や作業者の近くでは低速で動作するなどの安全機能を装備しており，作業者のすぐ横に設置しても安心して作業をさせられる。

　また，ダイレクトティーチング機能やタブレット端末による操作・ティーチングなど，簡単にシステムを立ち上げられる実用性の高いロボットにした。ロボット本体とコントローラーは，台車一体のパッケージ構造なので設置や移設がきわめて容易にもなっている。

　製品のライフサイクルが短い分野においても既存の生産ライン構成や設備を変えることなく導入できる。

　本節では，duAroの開発を可能にした当社のロボット事業の基盤と，duAroの革新的な特徴について紹介する。

2. 当社の産業用ロボット技術

　すでに知られているように，日本は世界最大の"産業用ロボット稼働国"であり，同時に世界最大の産業用ロボットの供給国である。世界市場で日本メーカーは，製品用途ごとに多くの分野で中心的な存在になっている。

　そもそも日本の産業用ロボットメーカーは，

図1　双腕スカラロボット「duAro（デュアロ）」

自動車業界などからの製品開発への要求および厳しい品質要求への対応と，ロボットメーカーとしての積極的な顧客ニーズ発掘により，技術の高度化を図ってきた。言葉を換えれば「マーケット・インの開発」努力が，日本のものづくりの基盤として産業用ロボットへの信頼を築き，世界のものづくりの先進性を支えてきた。

当社は，その先駆者である。「産業用ロボットの父」とよばれたエンゲルバーガー博士が創始したアメリカのUnimation社と提携し，1968年に国産初の産業ロボット「ユニメート2000型」の開発に成功。翌1969年から製造・販売を開始した。産業用ロボットは，70年代に入ると大手自動車メーカーに相次いで導入され，これを機に日本は産業ロボット大国への道を歩みはじめる。当社の産業用ロボット事業の展開には，自社工場でさまざまな用途へのロボットの活用を試み，その知見を他の産業分野での活用へとつなげるという特徴を備えていた。たとえば明石工場（兵庫県）での工作機械の自動化システム（1971年）は，機械加工の自動化に産業用ロボットを適用した国内初の試みであった。そうした数々の試みが現在の産業用ロボット事業の多彩な製品ラインナップへとつながっている。

現在，当社の産業用ロボット事業は，47年の歴史を経て，世界でロボットを使う地域の多くにサービス網，代理店網を形成し，その製品，品質，サービスサポート力により，世界中で支持をいただけるトップグループのロボット供給メーカーとして活躍している。

産業用ロットメーカーのパイオニアとして自動車や半導体をはじめとするさまざまな業界向けに，スポット溶接，アーク溶接，組立て・ハンドリング，塗装，パレタイズ用などの多数の「カワサキロボット」を供給。

スポット溶接，塗装，パレタイジング，ウエハー搬送などの産業用ロボットの主舞台では確固たるプレゼンスを保ち，特に微細な塵の混入も許されないクリーンルームでのウエハー搬送ロボットでは世界シェアの50%近くを占めている。

また近年では，食品や医薬・医療などの分野にもロボットの活用の場を広げている。食品の製造工程，薬剤の製薬・創薬・調剤工程などで，さまざまなサイズ，さまざまな機能のロボットやロボットを含めたシステムを提供している。

医療分野では，医療用検査機器の開発・販売会社であるシスメックス㈱（神戸市）と，医療用ロボットの共同開発をめざす合弁会社メディカロイドを設立している。産業用ロボットの技術を応用した医療用ロボット（アプライドロボット）と手術支援ロボットの開発を進め，2016年にはアプライドロボット，2019年には手術支援ロボットの上市を計画している。

当社は，重厚長大産業の代表企業の1つと見られている。たしかに世に送り出す製品は，船舶や鉄道車両，航空機，エネルギープラントなど大きく重いものが多い。しかし，重厚長大とイメージされる製品は，ITの発達に伴う各種のセンサや制御技術を取り込み，「ただ大きく重いだけではない製品」へと変身を遂げている。その中で磨き上げられてきたフィジカルな精密さは，ITと融合して，より洗練され，高度な精密機械／システムへと進化を遂げている。

また，重厚長大産業は，航空機分野など人命にかかわる製品を製造するため，厳しい安全基準や品質管理が要求されてきた分野でもある。ロボット事業が今後医療・医薬分野に進出していく際には，このような企業としての知見・経験も生かしていくことができると考えている。

重工業の洗練を先導し，象徴しているのが産業用ロボットであり，そこに盛り込まれる機械

工学としての精密技術と，ITがもたらすソフトやセンサ技術などとの融合は，新しい産業創出の可能性を秘めている。「重厚長大の会社のロボット事業であったがゆえに，まったく新しい技術，産業の創出をめざせる」ということを，当社のロボット事業は示せていると自負している。

3. 「duAro」の開発の背景
3.1 電子業界からの要望

双腕スカラロボット「duAro」の開発アイデアは，電子業界などの要望からもたらされた。電子業界のものづくり現場の詳細な工程分析を行った結果，ロボット導入を困難にしている問題の所在と，ロボット導入の可能性が明らかになった。

電子業界の製品は，概してライフサイクルが短い。たとえばスマートフォンなどの生産では，先進技術を盛り込んだ製品が次々と誕生しているにもかかわらず，製品のライフサイクルが数カ月から半年である。一方，従来の産業用ロボットは，いったん設置されて製品変更があると生産ラインのレイアウト変更が難しく，毎回，多大なエンジニアリング時間や費用がかかってしまう。ロボットの設置や調整には半年ほどの期間を要するために，製品のライフサイクルにロボット導入が追いつかないのである。

このため電子業界でのロボット導入は遅々として進んでいなかった。そして，大規模工場となれば何千人，何万人という人海戦術によるラインを組むしか打ち手がない状況であった。

「ラインや設備を変えずに導入できるロボットはないか」この要望は，
① 人1人分のスペースに設置できる
② 人1人分の両手の動作範囲で稼働する
③ ライン変更に柔軟に対応するためにティーチングや移動が容易である
④ 大量導入できる価格である
⑤ 作業者の安全確保のために設置される安全柵などが不要である

などの要件を備えるべきであることを示していた。

そして実は，電子業界のニーズは，中小企業のニーズであることもわかってきた。日本のものづくりの現場は，社数では中小企業が9割を超えている。少子高齢化などで作業員の確保が難しくなる中で，労働力不足への解決策が求められている。

そのためにロボットの活用を検討する中小企業主は多いが，工場が狭いためにロボットを設置するスペースが確保できない，また高価格なので設備投資負担が大きくなるなどの悩みの中，ロボットの普及が進まない分野が数多くある。われわれは，これまでとはまったく異なる発想でのロボット開発の必要性を感じた（図2）。

3.2 人とロボットの共存・協調への道筋

一方，ロボットを日本国内で使用するには，国内の法規制の遵守が前提となる。これまで労働安全衛生法では，産業用ロボットを設置する際には安全柵や囲いを設けて危険防止の措置を取るように求め，モーターの定格出力が最大

図2 電機，電子の生産工場

80 W 以下のものについては規制の対象外としていた。

しかし国際的には，1992 年に制定された国際規格 ISO 10218 は，2006 年の改訂で特定条件の下での人とロボットの共存，協調作業を認め，安全柵や囲いを設けるかどうかはリスクアセスメント判断による，とした。これはロボットの安全技術の進歩に伴い，実情に沿うように改訂されたものである。

しかし国内法では人との共存，協調作業は認められておらず，そのために国内ではロボットの導入が進まず，製造拠点を，ロボットを導入しやすい海外に求める動きを加速させていたのである。

当社も，産業用ロボットメーカーの一員として経済産業省と共に厚生労働省に積極的に働きかけ，2013 年 12 月，国際標準化機構の定める産業用ロボットの規格に準じた措置を講じることで「安全柵の中のロボット」は解き放たれ，「人と共存，協調するロボット」への門が開かれた。狭い生産環境にありながらもロボットを導入できたり，高齢者や身体の不自由な人の雇用をサポートできたりするロボット活用に道筋が示された。

4. 「duAro」のロボット技術

4.1　開発コンセプト

duAro の開発にあたっては，3 つの開発コンセプトが確認された。つまり，

①　人と共存作業が可能
②　システムの立ち上げが簡単
③　低トータルコスト

である。

ちなみに duAro という名前は，英語の「Dual」と「Robot」を組合せた造語で，2 本のアームをもつ安心・安全なロボットというイメージで，親しみやすい愛称にした。また親しみやすさと安心感を形にするために，丸みを帯びた本体の曲線やアームへの柔らかな材質の採用，さりげなく配された青のスポットカラーなどに具現されている。

duAro の主な仕様を**表 1** に，動作範囲図などを**図 3，4** に示した。

次に，各コンセプトに基づき，具体的にどのような技術が開発され，盛り込まれているかを紹介する。

4.2　人と共存作業が可能な技術

duAro の導入現場を想起すれば，ライン変更を行わずに人 1 人分のスペースにロボットを設置するイメージになる。

従来のスカラロボットを 2 台並べて設置する場合，設置スペースは大きくなりすぎ，人 1 人分のスペースに収められない。また従来のスカラロボットでは，通常 1 台のアームに対して 1 台のコントローラーが必要だった。duAro では，水平多関節のアームを同軸上に配置した双腕構造とした。つまり，1 台のコントローラーで 2 台のアームの制御ができる。さらにロボットとコントローラーを 1 台に集約してパッケージ化し，これにより人 1 人分のスペースに設置できる。

第1章 操作する

表1 duAro 仕様

			duAro1	
適用用途			組立 ハンドリング ロードアンドロード シーリング	
動作自由度［軸］			4×2 アーム	
最大可搬質量［kg］			2（1 アーム）	
位置繰り返し精度［mm］			± 0.05	
最大ストローク			アーム1（下アーム）	アーム2（上アーム）
	腕旋回［°］		−170−+170（JT1）	−140−+500（JT1）
	腕旋回［°］		−140−+140（JT2）	−140−+140（JT2）
	腕上下［mm］		0−+150（JT3）[*1]	0−+150（JT3）[*1]
	手首回転［°］		−360−+360（JT4）[*1]	−360−+360（JT4）[*1]
コントローラ部	制御軸数［軸］		最大 12	
	駆動方式		フルデジタルサーボ	
	動作方式	マニュアルモード	双腕協調動作，単腕独立動作，【補間モード】各軸，ベース座標，ツール座標	
		オートモード	双腕協調動作，単腕独立動作，【補間モード】各軸補間，直線補間	
	教示方式		ダイレクト教示方式，タブレットによる簡易教示方式	
	記憶容量（MB）		4	
	I/O 信号	汎用入力［点］	16（最大 32）[*2]	
		汎用出力［点］	8（最大 16）[*2]	
	電源仕様		AC200-200V±10％，50/60Hz±2％，単層，最大 2.0A 以下	
			D 種接地（ロボット専用接地），漏れ電流最大 10mA 以下	
本体質量［kg］			約 145	
設置方法			床置き	
設置環境	周囲温度［℃］		5-40	
	相対湿度［％］		35-85（ただし，結露なきこと）	

＊1：お客様にコンバージョンされた場合は仕様が異なります。
＊2：オプション

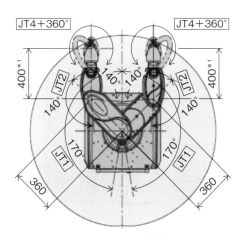

図3 duAro の動作範囲

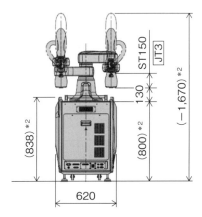

図4 duAro の外形寸法

− 43 −

また，同軸双腕構造にしたことでアームの緩衝が起きにくくなり，従来のスカラロボットでは困難であった協調動作も容易になった。

その動きは，人の動作範囲，必要領域をシンプルな形で実現している。duAroの標準軸数は片腕4軸としており，最大，片腕に2軸を追加できる。軸の追加によりワークの姿勢を変更したりできるようになる。

腕の長さは，人と一緒に作業するので人間を基準に考え，かつ人は片手で仕事をすることは少ないので双腕というアイデアが生まれた。また双腕の設計では，業界トップシェアの実績と信頼性を誇るクリーンルームで活躍するウエハー搬送ロボットで培われた技術を取り入れ，設計の早期化を図った。

duAroでは，アームを設置した台車の中にコントローラーを収納したので，台車ごと移動させて簡単に設置できる。人1人分の設置スペースを考慮して設計されおり，またキャスターが付いているので，人が押して運べ，置き場所は自在に変えられる。これまでライン変更に時間を要していたシステム立ち上げやロボットが停止した緊急時も素早く対応できる。

人と共存作業を可能にするためには，周辺の作業者に危害を及ばさないことが最大の課題になる。duAroは，出力80W以下の低出力モーターを採用し，安全柵を必要としない。縦型の腕部には柔らかい材質の安全カバーを装着。その上で，衝突検知機能を備える一方，左右の作業者との共同作業領域では低速で動作し，中心部では高速で動作するなどを任意で設定できようになっている（図5）。

4.3 システムの立ち上げを簡単にする技術

コントローラーとロボットが一体になっている移動性の高さは，システムの立ち上げを容易にもしている。そして，従来の産業用ロボットのシステム立ち上げで最大の課題となっていた作業内容の教示「ティーチング」でもduAroは画期的な技術を取り入れた。「ダイレクトティーチング機能」と「携帯情報端末（タブレット）による操作・ティーチング」の併用である。

そもそも製品のライフサイクルが短い分野では，ロボットのシステムの立ち上げに要する時間が生産効率の向上の大きなネックになっていた。たとえば，携帯電話のカバーを本体にはめ込む作業ならば位置設定から確認まで1週間は必要としていた。

(a) 人1人のスペースに設置して共在作業を実現　　(b) 人との共在領域での低速動作などを実現

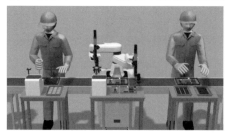

図5　人との共存作業が可能な技術

しかしわれわれは,「簡単とは,説明書がなくても操作でき,熟練を要さなくてもシステムを立ち上げられること」と考え,周辺技術の開発に取り組み,先の例ではduAroであれば2～3日で立ち上げを可能にした。

その技術の1つが,「ダイレクトティーチング機能」だ。これは子どもへの手取り足取りをイメージすればよい。子どもの腕や手を取り,実際の動きをなぞって手順を教えるように,duAroでもアームを握り,右のねじ穴から左のねじ穴へといった動きをなぞりながら動作を指示するだけで作業を覚える。

図6　タブレット端末

タブレット端末による操作や動作設計もできるようにした。duAroでは操作盤の機能はすべてタブレット端末に移してユーザビリティの高い簡単な方法にしてあり,端末の操作は,1日で覚えられるほど簡単である。ロボット操作だけでなく,専用ソフトを起動して動作にかかわる方向や距離などの数値を入力するだけでティーチングを終えられる。つまり数式やプログラミングに詳しくなくてもduAroを使いこなせるようになるわけである（図6）。

またタブレット端末は,複数台のduAroの操作盤として使えるようにもした。

duAroが双腕であるのも,簡単なシステムの立ち上げにつながっている。1本のアームの場合だと作業対象となるものの大きさ・形状の変化に対応するために,ハンドの付け替えが必要となるが,双腕だと,挟み込む動作が可能になるため,さまざまな大きさ,形状のものの作業に対応可能である。また,アームの先に付ける治具を簡素化できる。たとえば1本のアームでものを加工する場合,治具などでものが動かないように固定する必要がある。だが双腕ならば1つのアームを治具の代わりにして固定し,もう1つのアームで作業することができる。つまり,双腕ロボットは多様な大きさ・形状のものを扱う作業を簡単に行え,それだけシステムの立ち上げを早く簡単にできるのである。

4.4　低トータルコスト

duAroは,2015年6月に発売を発表したが,直後から多くのお客さまから問い合わせをいただいた。大きな反響を得たのは,duAroの各種の優れた機能が注目されたのはいうまでもないが,duAroの価格にも驚きを感じられるお客さまが多かったからである。われわれはduAroの販売価格を,1台280万円に設定した。

ライン変更が頻繁になされる生産現場に大量に導入する,中小企業をはじめとするものづくりの現場にロボットの力を届けるといった開発構想からすれば,1台が500万円を超えるようなロボットではニーズに対応できない。そこで当社内に蓄積され,練られ,コスト削減効果の大きな既存技術も積極的に取り入れ,低コスト化を図った。

また,産業用ロボットの導入では,ロボット本体の費用の他に,位置決め治具などの周辺機器に費用がかさみ,総費用が本体価格の2～3倍になる事例も珍しくない。

duAroでは,ロボット本体と周辺設備のパッケージ化に力を注いでおり,しかもduAroは2本のアームを使うので治具レス対応もでき周辺費用は従来と比べて抑えることができる。

ものづくりの現場では，従来のロボットに比べ，ライン変更にかかるコストが低いため，変更を重ねていくごとに累積コストの削減効果は大きくなる。

さらに従来のロボットを導入するには，工場設備そのものを見直す必要があり，その整備のために数千万円から数億円かかる場合もある。duAroが，現状の工場設備のまま導入できるメリットは，中小企業にとって大きな魅力だろう（図7）。

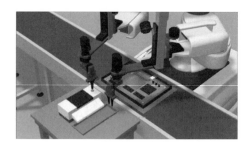

図7　さまざまな作業に導入できる

5. おわりに

従来，産業用ロボットは大手メーカーの独占物のように思われてきた。しかしduAroによりまったく新しいロボットとの共存・協調の時代がはじまる。

duAroには，さまざまな「簡単さ」が盛り込まれているが，それはduAroそのものの技術レベルの低さを意味しているのではない。むしろ真逆で，簡単さの背後には，当社の産業用ロボット事業で培われた複雑でレベルの高い技術が盛り込まれている。だからこそ簡単に使えるのである。

また簡単に使えるようになれば，ご利用になるお客さまは改善要望を見つけやすくもなる。そうした要望はduAroをさらに進化させるであろうし，お客さまとメーカーが問題解決のために協調し，協創するサイクルを生み出せる。それがduAroを世に送り出した最大の意義ともなろう。特に，中小企業のものづくりの現場にロボットの力をお届けできるようになり，duAroは，加速度的に具体的な成果を見せはじめるに違いない。

人には人の，ロボットにはロボットの長所があり，人とロボットがシームレスに連携すれば，ものづくりの競争力を強める余地は十分にある。たとえば，日中は人とロボット，夜間はロボットのみの生産体制を構築したり，ロボットで体の不自由な方の活躍をサポートして労働に参加する取り組みもできるようになるだろう。

ベストパートナーとして人に寄り添い，人を支える。それがロボットであり，当社はどのような生産体制，働き方が可能であるかまで含めたトータルなソリューションを提供しながらduAroを普及させていきたいと考えている。

◆ 第2編　新しいロボットによるプロセスイノベーション～ロボット概要とその用途～
◆ 第1章　操作する

第2節　センサ利用産業用ロボット開発

ファナック株式会社　榊原　伸介

1. はじめに

　ロボットの活躍の場が広がりつつある中，ロボット産業全体を牽引している産業用ロボット (industrial robot) について，センサ利用を中心とした最新の技術を紹介する。

　産業用ロボットは，3Kとよばれる「危険」，「きたない」，「きつい」作業を人に代わって行う機械として，1980年代からわが国の自動車工業を中心に本格的な導入が進み，2014年現在，世界全体で約150万台が稼動している。わが国では，そのうちの20%の約30万台が稼動しており，国別稼動台数として世界一である (出典：World Robotics 2015)。

　JIS (日本工業規格) による産業用ロボットの定義 (産業用ロボット用語 (JIS B0134-1993) (1) 一般) は次の通りである。

　産業用ロボット：自動制御によるマニピュレーション機能または移動機能をもち，各種の作業をプログラムにより実行でき，産業に使用される機械。

　産業用ロボット (以下，単にロボットとよぶ) の適用分野は，自動車・自動車部品，電気・電子および食品・医薬品等を含む一般産業分野にまで広がっている。ロボットを導入することで生産性が向上し，製品の品質が安定するため，製造業の国際競争力強化という点で近年高い注目を集めている。

　ロボットは工場自動化のための重要な構成要素として，マテリアルハンドリング，スポット溶接，アーク溶接，組立て等，主に製造業の多くのアプリケーションで利用されている。ロボットは，あらかじめ教示あるいはプログラムされた通りに動作する融通の利かない機械というイメージがいまだに残っているが，現在のロボットは高機能センサを搭載し，センサベース制御，学習制御等の先進的な制御ソフトウェアやITおよび機械学習をはじめとする人工知能技術と相俟って，ある面で熟練技能者に匹敵する技能を有する知能ロボットとして大きな進化を遂げている。

2. 構　成

2.1　機構部

　ロボットはその動作形態により，**図1**に示すいくつかのタイプに分類される。この中で，現在では，垂直多関節，パラレルリンク，水平多関節，直角座標の各タイプが多く用いられている。**図2**は6軸垂直多関節ロボットの例を，**図3**は6軸パラレルリンクロボットの例を示す。

2.2　アクチュエータ

　産業用ロボットの各軸を駆動するアクチュエータとしては，整流のためのブラシを使わずメ

－47－

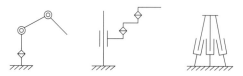

図1 産業用ロボットの動作形態による分類

図2 垂直多関節ロボット

ンテナンスが不要のACサーボモーターが多く使われている。ACサーボモーターのシャフトにはパルスコーダあるいはエンコーダとよばれる位置検出器が固定され，モーターの回転位置を正確に計測し，制御装置にフィードバックしている。制御装置内では，位置検出器の信号から得られるモーターの回転位置情報だけでなく，それを微分して回転速度情報も得ている。

　ロボットのアームを駆動するためには大きなトルクが必要であるため，一般にモーターとアームとの間に減速機とよばれる機械装置を介在させ，モーターの回転を減速させて代わりにトルクを増やしている。

2.3　制御部
2.3.1　構　成

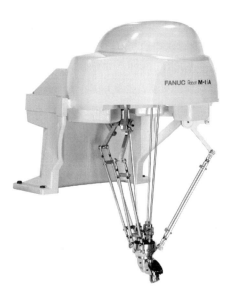

図3　パラレルリンクロボット

　通常のロボットは教示再生（プレイバック）型ロボットとよばれる。この名称は，制御装置に接続された教示操作盤を使って人がロボットへ動作を教え込む「教示」操作および教示された動作データに基づきロボットを動かす「再生」操作に由来する。制御部は，マイクロプロセッサおよび内部メモリ等から構成され，マイクロプロセッサは主に，前述の教示・再生に関する操作制御およびシーケンス制御，演算制御等を行う。教示操作盤上のLCD（液晶表示器）は操作入力の確認，運転状態のモニタリングなどの表示装置として使用される。

　シーケンス制御は動作順序，時間制御，条件判別，外部入出力タイミング，異常処置等を行う。演算制御は教示された位置，速度データをもとに位置指令データ，加減速データの生成，直線補間，円弧補間，関節-直角座標変換等を行う。

— 48 —

2.3.2 サーボ制御

サーボ制御は，マイクロプロセッサからの位置指令データに基づきサーボアンプを経由して
サーボモーターを駆動し，ロボットアームを目標の位置に到達させる役割をもつ。ほとんどの
プレイバック型ロボットでは，サーボモーターの軸に取り付けられた位置検出器からの信号を
フィードバックさせるクローズドループ方式が採用されている。この方式は特有の追従遅れが
あるため大幅な高速化には限界があるが，位置指令の変化分（速度指令）をあらかじめ入力側に
加算することによって追従遅れを減少させるフィードフォワード制御が導入され，高速，高精
度な位置・速度制御が可能となった。一方，高速化が進むと，想定した制御モデルとの乖離に
よりロボットの加減速時の振動が大きくなり位置決め静定時間が長くなってしまうという問題
が生じた。そこで，重力によるアームのたわみ，ねじれなどを推測するオブザーバ（観測器）を
サーボ系に導入して振動抑制を行う方式やロボットの姿勢，負荷重量，速度に応じて加減速度
やゲインをコントロールする最適制御による振動抑制が行われるようになってきた。さらに進
んで，ロボット手先に加速度センサを搭載して実際に振動の加速度を計測し，これに基づき振
動が小さくなるように繰り返し学習を行うことにより振動抑制を行う学習制御も登場している。

一方，ロボット制御の応用機能として，アーム先端に加わった外力をモーター電流値の変化
で検出して，外力の方向にアームを柔らかく倣わせるソフトフロート機能や，アームと障害物
との衝突をモーター電流値の変化とオブザーバを使って検出しロボットを非常停止させる衝突
検出機能が実用化されている。

3. 産業用ロボットの適用例

3.1 高度作業の自動化

従来，熟練技能者が行っていた高度作業をロボットで自動化するのは難しかったが，センサ
搭載の知能ロボットにより，以下に示すような高度作業の多くが自動化できるようになってきた。

3.1.1 部品の精密はめ合い

知能ロボットは，力センサにより力加減をみながら部品を組立てることができる。具体的に
はクリアランスが $5\,\mu\mathrm{m}$ しかない $\phi\,20$ のシャフトと穴のはめ合いなど，JIS 規格 H7/h7 クラス
のきついはめ合い作業を行うことができる。このような作業を自動化するために，知能ロボッ
トは手首に力センサを取り付け力制御を行う。図 4 は，はめ合い中に力センサにかかる力とモー
メントを示したものである。シャフトに姿勢誤差がある状態で穴に押し付けると力とモーメン
トが発生する。この力とモーメントが 0 になるようにシャフトの姿勢を制御することで，姿勢
誤差がなくなり無理のないはめ合いを行うことができる。

3.1.2 歯車の組立て

歯車の組立ても微妙な力加減を必要とする作業である。図 5 は歯車の組立例を示す。挿入す
る歯車を適度な力で相手の歯車に押し付けながら位相角度を合わせることが必要である。押付
力が小さ過ぎると角度は合っているのに挿入されず，大き過ぎると 2 つの歯車が一緒に回って
しまうといった問題が発生する。力制御により歯車を傷つけない力で押し付けながら挿入する

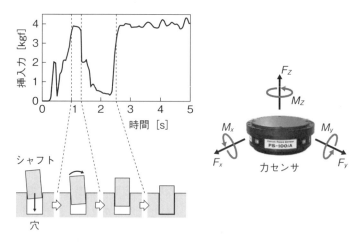

図4　力制御による精密はめ合い

歯車をゆっくり回転させることで2枚の歯車の位相角度を合わせる。押し付け力が急速に小さくなったことが力センサで検出されれば，挿入が成功したことになる。

3.1.3　組立て

図6は，機械部品の精密組立ての例である。2台のロボットの手首にはそれぞれ力センサが搭載されている。この例では，1本のシャフトを2つの穴に貫通する，JIS規格H7/h7クラスのきついはめ合い作業を実現している。

3.1.4　研　磨

図7は，6軸パラレルリンクロボットによる研磨作業の例である。ロボットの手首に搭載された力センサからの信号を使うことで，一定の押し付け力で自由曲面をもった部品の研磨作業をムラなく行うことができる。

3.1.5　工作機械へのワークの着脱

加工システムは，できるだけ少

図5　歯車の位相合わせ組立て

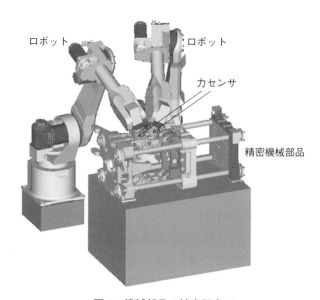

図6　機械部品の精密組立て

― 50 ―

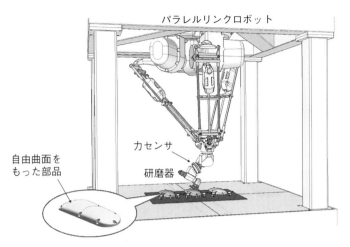

図7　自由曲面研磨

ない初期投資で，できるだけ長時間にわたって無人運転を続けることが加工コスト低減につながる。知能ロボットを利用した長時間無人機械加工システムである「ロボットセル」では，知能ロボットが作業者に代わって部品を工作機械の加工治具へ取り付ける。

　図8は，6軸垂直多関節の大ロボットが大型鋳物部品を工作機械に取り付けるロボットセルの例である。ロボットは部品を掴み，その位置・姿勢を視覚センサで計測する。次に，部品を工作機械の加工治具に取り付ける。この時ロボットは，部品を加工治具の取り付け面に倣わせて柔らかく押し付けることで高精度に取り付けることができる。

3.1.6　学習制御

　一般にロボットアームが高速で動作して停止すると手先が振動してしまうため，振動が少なくなるようにロボットの速度を抑えなくてはならない。近年，この振動を加速度センサで計測し，繰り返しロボットに学習させることでこの振動を低減することができる学習制御が実用化された。図9は，この学習制御を3台のロボットに適用したスポット溶接の例である。また，学習制御により振動が抑えられる様子を図10に示す。これにより，ロボットの大幅な高速化およびサイクルタイム短縮が可能となった。

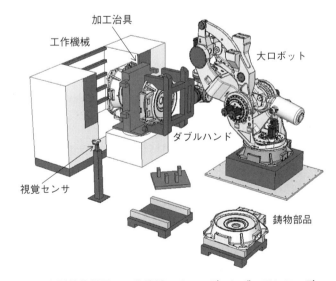

図8　大型鋳物部品の工作機械へのローディング・アンローディング

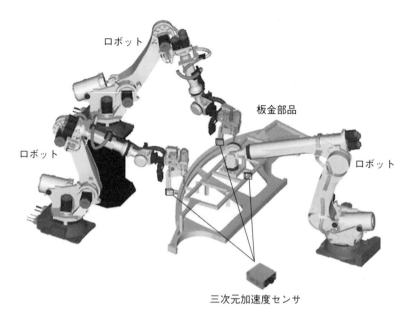

図9　学習制御

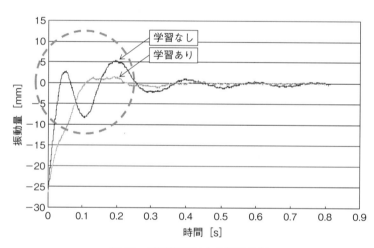

図10　学習制御による振動抑制

3.2　周辺機器の簡素化

　ロボットがセンサを搭載していないと，部品を決められた場所に整列させなければならず，個々の部品専用に，位置決め治具や部品供給装置などの周辺機器を用意する必要があり，ロボットを使った生産システムの設備コストを押し上げる大きな要因となっている。

　近年，図11に示すように，視覚センサを用いたバラ積み部品取り出し（ビンピッキング）が実用化され，人間と同様に，専用の周辺機器を用意しなくても籠や箱などに乱雑に積まれた部品をロボットが直接取り出すことが可能になった。ロボットは自律的にハンドや部品が籠や箱にぶつからないよう回避動作を行い，また，万一部品を取り損なっても，それを検知してやり直すことができる。これにより，周辺機器が大幅に簡素化され，生産システムの設備コスト低減に寄与している。

3.3 教示の簡易化

工場の現場ではロボットに動作を教える教示操作のために，専門の教育を受けたオペレータが多大な工数をかけている。ロボットが行う作業が複雑になるほど，熟練した教示技能と多くの教示時間が必要となる。これらの問題を解決するため近年，視覚センサ，力センサなどのセンサで外界の状態を認識し，教示を簡易化することが行われている。

金属を加工すると加工面の縁にバリとよばれる突起物が生じることがある。このバリは熟練オペレータがグラインダを使って手作業で除去することが普通に行われているが，金属の粉塵が舞う悪環境下での作業であり工数もかかるため自動化への要求が高い。この作業をロボットで行わせようとすると，バリの存在する稜線に沿って多数の点を教示する必要があり，多くの工数を要する。

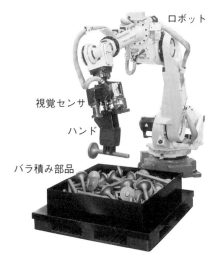

図11 バラ積み部品の取り出し

図12 はバリ取り作業の教示を視覚センサとオフラインプログラミングを組合せて簡易化し，実際のバリ取り作業は力センサを使って行った例である。まず，オフラインプログラミングシステムの画面上で対象部品のCADデータからバリを除去したい稜線を指定する。次に，この情報を基に実物の部品のバリが存在する稜線を視覚センサが検出し，これに基づきロボットの動作プログラムを自動生成する。ロボットが実際にバリ取り作業を行う際には，ロボットの手首に搭載された力センサを使って，常に一定の力でバリ取り作業を行う。これらにより，ロボット教示のための工数が劇的に減少した。

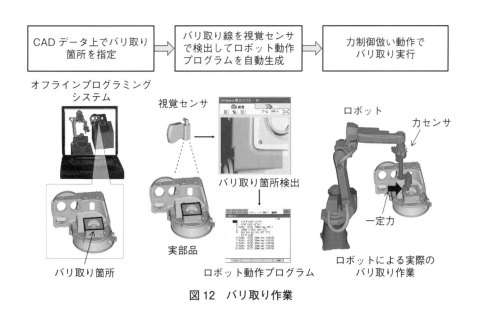

図12 バリ取り作業

4. 協働ロボット

近年，人とロボットによる協働作業が注目されている。これは優れた判断力，視覚，器用な手をもつ人間と，重量物を繰り返し搬送しても疲れ知らずのロボットが，互いの長所を活かすことで競争力のある生産システムを構築できるからである。人とロボットが協働作業を行う場合は人とロボットの作業領域が重なる場合が多いので，人に対する安全性を確保することが最重要となる。具体的には，人の接近や接触をセンサで検知して，ロボットの速度を落としたり，ロボットを停止する機能が求められる。また，センサや回路の万一の故障時でも人に危害を及ぼすことがないように，制御系を二重にする等の対策をとることが国際規格で規定されている。

図13は，35 kg可搬の協働ロボットによる安全柵なしのタイヤ搬送システムである。協働ロボットが車のトランクにタイヤを設置し，人間がタイヤを固定する作業を行っている。安全スキャナセンサで人の接近を監視し，ロボットの作業エリアに人がいない時は750 mm/sの高速動作を行う。ロボットのどこかが人に触れると，ロボットは安全に停止する。ロボットが邪魔な場合は，人はロボットを直接押して，邪魔にならない場所まで簡単に移動することができる。なお，本ロボットは国際規格ISO 10218-1適合の安全認証を取得済みである。

5. その他

5.1 高速整列

図14は，パラレルリンクロボットによる医薬品パッケージの高速整列システムである。コンベア上を不規則な姿勢で流れてくる医薬品パッケージの位置と姿勢を視覚センサで検出し，ロボットが高速に整列する。

5.2 検査

ロボットの視覚センサは，**図15**に示すように，部品の組立て，溶接，印字等の作業が正常に行われたかどうかの検査に用いられている。最近の視覚センサの処理速度は非常に高速であり，ロボットの手先に搭載された視覚センサは，ロボットが止まることなく動きながら検査を行うことができる。

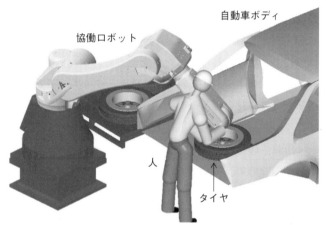

図13 安全柵が不要な協働ロボット

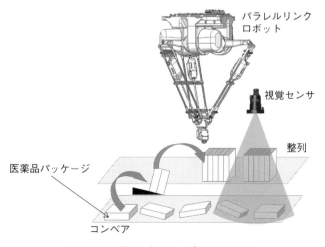

図14 医薬品パッケージの高速整列

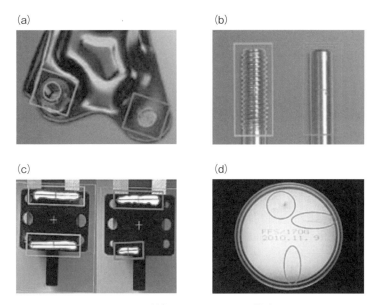

図 15 ビジョンセンサによる検査

6. おわりに

これまでに述べたように,従来のロボットは教えた通りに何度でも正確に繰り返し動作を行うが,動作環境や対象物など,動作条件が異なると簡単には対応できなかった。それに対して視覚センサ,力センサ等を搭載した知能ロボットは,動作条件が異なっても柔軟に対応できるようになり,従来のロボットでは不可能であった高度な作業ができるようになった。またこれらのセンサを活用することで,ロボットを使った自動化システムの周辺装置を簡素化し設備費削減に貢献している。これまで多大な工数を要したロボットの教示作業も簡易化されつつある。さらに人とロボットのそれぞれの特長を活かした人とロボットの協働作業が実用化されつつあり,21世紀型の新しい生産システムの重要な構成要素としてその発展が期待されている。

◆ 第2編　新しいロボットによるプロセスイノベーション〜ロボット概要とその用途〜
◆ 第1章　操作する

第3節　物流支援ロボット Lapi の開発

株式会社日立産機システム　白根　一登　　株式会社日立製作所　松本　高斉
株式会社日立製作所　中　拓久哉

1. 背　景

　近年，少子高齢化の進展に伴う労働力の不足や，新興国の人件費の高騰，多品種少量生産や変種変量生産などユーザーニーズの多様化を背景に，ロボット技術を活用した労働の自動化，高効率化が注目されている。特に人と協働可能なロボットの製造現場への導入は国内産業の活性化にもつながることから「ロボット新戦略」でも重要なテーマとして位置づけられている[1]。

　製造現場においては，部品や原材料から中間生産品を経て完成品に至るまで，さまざまな工程がある。これらの工程を自動化・高効率化するために，さまざまなロボット技術が開発され，適用されている。たとえば部品の製造や組立て工程では，多関節型ロボットやパラレルリンクロボットなどマニピュレーション機能を有した，産業用ロボットが導入されている。これらのロボットの中には，画像認識技術の向上により部品種別や形状等を理解することでさまざまな製品の組立てや加工が可能で，かつ，人と協働可能な汎用性の高いロボットも製品化されはじめている。

　一方，それぞれの工程と工程の間では製造や組立てに必要となる部品や原材料，また，生産された中間生産品，最終製品の搬送が必要である。製造現場における生産効率向上のためには，各工程だけではなく，これらの搬送作業の自動化についても目を向けなくてはならない。

　搬送作業を自動化する手段の1つとして，従来から自動搬送車（AGV：Automated Guided Vehicle）が用いられている[2]。AGV の多くは床に敷設した白線や磁気テープなどのガイドラインに沿って走行する車両である。このため，AGV の走行経路を変更する際にはこれらのガイドラインを再敷設する必要がある。

　近年ではたとえば電機・精密機器分野の製造現場で，多品種少量生産や変種変量生産に対応するために，頻繁に生産ラインを変更するセル生産方式が採用される例がある。このような現場では生産ラインの変更に伴って搬送の経路も変更する必要がある。そのため，経路変更のたびにガイドラインの再敷設が必要となる AGV の導入は難しい。また，床面のガイドラインは時間とともに剥れるなどして傷むため，定期的にメンテナンスが必要となるという問題もある。

　これらの理由により，搬送作業の自動化を促進するためには，ガイドラインなどの設備を用いず，レイアウト変更に対応できるとともに従来の搬送作業を容易に置き換えられる柔軟な搬送システムの実現が望まれていた。そこで㈱日立産機システムは，柔軟な搬送システムを実現するために，㈱日立製作所と共同により，ガイドラインを用いることなく走行し，物品の搬送を行う人と協働可能な物流支援ロボット「Lapi（Logistics Automation Partner with Intelligence）」を開発した[3][4]。

2. Lapi の概要

Lapi の開発に当たっては，人との協働を前提としてその車体サイズや搬送の対象，能力，機能などの仕様を決定した。Lapi の外観を図1に，主要諸元を表1に示す。

図1 Lapi の外観

表1 Lapi の主要諸元

項目	仕　様
寸法	幅 640 mm，奥行き 735 mm，高さ 700 mm
本体質量	135 kg（バッテリー込み）
走行方式	差動2輪型
走行速度	最高 60 m/min
走破性能	段差 10 mm，登坂 5°
稼働時間	8 時間
牽引質量	最大 300 kg（台車込み）

Lapi のサイズは幅 640 mm，奥行き 735 mm，高さ 700 mm のコンパクトな大きさとした。これは，Lapi の走行に必要な通路の幅を人の歩く通路と共通にすることで，人手で行われていた搬送からのスムーズな切り替えを狙うとともに，同じ空間で作業する人に対して威圧感を与えないようにするためである。

走行機構は独立した駆動輪2つからなる，いわゆる差動2輪型の構成とし，前後進およびその場での旋回ができるようにした。また，走行路面については基本的に平坦地を前提としているが，一般的な工場で想定される段差 10 mm，登坂 5°までの通路を走行できるものとした。

工場内において人手で搬送作業を行う際には，効率等の面から台車を用いる場合が多い。搬送作業を自動化することにより効率の向上が見込まれるとしても，その導入に際して生産の設備や方法に大きな影響を及ぼす場合には，ロボットの導入障壁が高くなってしまう。そこで，Lapi は従来人手で搬送されてきた台車をそのまま利用し，これを牽引して搬送する方式とした。

図2に，Lapi の後部に備えた台車連結アームを示す。このアームは上下に動かすことができる。一方，台車には連結ピンをあらかじめ取り付けておく。Lapi は，図3に示すように，このピンを連結アームの穴に挿入することによって台車を連結，牽引する。牽引できる台車の質量は台車込みで最大 300 kg である。これは，作業者1人が手で運べる台車の質量におおよそ相当する。

外界を認識するためのセンサとして，Lapi はレーザー測域

図2 台車連結アーム

センサを3台搭載している。レーザー測域センサは，周囲にレーザーを照射してそのレーザー光が当たった点までの距離を計測するセンサである。距離を計測する原理の代表的なものとして Time of Flight（ToF）とよばれる方法が知られている。これは，照射したレーザー光が反射されて返ってくるまでの時間を計測するもので，計測された時間と光速の関係によって距離を求める方法である。レーザー測域センサはセンサの周囲をスキャンするようにレーザーを照射することで，複数の点までの距離を計測することができる。計測のイメージを図4に示す。また，レーザー測域センサの仕様の一例を表2に示す。

Lapi はレーザー測域センサを機体の前方上部，前方下部，後方にそれぞれ搭載している。Lapi はこれらのレーザー測域センサによって自機周辺の物体を検知し，走行中に障害物を検出した場合は減速，停止する。特に，人の作業している空間では，床面に一時的に置かれた箱やハンドリフト等といった背の低い障害物の存在が予想されるため，Lapi は前方下部にレーザー測域センサを備えることによってこのような障害物を検知できるようにした。

図3　アームとピンの連結

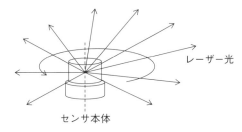

図4　レーザー測域センサによる計測

表2　レーザー測域センサの仕様例

項目	仕　様
測距範囲	最大 30 m，角度 270°
測距精度	± 50 mm
角度分解能	0.25°
走査時間	25 ms
光源	波長 905 nm FDA レーザ安全クラス 1

これに加え，前方上部のレーザー測域センサは，後述する位置同定のためにも使用する。また，後方のレーザー測域センサは連結する対象の台車を検出し，自機と台車の位置関係を求めるためにも使用する。

実際の作業現場は複数のフロアに広がっている場合も多い。そのような作業現場ではフロアをまたいでの搬送が必要になる。人手による搬送ではエレベータを利用する場合が多いため，Lapi も同様にエレベータを用いた搬送ができるようにした。具体的には，Lapi の上面に赤外線による通信装置を搭載し，同時にエレベータ側も改造して各フロアとエレベータかごの天井に同様の通信装置を設置した。図5にこれらの通信装置の外観を示す。

これらの通信装置を用いることで，Lapi はエレベータの呼出しや行き先の指定ができる。

エレベータは人と Lapi とが共同で用いる設備である。このため，Lapi が呼出したエレベータに，すでに他の人や物が乗っている可能性も考えられる。Lapi はこのような場合に備え，前述したレーザー測域センサによりエレベータ内の物体を検知する機能をもっている。この機能を用い，Lapi はエレベータ内に他の物体がないことを確認してから乗り込み動作を開始する。

図5　Lapiとエレベータの通信装置

台車と連結し，エレベータを利用している Lapi の搬送の様子を図6に示す。

その他，Lapi は安全装置として非常停止スイッチとバンパスイッチを搭載している。これらのスイッチが動作した場合は駆動輪への電源供給が遮断されると同時にブレーキ機構が動作し，走行を停止する。特にバンパスイッチは，人の足を確実に検知できるよう，機体の最下部に配置

図6　Lapi による搬送

した。また，表示，警告のために，3色灯とウィンカーおよびスピーカーを備え，周囲にロボットの接近や右左折後退の動作を知らせることができる。さらに，情報表示と操作のためにタッチパネルを搭載しており，Lapi に対する搬送の指示や設定が可能である。

3. レーザー測域センサによる位置同定

　Lapi の最大の特長は，車体に搭載したレーザー測域センサを利用して自機の位置を同定することにより，ガイドラインを用いずに走行できることである。

　このレーザー測域センサを用いた位置同定の原理を以下に示す[5)-7)]。基本的な考え方は，まず位置同定の事前準備として Lapi が走行する範囲の地図を作成しておき，実際に Lapi が走行する際にはその地図の中での位置を求めるというものである。

　まず，実際に位置同定を行う前，すなわち Lapi が走行する前に，レーザー測域センサを用いて環境の地図を作る。図7に示すように，レーザー測域センサを搭載した計測台車を環境の中で移動させ走行環境の形状を計測する。次に，その計測結果の時系列を順に重ね合わせていくことで走行環境の地図を作成することができる。

　Lapi が実際に走行する際には，図8に示すように，作成した地図と Lapi に搭載されたレーザー測域センサの計測結果とを照合することによって位置同定を行う。すなわち，地図とセンサの計測結果とを重ね合せ，これらがもっともよく重なる位置と向きをもって Lapi の現在の位

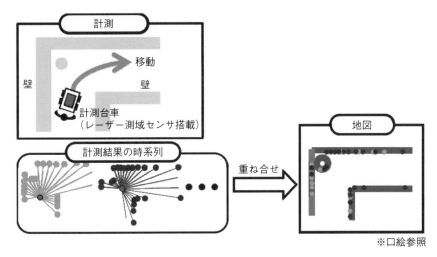

図7　地図作成の原理

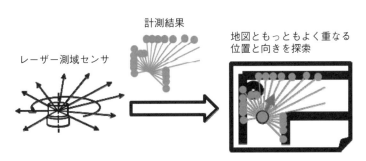

図8　位置同定の原理

置と認識するのである。

　以上の手法により，Lapiは自機の位置を同定している。この手法の最大の利点は白線や磁気テープなどのガイドラインを用いずに走行できることであるが，これに加えて事前に環境の地図が得られることも特徴である。

　作成された地図は，Lapiが走行する環境にある壁や障害物が描かれた一種の画像データである。そこで，Lapiが走行する経路は，この地図の上で線を描くことによって指定できるようにしている。図9にこの様子を示す。

　Lapiの走行経路の指定は，パソコン上で動作する専用のソフトウェアを用いて行う。図9に示したように，このソフトウェアのGUI画面上にはレーザー測域センサの計測結果によって作成された地図が表示されている。ユーザーはこの画面上でドラッグ＆ドロップなどの操作を行うことによって線を描き，Lapiの走行経路を指定することができる。このようにして作成した走行経路のデータはLANを通じてパソコンからLapiへコピーすることができる。このように走行経路を地図上で指定できるようにすることで，従来のAGVで問題となっていた生産ラインのレイアウト変更時のガイドライン再敷設に伴う稼動停止時間を大幅に減らすことが可能となる。

第2編 新しいロボットによるプロセスイノベーション

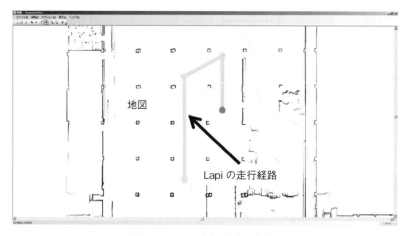

図9 Lapi の走行経路の指定

4. Lapi の運用

　前述したように，Lapi は台車を連結，牽引して搬送する方式を採用することにより，人手で行われている搬送作業をスムーズに置き換えられるようにしている。

　人手による台車を用いた搬送作業の代表例を図10に示す。この例は，搬送作業者が作業場Aで加工された物品を，台車を用いて作業場Bに搬送し，搬送し終わった空の台車を作業場Aに戻す一連の流れを示している。まず，作業場Aでは加工済みの物品が台車に載せられ，一杯になった段階で台車が台車置き場1に置かれる。搬送作業者は，台車置き場1に台車があるか定期的に確認しており，台車がある場合，手押しで台車を作業場B付近の台車置き場2に搬送する。作業場Bでは台車から物品が降ろされ，空になった台車は台車置き場3に置かれる。搬送作業者は台車置き場3に置かれた台車を作業場A付近の台車置き場4に置き，作業場Aでは台車置き場4に置かれた空の台車を取り込んで改めて物品を載せる。このような人手による搬

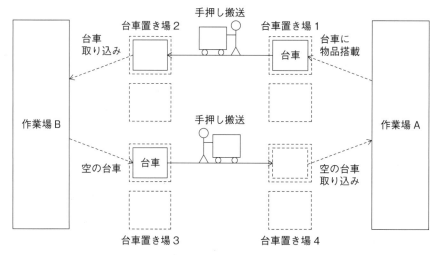

図10 人手による搬送の例

-62-

送作業は多くの工場で行われており，搬送する距離や頻度が多くなると作業者への負担が大きいことから自動化が望まれている。

さて，Lapi を用いてこの搬送作業を自動化するためには，
① 台車置き場に台車があるかどうか判定する
② 台車がある場合，その台車に対して位置合せし，連結する
③ 所定の台車置き場まで走行し，台車を切り離す

という一連の動作が必要である。このような Lapi の運用パターンを図 11 に示す。

台車置き場に台車があるかどうかの判定は，Lapi の前方上部に搭載したレーザー測域センサによって行う。具体的には，Lapi が所定の位置に到着し，あらかじめ台車置き場として設定した範囲に物体がある場合には，その物体を台車と見なして位置合せ，連結の動作を行う。

台車に対する位置合せは，Lapi の後方に搭載されたレーザー測域センサを用いて行う。位置あわせ動作中の Lapi は，レーザー測域センサによる計測結果と，あらかじめ設定しておいた台車の形状とを照らし合せ，自機と台車との相対的な位置関係を検出する。検出された位置関係をもとに，Lapi は台車と連結ができる位置まで移動し，台車に設けた連結ピンに台車連結アームを連結することで台車を牽引できる状態となる。

台車の搬送先は，台車が置かれている場所に応じて設定しておく。図 11 の例では台車置き場 1 に対して台車置き場 2 が搬送先として設定されているため，Lapi は台車の有無を判定した時点で搬送先が台車置き場 2 であることを判断できる。

以上の一連の処理が済むと，Lapi は台車を牽引しながら台車置き場 2 まで台車を搬送しはじめる。台車が搬送先である台車置き場 2 に到着すると，Lapi は自動で台車連結アームを台車の連結ピンから切り離し，搬送作業を完了する。搬送作業が完了すると，Lapi は他の台車置き場に台車が置かれていないか巡回しはじめ，同様の搬送作業を繰り返し実行する。

このように，台車があるかどうかの判定と自動連結を行うことにより，Lapi は人手で搬送を行う場合と同じ「もっていくべき台車があればもっていく」という運用が可能になる。また，人

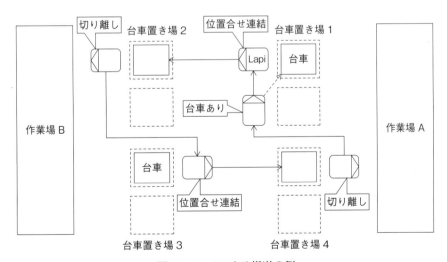

図 11 Lapi による搬送の例

第2編 新しいロボットによるプロセスイノベーション

手による搬送と運用が共通であることから，Lapiによる搬送と人手による搬送とを共存させることも容易である。すなわち，台車置き場に置かれた台車の一部を作業者が運び去ったとしても，Lapiは残っている台車を探索して自動的に搬送する。これによって，たとえば工場において生産量が一時的に増え，Lapiだけでは搬送能力が足りなくなった場合にも，作業者を応援に加えることで全体の生産能力に大きな影響を及ぼさずに対応できる。

5. 位置同定技術の展開

　Lapiは図10に示したような搬送作業の自動化をターゲットとし，台車を牽引して搬送できるロボットとして開発されてきた。しかし，工場や倉庫などで搬送されている物品はきわめて多岐に亘る。また，搬送作業そのものが重視する指標，たとえば所要時間や定時性，渋滞の少なさなども，各々の現場の状況によって異なる。したがって，Lapiがすべての形態の搬送作業を自動化できるものではなく，またLapiが適用可能な現場であっても状況によって大小のカスタマイズが必要になる。

　前述したように，工場や倉庫における搬送作業の自動化には従来からAGVがしばしば用いられてきた。AGVは搬送の対象や現場の状況に応じてさまざまな機能，形態，能力のものが開発され，これまで普及してきている。

　従来のAGVにおける大きな課題の1つが，先に述べた通り走行のためにガイドライン等の設備を必要とする点である。これを解決するLapiのコア技術がレーザー測域センサを用いた位置同定である。そこで，㈱日立産機システムでは，この位置同定技術を単独で利用可能な部品（コンポーネント）にまとめ，「地図作成・位置同定用コンポーネントICHIDAS」として製品化した。

　ICHIDASは図12に示すように，レーザー測域センサ，コントローラ，地図作成ソフトによって構成される。このうちレーザー測域センサとコントローラはAGVや移動ロボットといったユーザーのシステムに組込み，地図作成ソフトは別に用意するパソコンにインストールして使用する。

　位置同定に必要となる地図は，レーザー測域センサの計測結果から地図作成ソフトを用いて作成する。コントローラはレーザー測域センサの計測結果と地図を用いて位置同定を行い，その結果を出力する。

　さまざまな搬送対象や運用に合せて開発されてきたAGVにICHIDASを組込み，ガイドラインの検出結果の代わりにICHIDASの出力として得られる位置と向きを用いることにより，さまざまなシステムでレーザー測域センサによる位置同定を利用できるようになる。これによってより多くの搬送現場にAGVを展開することができるようになり，搬送作業の自動化がますます進んでいくことが期待される。

　なお，このICHIDASを製品化したことが評価され，㈱日立産機システム，㈱日立製作所，㈱日立ケーイーシステムズは共同で，㈠社日本ロボット学会より2015年度の実用化技術賞を受賞した。

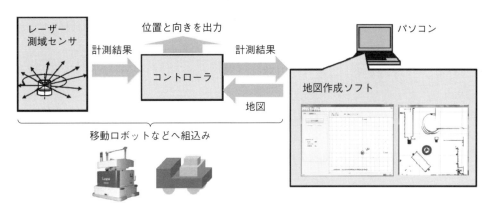

図 12　地図作成・位置同定用コンポーネント ICHIDAS の構成

6. まとめ

　本節では，物流支援ロボット Lapi の開発について紹介した。搬送作業の自動化を促進する上で問題となっていたガイドラインなどの設備を不要にするために，レーザー測域センサを用いた位置同定技術を開発した。また，従来作業者が行ってきた台車の搬送作業を代替可能な機能を開発することで，作業者の負担を軽減し，かつ作業者と協働可能な柔軟性の高い搬送システムを実現した。本節執筆時点で 11 台の Lapi が実際の作業現場で稼動しており，延べ稼働時間は 2 万時間を超えている。この過程で明らかになった課題や要望は随時 Lapi の機能開発に反映している。また，本節で紹介した地図作成・位置同定用コンポーネント ICHIDAS の開発にも反映しており，今後さらに機能の追加や拡張を行う予定である。

文　献

1) ロボット革命実現会議：ロボット新戦略—ビジョン・戦略・アクションプラン—（2015）．
2) 津村俊弘：無人搬送車とその制御，計測と制御，26(7), 593-598 (1987).
3) ㈱日立産機システムニュースリリース：工場内搬送自動化の確信を図る知能型ロジスティクス支援ロボットシステムを開発，http://www.hitachi.co.jp/New/cnews/month/2009/11/1120.html（2009）．
4) 白根一登，中拓久哉，松本高斉，槙修一：知能型ロジスティクス支援ロボット Lapi の開発—工場内搬送自動化システムへの適用—，ロボット，No.207, 16-20 (2012).
5) 槙修一，松本高斉，正木良三，谷口素也：位置同定コンポーネントの開発と自律移動ロボット Lapi への適用，信学技法，111 (366), 15-19 (2011).
6) 松本高斉，槙修一，正木良三，高橋一郎：地図作成・位置同定用コンポーネントの開発と実環境での評価，映像情報メディア学会誌，68(8), 329-334 (2014).
7) 槙修一，白根一登，正木良三：物流支援ロボットの地図とその応用，日本ロボット学会誌，33(10), 732-737 (2015).

◆ 第2編 新しいロボットによるプロセスイノベーション〜ロボット概要とその用途〜
◆ 第1章 操作する

第4節 組立てロボット開発

三菱電機株式会社　奥田　晴久

1. はじめに

　電気電子分野を対象とした組立て作業は，1980年代以降の早い時期からロボットの導入が進んだ分野である。しかし，これらは上下方向への部品の積上げによって組立てが可能なように製品設計が工夫されたものがほとんどであり，いわばロボットのためのお膳立てがなされたものに限られていた。近年の多品種少量生産時代には，こうした構造設計ができていない製品，特に人による組立てを前提とした構造設計となっている製品の場合，人と同様に手先の感覚，立体形状理解を必要とするため，ロボットによる自動化が進んでいないのが実態であった。

　一方，多品種少量生産時代の自動化においては，人と協働して働くことのできる組立てロボットの活躍が期待されている。人との協働形態としては，①ロボットによる重量物の保持や作業自由度の拡大など人の身体能力の拡張形態，②ロボットと人とで作業分担することで全体の作業効率を高める形態，の2つが代表的なものである。本節では，これらの形態に対応するために必要とされる技術を下記のようにまとめ，組立てロボットにおける各技術の現状とその活用事例，および今後の展開について述べる。

　（1）　知能化技術

　人に準じた作業の柔軟性を実現するための，各種センサ活用技術，行動計画技術，ロボット制御技術。

　（2）　構造化技術

　ロボットが人から必要な動作指示を効率的に受けるための，インタフェース構成，パッケージ化技術。

　（3）　安全技術

　人とロボットの近接状態における安全確保のための，機能安全技術。

2. 知能化技術

2.1　開発への取組み

　組立てロボットにおける知能化技術開発への三菱電機㈱での取り組み事例を紹介する。従来の自動化ライン生産の高生産性，高信頼性と人によるセル生産の柔軟性，簡便性，省スペース，低コストをあわせもつ変種変量生産に適した「知能化ロボットによるセル生産」の実現に向け，㈱（現在，国立研究開発法人）新エネルギー・産業技術総合開発機構（NEDO）「戦略的先端ロボット要素技術開発プロジェクト」[1] および「次世代ロボット知能化技術開発プロジェクト」[2] に参画し，2006〜2011年度にかけて，知能化技術開発が行われた。これらのプロジェクトでは，実生産現場に近い技術実証セルを構築し[3]，そこで顕在化してきた以下の(1)〜(3)の3つの課題に

(a) 三次元ビジョンセンサによるばら積み取り出し

(b) 力制御を用いた部品挿入

(c) 協調作業による部品搬送

(d) 相互干渉チェック

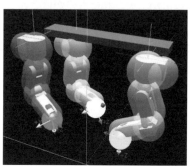

図1　代表的な知能化技術

対し，主に①～⑥の知能化技術が開発[4]されている（図1）。

[技術課題と知能化技術]

(1) 柔軟な部品供給を実現する技術
① ばら積み部品供給のための小型三次元（ビジョン）センサと三次元認識技術
(2) 部品ばらつきに対する柔軟性を実現する技術
② 安定な組立てのための力制御
③ 安定な作業のための倣い制御
(3) 迅速立上げを実現する技術
④ 効率的教示のための力覚センサ情報提示
⑤ 治具レス組立てに適した複腕協調制御
⑥ 複数ロボット間の高速干渉回避

2.2　三次元ビジョンセンサ

自動組立てシステムにおいて部品供給は重要な構成要素となる。従来，人手によるトレイ整列供給，もしくはパーツフィーダとよばれる振動式の専用部品整列装置が多く用いられてきたが，前者では人件費や運搬費・設置面積の増大が問題であり，後者では装置費や設置面積の増大，搬送トラブルなどの問題がある。これに対し，ばら積みされた部材の供給を三次元ビジョンセンサにより解決しようとする，いわゆるランダムビンピッキング技術への取り組みが盛ん

になってきている。

　三次元計測方式[5]の代表的なものとしては以下の3方式があるが，組立て用途においてはコスト，精度，サイズのバランスがよい，(2)の構造化光方式が主流となっている（図2）。

(1) ステレオカメラ方式

　三角測量原理を用いた一般的な三次元計測方式であり，2つ以上のカメラから構成され，各カメラで撮影した同一点を対応付けることで計測が行われる。構成が比較的簡便なため安価な構成が可能であり，受動的にシーンを観測するため外乱光の影響を受けにくい，それぞれのカメラで原則1枚の画像のみを撮像すればよいため計測時間が比較的短い，といった特長がある。一方，ばら積み取り出しのための方式としては精度が十分でない場合も多い。

(2) 構造化光方式

　縞状の投光パターンに角度情報や位相情報をもたせておき，それをカメラで計測する方式である（図2）。原理的ステレオカメラの片方をパターンプロジェクタに変更し，プロジェクタによって投影されたパターンの変形具合をカメラで計測することで計測が行われる。計測に複数の投光パターンを用いるため他の方式よりも計測時間が長くなるが，緻密な三次元情報を得やすく，比較的高精度であるため，ばら積み取出しのための計測方式としては適しており，現状広く用いられている。また，カメラ台数を増やすことで(1)のステレオカメラ方式と併用したものも見られる。

(3) ToF（Time of Flight）方式

　計測用の変調光の往復時間や位相差で距離を計測するToF方式では，計測用の光と観測素子を同一光軸上に配置する構成も可能なため，ステレオ方式や構造化光方式で生じるオクルージョン（隠蔽）の問題が生じにくい。また，計測用の光は均一な変調光であり投光部の構成が比較的単純であることや観測素子を半導体チップで構成することが容易であり，比較的低コストで済む特長がある。原理的に時間分解能の限界があり，現状は計測距離に対する奥行き精度は不十分であるが，今後の発展が期待される。

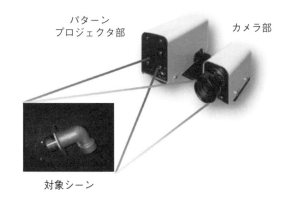 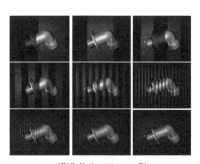

図2　構造化光を用いた三次元ビジョンセンサの例（三菱電機㈱）

次に，計測された距離データを用いた位置姿勢算出手法について述べる。従来，対象物の三次元の位置姿勢計測を行い[6]，ロボットアームがとるべき把持姿勢に変換して作業指示をするアプローチが行われてきた。ただし，取り出したい部品の周囲との干渉を考慮する必要がある，部品箱の壁とアームの干渉を避ける必要がある，取り出し後の反転動作が必要となる場合がある等，現実の場面における課題は多い。こうした課題に対して，干渉回避軌道を実時間で計画することにより解決を図る方式が提案されているが，一般には比較的大きな部品が

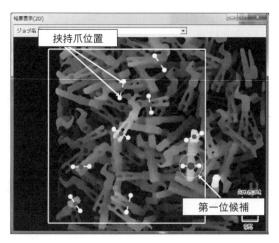

図3　モデルレス認識（挟持爪タイプ）の処理例

対象となっており，組立て用途における部品サイズを考慮すると十分でない場合もある。

これに対して，他の物体から分離して1つのものを取り出すことに特化した認識アプローチ（モデルレス認識）を行い（図3），その後の整列過程とはいったん分離して扱うことで，問題を単純化できることが示されている[7]。モデルレス認識手法では挟持爪の入る隙間や吸着パッドの押し付けが可能な部分を距離画像（距離の近いものを明るく表示した画像）から探す処理を行っており，小さな対象物や凹凸の大きな対象物が密集しているようなばら積み状態に対して特に有効である。続く整列過程では，取出し後の部品を二次元ビジョンセンサ等で位置決め用の計測を行い，ハンド間でのもち替え[8]や簡易整列機構などの従来技術を組合せることで組立てに必要な効率的なハンドリングを実現することができる。

最後に今後の展望について述べる。三次元ビジョンセンサは近年において大きく普及した知能化アイテムである。この背景としてはセンサ性能／計算機能力の進展，安価なセンサが提供されるようになってきたことが大きく，今後もこの傾向が続くものとみられる。一方でばら積み取出しのような応用に関しては，ハンドリング技術がまだ十分ではなく，今後のさらなる研究開発が熱望される分野である。

2.3　力覚センサ

組立て作業には，搬送作業と比較して多くの教示点数を必要とし，かつ，高い精度が必要とされる。たとえば，部品の挿入動作では，部品同士の組合せ状態を外部から目視確認することはできない。このため，実際に動作させて，ワークに傷やこじりなどがないかをトライ＆エラーで確認するという作業をひたすら繰り返すことになり，作業点の教示には多大な時間を要する。

こうした問題を解決するため，6軸力覚センサをロボットアーム先端（手首部）に取り付け，力覚センサデータを直接ロボットコントローラで演算処理し，力制御，モニタ，ログ記録が行なえる力覚センサオプションが実用化されている（図4）。このセンサでは，ＸＹＺ軸方向の3成分および各軸回りモーメント3成分の6軸成分を検出する。なお，センサ計測原理としては，起歪体とよぶ構造を用いて発生している力・モーメントを機械的な歪みに変換し，歪量をセン

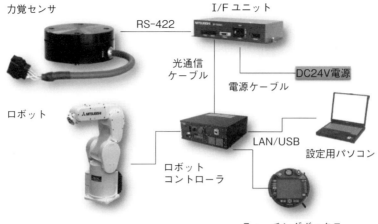

図4 力覚センサを用いたロボットシステムの例（三菱電機㈱）

サ（歪みゲージ，静電容量センサ，光センサ等）により計測することで数値化している。力覚センサを用いることにより，力制御機能[9]（力のかかり具合のコントロール）による部品挿入や倣い制御機能（コンプライアンス制御：反力を逃がす動作制御）による位置補正をリアルタイムに行うことができる。このようにロボットに力の感覚をもたせることにより，いままでロボットでは難しかった微小な力加減・力検知を必要とする高度な作業や，教示作業の省力化を実現できるようになってきた。以下に力覚センサを用いて実現される機能について紹介する。

(1) 倣い制御（コンプライアンス制御）機能

電気部品の組立てでは，基準寸法が厳密でなく，部品ごとのばらつきが大きい樹脂成型部品や板金部品などを組合せる作業が多く発生する。これらの組立てでは，作業者が部品同士をすり合せて，感覚的に所定の位置にはめ込む作業を行っている。ロボットにこの動作を行わせるための制御機能として，面倣いを柔らかく動作させる倣い制御機能があり，寸法や位置ばらつきが多い部品であっても安定した組立てができる。

(2) 力制御機能

任意の方向に一定の力で押し付けながら動作できるので，ロボットによるバフ掛けや研磨作業が実現できる。力覚制御機能では，ロボットは設定された力指令にあらかじめ設定された反力が得られるように位置を補正しながら自律的に動作することができる。この際，ロボットの柔らかさはスティフネス係数で設定する。この値が大きいほど，ロボットが硬くなり，値が小さいほどロボットが柔らかくなる。なお注意事項として，この値を大きくすると応答性は高くなるが，接触時に動作が振動的になり不安定となる場合は別のパラメータであるダンピング係数を調整するのが一般的である。この値を大きくすると振動を抑制する効果が増すが，ワークが接触した瞬間などの急激な力変化に対する補正動作が遅くなり，対象物体に作用する力が増加するため注意が必要である。

(3) モニタリング・検査機能

モニタリング・検査機能により，ティーチングボックス上で力のかかり具合を数値データと

してリアルタイムに確認できる。このため，現物が目視できなくてもモニタ上で数値を確認しながら，反力が減る方向にジョグ動作を行うことで，従来よりも理想的な位置（残留反力が少ない）を教示することができ，経験値によらずに高いレベルの教示精度を得ることが可能である。これにより，従来は試行錯誤的に多くの時間を要していた教示作業を大幅に省力化することが可能である。

次に，力覚センサを用いた組立て作業の実例を紹介する。この事例では，手首部の力覚センサを用いてロボットが樹脂部材挿入と構造物内部のばね圧検査（突起部によるばね反力の計測）を行っている（**図5**）。

ここで，樹脂部材挿入とは，図5(a)で示すようにハンドに把持された上部樹脂部材を本体に組み付ける作業である。この樹脂部材はスナップフィット構造となっており，ロボットが樹脂部材を挿入するときに発生する力を力覚センサで計測することで，作業達成の判定，異常な力の検知を行っている。なお，力覚センサ機能を使うことにより，従来のねじ締結構造からスナップフィット構造への設計変更が可能になった点は特筆される。一方，ばね圧検査とは図5(b)に示すように，本体内のばね圧力を検査する作業である。ハンドに付いた突起部でばねに連結された棒状部材を押し，反力が設定範囲内であることを確認している。

その他，力覚センサの活用例としては，ねじ締めトルク監視によるねじ締め組立て作業，コネクタ挿抜作業，重量チェックによる部品種類確認，据付け位置や環境要因によるロボット自身の位置ずれの自己補正など，多くの応用事例が見られるようになってきている。このようにセンサ活用のメリットは明確となってきているため，今後はより安価な普及価格を実現するためにも標準装備化されることが望まれる。

(a) 樹脂部品挿入　　　(b) ばね圧検査

図5　組立て作業における力覚センサ利用例

2.4　協調制御・干渉回避

　複数のロボットが同時に動作することで柔軟性の高い作業を行うことができる。この際，必要となる技術としては以下のものがある。これらはいずれも複数ロボット間でのタイミング調整が重要な技術ポイントとなるため，今後も通信ネットワーク，処理サイクルの高速化が図られていくものと考えられる。

(1)　協調制御

　複数のロボットが協調して作業を行うことにより，長尺物，重量物，複数部品からなる構造物（リンク構造，チェーン構造等）などのハンドリング対象物の拡大，固定治具レス化による対象物拡大などを実現することができる。これらは双腕構成ロボットのメリットとして語られることも多いが，複数台のロボットからなる構成でのメリットとしては通常時は別個の作業を行い，必要な時のみ協調作業を行うことで作業の効率化が図られることにある。また，必要に応じて３台以上のロボット構成を成すこともできるため，ハンドリング対象に対する拡大の余地は大きい。

　協調作業における技術的なポイントとしては２点が挙げられ，全社は複数ロボット間の同期タイミングを高精度に制御することであり，後者は容易な教示作業環境の構築にある。1つ目のポイントに対しては，ロボット間での通信遅れの補償が技術ポイントとなるが，ロボットのCPU部分をProgrammable Logic Controller（PLC）と同じベースバス上に展開することで相互の位置管理を容易にした事例（三菱電機㈱MELFAシリーズ）も見られる。2つ目のポイントに対しては，主（マスター）となるロボットへの教示データを副（スレーブ）となるロボットに展開することが技術ポイントとなる。このためには，相互の座標変換をいかに高精度に行えるかが重要となるが，絶対値誤差を補正するためには力覚センサによる局所補正手段を併用することも有効なアプローチの１つである。

(2)　干渉回避

　複数のロボットが分担して作業を行うことにより，作業効率を高めることができるが，作業領域がオーバーラップするような場面では相互の衝突といった事態が起こりうる。インターロック信号を介して相互の動作順序を制御する手法はこうした衝突を避けるために有効であるが，システム立上げ途中では十分な設定が行われておらず，有効に機能しない場合も多い。

　一方，多くの産業用ロボットアームにおいては，衝突発生を駆動電流の異常値として検出し，速やかな停止処置を行う衝突検知機能が備えられているが，衝突を伴う以上，何らかのダメージ発生は避けられない。これに対して，アーム相互の位置関係をリアルタイムに把握しておき，干渉チェック用の仮想領域に他のアームが侵入した際にアラームを出す干渉回避機能を搭載したものもある。

　干渉回避における技術的なポイントとしては２点が挙げられ，1つ目は複数ロボット間の位置関係を高頻度で相互把握することであり，2つ目は実時間での干渉チェックを行うための信号処理方式にある。前者に対しては，ロボット間での通信遅れの補償が技術ポイントである点は協調制御と同様である。後者に対しては，過剰チェックを抑制するための処理アルゴリズムとともに，計算処理コストを抑制する計算処理方式が提案されている[10]。

3. 構造化技術

3.1 構造化のメリット

ロボットに対して作業指示を与える場合，ゼロベースのスクラッチ構築を行うことは非効率である。このため，プログラムにおいて使用する機能ブロック（FB：Function Block）をあらかじめ定義しておき，必要なFBを選択的に接続，設定していくことで必要な動作を迅速に行わせることができる。これはソフトウェアプログラミングにおける構造化技術である。これをパラメータ設定も含めて，対話的に行うものがウィザードである。その他，周辺装置なども標準的なものを揃えることでシステム立上げの迅速化を図ることができる。こうしたソフトウェア，ハードウェアを含む形での構造化は，特定のアプリケーションをパッケージしたもの（アプリケーションパッケージ）といえる。将来においては，人工知能技術の活用により，自由自在な構成を行うことも期待されるが，現段階ではこうした事前の構造化アプローチを取ることが賢明である。なお，将来的には人による曖昧な指示内容を人工知能を用いて内部的な構造に自動展開することで特定アプリケーションを意識させないインタフェース設計も進んでいくものと考えられる。

3.2 アプリケーションパッケージ事例

アプリケーションパッケージの1事例として，当社における力覚センサを用いた事例を紹介する。この事例では，図6に示すような動作設定ウィザードに従い，パラメータや各種動作設定（エラー処理を含む）を行うことにより，力覚制御を用いたロボット動作に必要なサブプログラムが生成される。このように，あらかじめ設定すべき項目，選択範囲，専用の設定画面などが用意されていることにより，従来に比べて立上げ時間を大幅に迅速化（数分の1程度）することができる。

図6 力覚センサを用いたアプリケーションパッケージ例

4. 安全技術

ロボット全般の安全技術の詳細については別項記載に譲ることとし，ここでは人と協働して作業を行う組立てロボットにおける安全技術（機能安全）について簡単に述べる。先に挙げたように，代表的な人との協働形態としては以下の2形態があるが，組立てロボット用途では主に2つ目の形態（②）が多い。

① ロボットによる重量物保持や作業自由度拡大など人の身体能力を拡張する場合

人と空間的に非常に近接した状態で作業を行うことが想定されるため，ロボットを安全な速度に制限するとともにトルク制限が必要である。

関連する安全機能：SLS, STR, STO, SS1 等

② ロボットと人とで作業分担することで全体の作業効率を高める場合（**図7**）

ロボットと人が空間的に分離された状態で作業を行うことになるが，短時間ながら両者が近接した状態となる場合（部品供給トレイの入替え，直接部材投入，完成物の払い出し等）が想定されるため，相対距離に応じた速度制限，動作範囲制限設定が必要である。

関連する安全機能：SLS, SLP, STO, SS1 等

＜安全機能名称＞

SLS（Safely-Limited Speed），SLP（Safely-Limited Position），
STR（Safe Torque Range），STO（Safe Torque Off），SS1（Safe Stop 1）

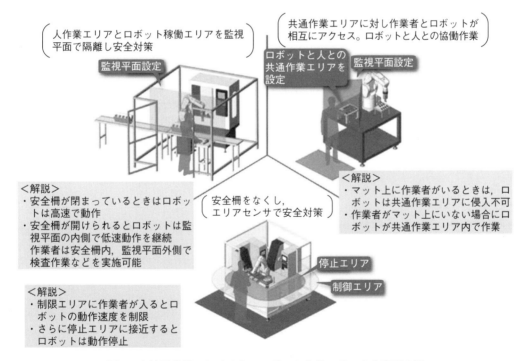

図7　人協働作業における人・ロボット作業エリア安全管理の例

第2編　新しいロボットによるプロセスイノベーション

　今後は安全技術に対するニーズの高まりに応じ，安全監視用センサの低価格化，ロボット本体の本質安全（軽量化，関節構造，外装素材等）などが進むと共に標準装備化されていくものも増えていくものと考えられる。

5. まとめ

　本節では，人協働時代における組立てロボットについて，知能化技術，構造化技術，安全技術の各視点から最新技術と今後の展望について述べてきた。いずれの視点においても素材・構造の進化，センサデバイスの発展，ネットワークの高速化，情報処理能力の拡大，人工知能の活用といった側面から，近年の進展を語ることができる。こうした進化は今後も継続されていくことから，本分野における研究開発には大きな期待をしたい。

文　献

1）鷲見和彦：柔軟物も取り扱える生産用ロボットシステムの開発，日本ロボット学会誌 **27**(10)，1082-1085 (2009).

2）田中健一，椹木哲夫：セル生産を実現するロボット知能化技術開発の展望，第11回計測自動制御学会システムインテグレーション部門講演会予稿集，1J2-2, 657-659 (2010).

3）奥田晴久：知能化組立ロボット「Fシリーズ」，画像ラボ．**24**(2), 52-57 (2013).

4）奥田晴久：知能化組立ロボット「MELFA Fシリーズ」におけるセンサ応用，JARA「ロボット」，No.210, 23-28 (2013).

5）諏訪正樹，日浦慎作：-SSIIの技術- 過去・現在，そして未来 ［領域］イメージング，第20回画像センシングシンポジウム (SSII2014), OS1-02-01 (2014).

6）橋本学：物体認識のための3次元特徴量の基礎と動向，ビジョン技術の実利用ワークショップ (ViEW2014), OS2-K1 (2014).

7）堂前幸康，奥田晴久：一般物体把持のためのハンドモデル表現と距離画像へのフィッティング，第30回日本ロボット学会学術講演会 (RSJ2012), 2O3-2 (2012).

8）野田哲男，堂前幸康ほか：一般形状部品の多品種供給の自動化，日本ロボット学会誌，**33**(5), 387-394 (2015).

9）劉正勇，白土浩司ほか：力制御機能搭載ロボットコントローラの開発，第12回計測自動制御学会システムインテグレーション部門講演会，1E2-4 (2011).

10）白土浩司：複数台の産業ロボット間における接近速度に基づく干渉チェック方式開発，日本ロボット学会誌，**31**(7), 697-702 (2013).

◆ 第2編　新しいロボットによるプロセスイノベーション～ロボット概要とその用途～
◆ 第1章　操作する

第5節　共存協調型手術支援ロボット開発

大阪工業大学　河合　俊和

1. はじめに

　外科手術では排泄など機能の温存や合併症を回避するため，神経や筋肉および正常組織をできる限り残す微細作業が重要である。図1(a)に示す1980年代後半からはじまった内視鏡下手術は低侵襲かつ拡大視野を得られるため，開腹開胸手術と比べて微細作業に優れていることから広く行われるようになってきた。本手術は，患者にとって創痕が小さいため整容的に優れ，身体への負担が軽く，社会復帰も早期に可能である。

　しかし，外科医にとっては外径3～12 mmで長さ300 mmの長軸形状の術具を用いて，トロカー刺入点を中心としたピボット運動による高度な手技を要求される。すなわち，執刀医は開腹開胸手術に比べて直感的ではない操作で，自由度の少ない術具を扱い，手の振戦を抑え，さらに内視鏡で視野を提供する助手や，鉗子で臓器を把持牽引する助手と協調する必要がある。

　また，近年では図1(b)に示す内視鏡と術具を1つの創から体内へ刺入する，単孔式内視鏡下手術が普及しつつある。本術式は術具刺入点を臍部など一点に集約していることから，患者にとって手術創が見分けにくい美容上の恩恵がある一方，執刀医にとっては術具や腕が互いに干渉する狭い視野と作業空間が新たな課題となっている[1]。

　これら内視鏡下手術の課題を解決すべく，執刀医のスキル向上をめざしたさまざまなトレーニング機器が開発される一方で，ロボット技術を適用した手術支援システムへの要求が高まっ

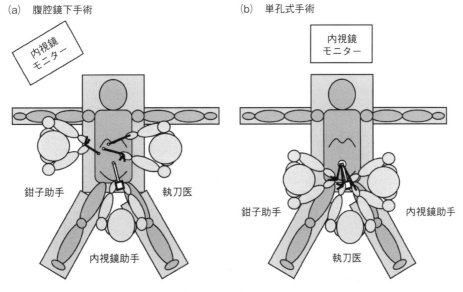

図1　内視鏡下手術

ている。そこで，マスタスレーブ制御によるリモート操作型の手術支援ロボットが多数開発された[2]。すなわち，多自由度の専用術具を備える複数本のアームをマスタスレーブ制御し，手ブレ補正やモーションスケーリングと合わせて，高精度の位置決め可能な内視鏡下微細手術支援ロボットが実現した。これにより，前立腺摘出術など狭矮空間での微細作業が可能となり，da Vinci[3]は世界標準となっている。国内においても，脳神経外科を対象としたNeuRobotが臨床段階に至っている[4][5]。また，単孔式手術の支援を目的としたマニピュレータとして，差動ギアによる屈曲機構のSPRINT[6]やコマを連結したフレキシブル機構のIREP[7]などが活発に研究されている。

ところで，非滅菌領域の医師が滅菌領域のロボットをリモート操作するかわりに，同じ滅菌領域にいる医師がロボットをローカル操作することができれば，患者の状態を把握しやすくなり緊急時の対応など安全性に優れたロボット支援手術が可能になると考える。すなわち，リモート操作型の大型なオールインワンシステムにかわって，図2(a)と(b)に示すように，患者近傍の医師と共存し協調した微細作業ができるローカル操作型の小型な手術ロボットやデバイス群を統合することができれば，執刀医は内視鏡ロボットや鉗子ロボットを操作してスムーズな視野展開を行い，アームレストに腕を置くなどして多自由度の湾曲鉗子を正確に操って，安全で微細なロボット支援手術を実現できる。

これまでに，多自由度機構を備える手動鉗子Radius[8]やAutonomy[9]，手の振戦を抑制する受動ブレーキのスタビライザーEXPERT（製品名iArms）[10][11]，音声や術具スイッチで視野移動する内視鏡保持ロボットViKY[12]やAESOP[13]，国内ではNaviot[14]などが製品化された。しかし，臓器を把持して張力をかける鉗子ロボットは存在しないことから，執刀医の第三の手として機能するローカル操作型着脱式術具マニピュレータ（LODEM：Locally Operated Detachable End-effector Manipulator）の研究開発を進めている。本節では，鉗子ロボットLODEMの設計思想と，筆者らの研究グループが研究開発したSCARA型，より小型なMobile型，単孔式に対応したMuti-angle型のLODEMを概説する[15]-[17]。

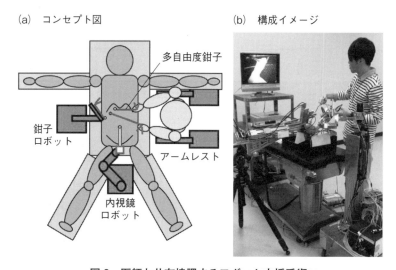

図2　医師と共存協調するロボット支援手術

2. 執刀医と共存協調する鉗子ロボット LODEM の設計思想

　宇宙，原発，深海といった極限作業マニピュレータから展開されたマスタスレーブ制御による遠隔手術ロボットの研究は，戦場の負傷兵を遠隔地から治療するアメリカの軍事技術にはじまり，民生転用したのが da Vinci である[18]。つまり，遠隔操作型ロボットは，医師と患者が同室する手術室での利用は想定していない。鉗子ロボット LODEM は内視鏡下手術でのローカル操作を目的とし，執刀医が患者近傍の清潔野で操作できるので容体の変化に素早く対応できることをめざしている。

　内視鏡下手術は拡大視野の下で手技を進めるため，ある作業領域での処置が終わると，次の作業領域へ内視鏡や鉗子を移動する。手術を円滑に進めるためには，この術野展開を素早く行う必要がある。すなわちマニピュレータの位置決めは，素早いマニュアル駆動と，精密なモーター駆動の併用システムが求められる。マニピュレータ機構の自由度は従来手技での腹壁刺入点におけるピボット操作と同じく，ピッチ，ヨー，ロールの姿勢3自由度，挿入抜去1自由度，開閉1自由度の合計5自由度とする必要がある。腹部内臓系で想定される術野は縦400×横300×高さ150 mm，遠隔手術ロボットにおける鉗子アームの上下方向の可動範囲は執刀医の臍位置などから690〜1,060 mm，血管直径1 mm のハンドリングに必要な分解能0.1 mm 以上とした報告がある[19]。位置決め精度は，通常の手術ではミリからサブミリオーダで十分とされている[20]。マニピュレータは執刀医の第三の手として操作されることから，目標位置決め精度0.5 mm 以下をめざす。臓器など組織の取り回しには鉗子の把持力と牽引力は5 N 以上が必要である[21]。手術室へは使用時に搬出入できる単純小型な構造が望ましい。マニピュレータ全体は，機構部は滅菌，鉗子など着脱部は中間滅菌部材の利用，モーター部は滅菌ドレープをかけることで清潔を確保する。

　手術支援マニピュレータは安全性への十分な配慮をする必要があることから，電源喪失時は状態を保持して停止し，アームを執刀医の手で術野の外へと退避できるバックドライバビリティなどセーフティが求められる。執刀医と LODEM は滅菌領域で共存していることから，マニピュレータの制御に不具合が生じた際にはモーター励磁状態でもアーム動作を人の手で抑制できる最大トルクとする必要がある。すなわち，最終的に機構側で安全性を確保するよう，必要以上のギヤ比およびモータトルクとしない方針をとる。

　また，アームを執刀医が外力で動かした際に位置サーボで戻ってくるフィードバック制御は適さないので，オープンループ制御かつ位置決めに優れたステッピングモーターを用いる。患者の腹部近傍に設置することを想定しているので，アクチュエータ等の電気系は患者から離すことが望ましい。さらに外力に対するロバスト性を高めるため，片持ち梁の構造とする。無負荷状態ではモーター振動の影響を受けやすい構造であるが，トロカーで支持することで振動を抑えることができる。

　マニピュレータを操作して臓器に張力をかけて作業エリアを確保する術野展開は，間欠的に行われる。執刀医が内視鏡モニタに集中できる直感的な操作インタフェースはさまざまにあるが[22]，多くの内視鏡保持ロボットと同じく，執刀医の鉗子に装着して指先でスイッチング操作する手先スイッチ型を用いる。

3. SCARA LODEM

　位置決めのアームは，腹壁の鉗子挿入点を機械的拘束せずトロカーのみで固定して小型化を図れる，垂直方向の剛性が高く水平面内での柔軟性が高い3自由度のアーム（SCARA：Selective Compliance Assembly Robot Arm）が適していると考えた。位置決めアームの先端に設ける着脱可能な従来鉗子の駆動機構は，直交2軸が自在に回転する受動ジンバル中央に鉗子長軸の着脱部を，上面に操作ハンドルの開閉軸を設けてワイヤ駆動することを考えた。着脱部には滅菌対応の中間部材を介在する。ピボット拘束した鉗子の先端を水平面と長軸方向に駆動するため，マニピュレータ先端すなわちジンバル中心の位置制御モデルを考えた。以上のことから，術具位置決めアームと従来鉗子を着脱可能な鉗子駆動機構で構成する5自由度の着脱式術具マニピュレータと，鉗子先端が水平面と長軸方向に移動するマニピュレータ先端の位置制御モデル，および手元スイッチ型のローカル操作インタフェースで構成するSCARA LODEMを開発した。

　図3(a)に示すSCARA LODEM試作機は，重量45 kgで，評価実験で使用するピボット拘束ジグで鉗子を固定している。術具位置決めアームについて，自由度の配置は垂直方向の昇降軸，水平方向の回転A軸，回転B軸の3軸とした。アーム長は回転A軸から回転B軸まで200 mm，回転B軸から着脱式鉗子の回転中心まで260 mm，全長460 mmである。定荷重バネで上部アームを免荷する昇降軸は可動範囲300 mmとし，アーム高さ1,100～1,400 mmとして，手術台の昇降と併用して位置決めする。回転A軸と回転B軸の可動範囲は各々180°と300°である。着脱式鉗子駆動機構について，従来鉗子の操作ハンドルは長軸方向に対して非対称の位置にあるため，開閉時に受動ジンバルで発生する反動トルクを抑えて腹壁への荷重を避ける必要があることから，軸対称な機構とした。寸法は210×160×210 mm，回転C軸と開閉軸の可動範囲は各々360°と45°である。

　位置制御は，鉗子先端へ水平面内での直交方向と長軸方向に移動する指令量を与え，ジンバ

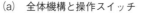

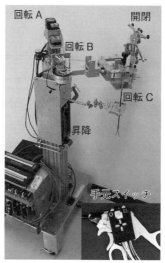
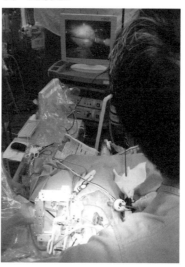

図3　SCARA LODEM

ル中心の微小移動量を求めて移動後の位置から逆運動学計算し，回転 A 軸と回転 B 軸および昇降軸の移動角度と距離を算出するモデルである。実装する制御では，マニピュレータ各軸の機構的な可動範囲とアーム特異点を考慮して，指令量は入力方向への移動で到達する可動限界位置を与えた。制御システムにおけるローカル操作機構からの指令量は，ポテンショメータまたはスイッチで与えることとした。コントローラは，ポテンショメータ値を取得する A/D 変換ボード，スイッチの ON/OFF 値とマニピュレータの各軸エンコーダ値を取得するカウンタボード，モータードライバに駆動指令を与えるモーションコントロールボード，これら制御ボードを備える PCI バスの制御パソコンで構成した。また，モーターへの動作指令が分解能 0.1 mm であり，指令量の小数点以下 2 桁目を丸め誤差処理することから，直線方向移動時における垂直方向の誤差がモーター分解能の 2 倍である 0.2 mm を超えたら，目標の直線上へ補正するプログラムとした。手術適用時に鉗子挿入点であるトロカー位置の移動が 0.3 mm 以下であれば，位置決め精度 0.5 mm 以下を実現できる。動作速度はマニピュレータの昇降軸と目標位置までの到達時間を基準に，操作機構または制御パソコンで設定することとした。

　手元の術具に装着して指先操作する 5 軸の手先スイッチ型機構は，入力スイッチを中心線基準で対称配置し，各ボタンは異なる形状とした。各軸とスイッチの割り当ては，表面には，鉗子先端の水平面内における直交方向移動に 4 方向の角スイッチ，軸回転に一対の丸型スイッチ，開閉に状態保持が可能なオルタネイト型ボタンスイッチとした。側面には，長軸方向移動に一対の角型スイッチ，速度調整ダイヤルを配置した。本体は寸法 53×36×11 mm，重量 20 g である。

　試作した SCARA LODEM を評価するため，*in vivo* 環境での把持と牽引機能を確認する必要があることから，実験施設の倫理委員会の許可を受けて動物を対象とした内視鏡下胆嚢摘出術を行った。試用状況を図 3 (b)に示す。マニピュレータに装着した鉗子の先端を目標臓器である胆嚢の直前で静止させ，執刀医の鉗子で把持した臓器を受け渡すように，手元スイッチで操作しながら把持，牽引させた。術中は，マニピュレータに取り付けた鉗子で胆嚢を把持して牽引し，執刀医のもつ左手鉗子とカウンタートラクションをかけながら，胆嚢周囲を電気メスで剥離し，胆嚢管，胆嚢動脈も良好な視野において処理が可能であった。術中はトラブルなく，胆嚢を摘出することが可能であった。

4. Mobile LODEM

　執刀医がマニピュレータと共存し協調して手技を行うためには，マニピュレータのピボットまわりの挙動が直感的に認識できる構造が必要である。姿勢制御を行うには，特異点がなく，独立したアクチュエータによる駆動が望ましいことから，直線運動を回転運動に変換するスライダクランクに注目した。また，モバイル化をめざした小型軽量を実現するため，本体をアクチュエータやアーム機構に分離することが求められる。そこで，遠隔配置したアクチュエータからの直線運動をチューブ内のケーブルロッドで伝達する機構を考えた。以上のことより，内視鏡下手術用鉗子が装着可能でスライダクランクとケーブルロッドによる伝達機構を備える 5 自由度マニピュレータ Mobile LODEM を開発した。

　図 4 (a)に示す Mobile LODEM 試作機は，次の 4 パーツに分離できる。アーム機構は寸法 900

×130×470 mm で，重量 4.6 kg である．また，アーム機構の後方に設置したリニアアクチュエータは重量 4.0 kg，リニアアクチュエータからアーム機構先端の鉗子駆動部へ駆動力を伝達するケーブルロッドは重量 0.4 kg，これらを設置する三脚は重量 4.8 kg である．鉗子姿勢決めのアームは，ピッチ軸がヨー軸全体を回転するハーモニックギヤを介した機構，ヨー軸がボールねじのスライダと先端部クランクを一対のコンロッドで接続した機構とした．鉗子駆動部は，挿入抜去軸がクランクに沿った鉗子着脱部のスライド機構，ロール軸がケーブルロッドの他端に取り付けたワイヤとプーリを介した回転機構，開閉軸が鉗子ハンドル固定プレートを介した回転機構とした．操作範囲は，ピッチ軸とヨー軸が鉛直状態を基準に各々± 70°，挿入抜去軸が 0～250 mm，ロール軸が± 180°，開閉軸では 0～90°である．

試作した Mobile LODEM を評価するため，*in vivo* 環境での把持と牽引機能を確認する必要があることから，実験施設の倫理委員会の許可を受け動物を対象とした内視鏡下胆嚢摘出術と直腸切除術を行った．試用状況を図 4(b) に示す．SCARA LODEM と同じ手元スイッチを用いて，マニピュレータに取り付けた鉗子で臓器を把持してさまざまな方向へ牽引し，執刀医のもつ左手鉗子とカウンタートラクションをかけながら，対象臓器の周囲を電気メスで剥離し，非常に少ない出血量で摘出することが可能であった．

さて，手術中に患者が痙攣などで動くことを考えると，腹壁刺入点まわりの空間を確保することが望ましい．より微細な手術や大きな臓器を扱う手術に適用するには，位置決め精度や作用力の向上が必要となる．すなわち，Remote Center of Motion（RCM）機構の適用とアクチュエータに起因する機構の振動低減，およびケーブルロッドの伝達効率向上が求められる．そこで，平行リンク機構で RCM を形成し，ケーブルロッド駆動アクチュエータをマニピュレータ下部の重心位置に配置してワイヤと接続した Pull/Pull 方向の動作を考え，スライダクランク―平行リンクとケーブルロッド機構を備える術具着脱マニピュレータ Mobile LODEM 2.0 を開発

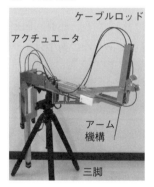

(a) 全体構成

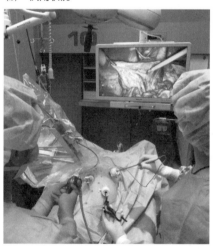

(b) 試用状況

(c) Mobile LODEM 2.0

図 4　Mobile LODEM

した。図4(c)に示す Mobile LODEM 2.0 試作機のアーム機構は寸法 320×800×140 mm，重量は全体で 8.6 kg である[23]。現在，モーターと電磁ブレーキを併用するなど，さらに改良を進めている。

5. Multi-angle LODEM

単孔式内視鏡下手術で広い視野と作業空間を得るために，術具同士の干渉が生じないように刺入点からオフセットの腹腔内位置にピボット点を構成してから，鉗子マニピュレータを操作すること考えた。また，術中の体位変換に対応するため，駆動ユニットはベッドレールに設置する方が望ましい。そこで，ワイヤ駆動する連結コマ機構のオフセットと，その先端の5自由度の鉗子から構成するマニピュレータ Multi-angle LODEM を開発した。

図5(a)に示す Multi-angle LODEM 試作機のマニピュレータ先端は外径 10 mm で，マニュアル駆動式オフセットの湾曲部2ヵ所はおのおの階段形状の円筒コマ8個を超弾性バネで連結して構成し，直線状態から湾曲するまで最大角度 120°，最大オフセット長さ 60 mm，オフセットから先端までの距離 150 mm である。モーター駆動式鉗子のピッチ軸とヨー軸は peek 樹脂のボールジョイント機構で駆動範囲 32°，挿入抜去軸はテレスコピック機構で駆動範囲 24 mm，ロール軸の駆動範囲は 90°，開閉軸は外径 3 mm の従来鉗子で駆動範囲 75°である。

図5(b)に示す腹壁上のオフセット駆動ユニットは，滅菌領域においてセルフロック可能なウォームギアでワイヤを巻き取り2方向に独立して湾曲を行い，寸法 85×25×80 mm，重量はマニピュレータ機構を含めて 0.6 kg である。鉗子駆動ユニットは，非滅菌領域においてステッピングモータでワイヤを巻き取り，一面の寸法 350×190×120 mm，重量は一面で 3.4 kg である。鉗子駆動ワイヤはオフセットの湾曲部を通りオフセット駆動ユニットで向きを変え，PTFE チューブをシースとしてケーブルチューブでガイドする。

(a) マニピュレータ先端

(b) 駆動ユニット

(c) トレーニングボックスでの試用状況

(d) ボックス内の状況

図5　Multi-angle LODEM

試作した Multi-angle LODEM を評価するため，トレーニングボックス内に配置したトレーニング用リアル胆嚢モデルを用いて模擬手術を行った。試用状況を図5(c)と(d)に示す。SCARA LODEM と同じ手元スイッチを用いて，マニピュレータを操作して胆嚢モデルを把持して牽引し，広い視野と作業空間を確認できた。

6. おわりに

　患者の腹壁上で広い作業領域を得るため，さらに占有空間が小さなマニピュレータ機構が求められることから，直線および円環方向に伸縮可能な極座標系3自由度マニピュレータ Compact LODEM の研究開発に取り組んでいる[24]。この Compact LODEM には，従来鉗子だけでなく Multi-angle LODEM の設置も可能である。また操作インタフェースについてはより簡便な操作方式が求められることから，人間工学に基づいた形状の手元スイッチ[25]，足動作パターンによる非装着なハンズフリータイプ[26]の開発や，LODEM での力覚センシングに向けた臓器の硬さ計測[27]の基礎研究にも取り組んでいる。

　人口が集中する都市部の患者は，外科医も多いために内視鏡下手術など最新医療を受けることができる。しかし，限界集落など地方に住む患者は，外科的治療を受ける場合，都市へ赴く，大学病院からの出張手術を待つ，事故など緊急な状況ではドクターヘリを待つ，という選択を迫られる。リモート操作型の手術支援ロボットの da Vinci や ZEUS を用いれば，都市の医師が地方の患者を手術することは技術的に可能である[28][29]。しかし，本節で紹介した，執刀医が両手に術具をもった状態でローカル操作により臓器の牽引や圧排が可能な単純小型の内視鏡下手術支援マニピュレータ LODEM があれば，患者の傍でスムーズに視野を展開できるソロサージェリーの実現につながり，より簡便かつ安全な外科的治療につながり，国内の医療格差を縮小できると期待している。さらに運搬可能な単純小型なシステムとすることで，大規模災害発生時の救急医療や，医師が少ない途上国への展開も考えている。

謝 辞

　本研究グループの一員である，国立研究開発法人国立がん研究センター（NCC）東病院大腸外科の西澤祐吏先生，伊藤雅昭先生，京都大学再生医科学研究所の中村達雄先生，信州大学繊維学部の西川敦先生，また大阪工業大学工学部医療ロボティクス研究室で研究に携わった学生諸君に深く感謝します。本研究の一部は，㈱日本学術振興会科学研究費補助金（23560306，15K05917），NCCがん研究開発費（25-A-8），㈶立石科学技術振興財団（2011003），㈶カシオ科学振興財団（2014-25）の助成を受けた。

文 献

1) J. R. Romanelli and D. B. Earle : *Surg Endosc.*, **23** (7), 1419-1427 (2009).

2) R. H. Taylor and D. Stoianovici : *IEEE TRANS ROBOT AUTOM*, **19** (5), 765-781 (2003).

3) G. S. Guthart and J. J. Salisbury : *Proc. IEEE ICRA*, 618-621 (2000).

4) K. Hongo, T. Goto, T. Kakizawa et al. : *Proc. CARS*, 509-513 (2003).

5) T. Kawai, K. Kan, K. Hongo, et al. : *IEEE EMB Mag.*, **24** (4), 57-62 (2005).

6) M. Piccigallo, U. Scarfogliero, C. Quaglia et al. : *IEEE ASME Trans Mechatronics*, 15 (6), 871-878 (2010).

7) D. Jienan, X. Kai, R. Goldman et al. : *Proc. IEEE ICRA*, 1053-1058 (2010).

8) B. J. R. Torres, G. Buess, M. Waseda, et al. : *Surg

Endosc., **23**(7), 1624-1632 (2009).

9) N. T. Nguyen, K. M. Reavis, M. W. Hinojosa et al. : J *Gastrointest Surg*, **13**(6), 1125-1128 (2009).

10) J. Okamoto, K. Toyoda, Y. Muragaki et al. : *Int J Comput Assist Radiol Surg*, 6 (Suppl 1), S83-S84 (2011).

11) T. Goto, K. Hongo, T. Yako et al. : *Neurosurgery*, 72 (Suppl 1), 39-42 (2013).

12) A. A. Gumbs, F. Crovari, C. Vidal et al. : *Surg Innov*, 14(4), 261-264 (2007).

13) Y. F. Wang, D. R. Uecker and Y. Wang : *Comput Med Imaging Graph*, 22(6), 429-437 (1998).

14) E. Kobayashi, K. Masamune, I. Sakuma et al. : *Comput Assist Surg*, 4(4), 182-192 (1999).

15) 河合俊和, 橋田淳, 申明奎ほか : 日本コンピュータ外科学, 14(1), 5-14 (2012).

16) T. Kawai, M. Shin, Y. Nishizawa et al. : *Int J Comput Assist Radiol Surg*, 10(2), 161-169 (2015).

17) T. Kawai, T. Matsumoto, A. Nishikawa et al. : 生体医工学シンポジウム講演予稿集, 149 (2015).

18) R. M. Satava : *IEEE Robotics & Automation*, 1 (3), 21-25 (1994).

19) 光石衛, 杉田直彦, 保中志元ほか : 日本ロボット工学, 26(3), 101-105 (2008).

20) 立石哲也編著 : メディカルエンジニアリング, 米田出版, 122-139 (2000).

21) E. A. Heijnsdijk, A. Pasdeloup, J. Dankelman et al. : *Surg Endosc.*, 18⑫, 1766-1770 (2004).

22) 西川敦 : 日本コンピュータ外科学, 6(2), 69-74 (2004).

23) 林浩之, 山本貴史, 河合俊和ほか : *Proc. ROBOMECH*, 3A1-D02 (2014).

24) 林浩之, 河合俊和, 西川敦ほか : *Proc. ROBOMECH*, 1A1-E07 (2015).

25) 河合俊和, 友兼賢大, 西川敦ほか : 生体医工学, 53 (suppl 1), 204 (2015).

26) T. Kawai, M. Fukunishi, A. Nishikawa et al. : *Proc. IEEE EMBC*, 345-348 (2014).

27) T. Kawai, K. Nishio, S. Mizuno et al. : *Advanced Biomedical Engineering*, 3, 14-20 (2014).

28) P. S. Green, J. W. Hill, J. F. Jensen et al. : *IEEE EMB*, 14(3), 324-329 (1995).

29) J. Marescaux, J. Leroy, M. Gagner et al. : *Nature*, 413, 379-380 (2001).

◆ 第2編 新しいロボットによるプロセスイノベーション〜ロボット概要とその用途〜
◆ 第2章 会話する/案内する

第1節 自律会話可能なアンドロイド開発

大阪大学　小川　浩平　　株式会社国際電気通信基礎技術研究所　港　隆史

大阪大学　石黒　浩

1. はじめに

　ロボットに求められる機能や役割は，技術の進展や社会状況の変化により多様化しつつあり，ロボットには従来の技術に加えて，人の日常生活に自然に溶け込み，人の心に作用する機能が求められるようになった。特に人と対話を通じたかかわり合いによりサービスを提供するロボットにはこれまでにないレベルの人との調和的な機能が求められ，これは Human Robot Interaction という分野においてさまざまな研究が行われている。その中でも，人に見かけが酷似したロボットであるアンドロイドを用いる場合は，アンドロイドはできるだけ人らしい対話機能をもつことが必要である。なぜならアンドロイドは人に近い見かけをもつがゆえに，人と同等の対話機能をもつと期待されるからである。そのため，アンドロイドには一般的なヒューマノイドロボットよりも，より人らしい，知的な対話機能を実装する必要があると考えられる。

　人と自然に対話するアンドロイドの実現には，一般的なヒューマノイドロボットを用いる場合よりも多くの問題を乗り越える必要がある。なぜなら，自然言語対話機能やアイコンタクトやジェスチャなどのコミュニケーションチャンネルを人と同等のレベルで表現することが求められるからである。一方，このような問題を乗り越えるだけの価値も十分に存在する。たとえば，アンドロイドは受付，監視，ホテルのコンシェルジュ，店員など，人らしい見かけや存在感をもつことが重要である状況において，アンドロイドであれば人のかわりにその役割を担うことができる可能性がある[1]。

　われわれの研究グループでは現在，これまでの HRI 研究で得られた知見を基に，実社会において役割を果たすことができるアンドロイドおよび対話システムの実装を行っている。本節では，タッチパネルを用いた，デパートにおける販売員アンドロイドに関するフィールド実験について述べ，その後，音声対話可能なアンドロイド対話システムに関して述べる。

2. 販売員としてのアンドロイド

　商品の購買は，人が生きて行く上で日常的かつ基本的な活動である。それゆえ，新たな技術は購買活動に応用されることが多い。たとえばインターネットはオンラインショッピングに応用され，人の購買活動に大きな影響を与えている[2]。その一方，デパートにおける対面販売の販売形式もいまだ存在している。これは，商品の種類によっては，販売者との社会的なかかわりの中で購入の意志決定を行いたいと考える購買者が存在するためである[3]。オンライン販売と対面販売，お互いに優位な点がある。たとえば，パソコンを購入する場合，パソコンのもつ機能が購入において重要であるため，オンラインの方がより正確で十分な情報を得ることができる

ため，オンラインでの購入でも問題にならないと想像できる。またインターネットからの情報で判断可能であると感じた場合は，人と接する煩雑さがないためオンラインでの購入の方が，好まれるという報告もある[4]。一方，たとえばアクセサリーや服といった，購入にいたる明確な判断基準が存在しない商品の購買においては社会的に信用できる人の主観的な意見が購入に際して重要な役割を果たす可能性がある。

アンドロイドは人ではなく人工的な存在であるにもかかわらず，人らしいと認知される存在である。そのため，販売員としてのアンドロイドは，情報の正確性および量というオンラインショッピング的な性質と，主観的な意見の伝達という対面販売的な性質，双方の特徴を用いて商品の購買を促すことができる可能性がある。

そこで本研究では，会話を通じて主観的な意見と客観的な意見，双方を伝達することで購買を促す接客アンドロイドを提案し，その効果について考察する。具体的には，実際のデパートにアンドロイドを設置し，来場者に対して商品の購買を促す。また，どのような来場者が購入にいたったのかについて考察する。

2.1 タッチディスプレイ対話システム

本実験では，来場者はタッチディスプレイを通じてアンドロイドとの対話を行った（**図1**）。タッチディスプレイを用いた理由は，

① 音声認識のエラーをなくすことができる
② 来場者との対話を誘導することができる

の2つである。近年，音声認識の技術の向上により実用レベルの認識結果が得られるようになりつつある。しかし，高騒音下において，かつアンドロイドが発話の対象である場合には十分なパフォーマンスを得ることができない。なぜなら，来場者がアンドロイドに向けて発話する時，パソコンや携帯電話などの人工物に向けて話す場合と違い，口語的な表現を用いる場合が多いからである。そこでタッチディスプレイに表示された内容を選択してもらうことで，この問題を解決した。次に対話の誘導について，本対話システムでは，ディスプレイ上に複数の選択肢を表示し，その中から1つを来場者に選択してもらった。これにより，事前に準備した対話内容から逸脱することなく，また，自らの意志でアンドロイドに対して質問または返答を行ったと感じさせる効果を期待することができる。たとえば，アンドロイドから「お客さん，この服お似合いですよ。購入しませんか？」という質問に対する返答として「はい，買います」「気に入りました」といったどちらもポジティブな意味合いではあるが，異なる表現の文言にすることで，事前に準備され

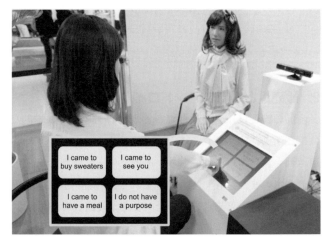

図1 アンドロイドとのタッチディスプレイを用いた対話

た返答にもかかわらず，自ら購買の意図を示したと認知させることができる。

また来場者が選択した際，その音声をディスプレイから出力し，その音声の終了を待ってアンドロイドが返答することで，来場者は自分の発話に対してアンドロイドが返答した，と感じることができ，これにより，タッチディスプレイであっても対話感を損なうことなく購買につなげることができると考えた。

2.2 フィールド実験

フィールド実験は大阪の難波タカシマヤにて2週間にわたり実施された。実験では価格が約1万円程度のカシミヤのセーターを販売した。実験において販売したセーターは多彩な色展開がなされているためアンドロイドは会話を通じてお似合いの色をお勧めする，カラーコンサルティングを行った。コンサルティングの内容は，専門的なカラー診断チャートに準拠した。具体的には，髪の毛，目，肌の色，普段着ている服の色などの情報をインタビューによって収集し，それに従って来場者に合う色のセーターを推薦した。推薦後，「お客様，私はそのセーター，大変お似合いだと思います」といった主観的な情報により購買につながるよう説得を行った。

実験のビデオ分析の結果（**図2**），期間中アンドロイドは515人に対して接客をし，43枚のセーターを販売した。接客を受けた来場者の性別は女性が349人，男性が27人であった。その中で実際に購入したのは，女性が8％（平均60.6歳），男性が23％（平均70.0歳）であった。人の販売員が接客をする人数は1日平均15人である一方，アンドロイドは39.6人であった（来場者に対するインタビューや質問紙の細かい結果の分析については文献[5]に詳述があるので参考にされたい）。

2.3 考 察

実験結果からアンドロイドは販売員として人に商品を勧め，そして実際に購入につながる説得力をもつことができることがわかった。また人と接している場合とは異なるタッチディスプレイによる対話であっても，来場者は対話感を損なうことがなくアンドロイドと対話可能であることがわかった。またインタビューや質問紙の結果から，来場者は自分の意志で対話を行うことができ，アンドロイドを人らしい，社会的な存在であると認知していたことがわかった。

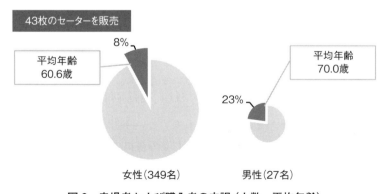

図2　来場者および購入者の内訳（人数，平均年齢）

第２編　新しいロボットによるプロセスイノベーション

　本実験からわかることは，タッチディスプレイによる対話を用いることで，アンドロイドは
われわれの社会で一定の役割を果たすことができる可能性が示された。しかし一方，タッチディ
スプレイによる対話には限界があることも事実である。たとえば，アンドロイドと，持続可能
な親密な関係性を築くには不十分であると予想される。そこで，次項ではタッチディスプレイ
ではなく音声によるアンドロイドとの対話システムについて詳述する。

3.　人とアンドロイドの自然な音声対話の実現

　これまで説明してきたタッチパネルを用いた対話システムでは，ユーザー（アンドロイドと
対話する者）の反応行動を対話コンテキストに合わせてうまく誘導することができ，あらかじ
めシナリオが決まっているような状況において，ユーザーとアンドロイドとの自然なタスク指
向的対話を実現することができる。ロボットとの対話では，人の発話の認識や意味理解の精度
にいまだ限界があるため対話のコンテキストが破綻しやすい，いい換えれば，ユーザーから見
ればロボットが何を考えて話しているのかわからない，ロボットの意図が感じられないという
点において，自然な対話を継続させることが難しい。すなわち，人とアンドロイドの自然な対
話を実現するためには，ユーザーがアンドロイドと対話している感覚をもちながら，対話を継
続するためのシステムの実現が大きな課題である。それに対して，上記のシステムでは，この
問題をうまく解決している。特に注目すべきは，アンドロイドから質問された際のユーザーの
回答は，タッチパネル上に提示された数個の選択肢から強制的に選択させられたものであるが，
タッチパネルで回答を選択した際に生成される音声や，ユーザーの回答に対して同情を誘発す
るようなアンドロイドの人らしい反応などによって，ユーザーが自分の意図でその回答を選択
した感覚をもつことである。シナリオが決まったタスク指向的な対話では，タッチパネルシス
テムは非常に強力なインタフェースであった。

　次に本項では，よりオープンな対話コンテキストにおいて，音声による対話が可能なシステ
ムについて，すなわち，人と接しているのと同じ形態で相互作用が可能なアンドロイドの実現
について述べる。

　オープンな対話コンテキストにおいて，人と音声対話を行うエージェントシステムとしては，
IBM 社の Watson や Apple 社の Siri のようにビッグデータを利用した対話システムの研究が進
んでいる。大量の対話データベースに基づいて，さまざまな問いかけに返答することができる
が，そのほとんどは一問一答のやり取りに留まっている。複数ターン続くような対話を実現し
ているシステムとしては，ELIZA[6] に代表される chatterbot システムや，日本電信電話㈱
（NTT）グループの雑談対話システム[7] などがあるが，対話のコンテキストが破綻しやすく，自
然な対話の継続が達成できたといえるシステムはいまだない。対話データベースに基づいたシ
ステムでは，ユーザーの発話の意味理解を行うことなくシステムの応答を生成できるが，それ
がゆえに，ユーザーがロボットの意図を感じられないという問題がある。

　さらに，これらは音声や画面上のエージェントによる表出のみであるが，人とアンドロイド
の自然なコミュニケーションを実現するには，言語情報だけでなく，言語・非言語情報の両者
を用いたマルチモーダルな対話を実現しなければならない。たとえば，既存の雑談対話システ
ムの出力を音声に変換してアンドロイドに発話させるだけでは，自然な対話やアンドロイドと

の対話感を十分に実現することはできない．特にアンドロイドでは，ユーザーがその見かけからアンドロイドの人らしい反応を期待するため，アンドロイドが人らしくない反応を示すと，ユーザーの対話意欲は途端に減少する．ユーザーがアンドロイドを対話ができる対象とみなさなくなるのである．アンドロイドは，人らしいジェスチャや表情の表出など多様な非言語情報が利用できるという点で，人との自然な対話を実現するための最適なロボットであるといえるが，人に酷似しているがゆえに，多様な非言語情報の表出を含めて，人らしく人とかかわることができるシステムの実現がチャレンジングな課題となる．

　これまでに筆者らの研究グループは，音声対話可能な自律ロボットの研究開発に取り組んできた．この中では，人のような柔軟な運動を可能にする小型・高出力の電磁アクチュエータの開発，種々のセンサーを用いて人の状態を計測するセンサ統合システムの開発，人らしい動作を生成するシステムの開発，対話機能の開発などさまざまな課題がある．以下では，筆者らの研究グループでの開発例を通して，自律対話型アンドロイドの課題と実現例について説明する．

3.1　人々に受け入れられやすいアンドロイドの見かけのデザイン

　人のミニマルデザイン（人型ではあるが，中立的でだれにも似ないデザイン）を有する遠隔操作型ロボット「テレノイド」[8]を用いた数々の実証実験から，この単純化されたデザインが，対話において人々（特に高齢者）に受け入れられやすいということがわかってきた．見かけの人らしさという点においては，実在の人物に酷似させたアンドロイド「ジェミノイド」が，もっとも人らしいロボットではあるが，万人に受け入れられやすいという点においては，人のミニマルなデザイのロボットが有効であることは，これまでの実証実験が示している．ロボットの見かけの情報が少ない（個性的でない）と，ユーザーはロボットに対してさまざまな想像を重ねることができるが，自由な想像はユーザーにとって対話しやすいように働くと考えられる．すなわち，ロボットのデザインとして，ユーザの想像を誘発し，想像を妨げないようなデザインが，対話に適していると考えられる．図3のEricaはそのような特徴を有するアンドロイドである．中性的なデザインにすることで，人らしさを保持したまま，想像を喚起するような見かけとなる．Ericaのデザインは，顔を左右対称にするなど中性的な特徴をCGで合成したものである．実在

図3　自律対話アンドロイドの研究開発プラットフォーム Erica

の人物の形状を複製したジェミノイドに対しては人々が不気味に感じることも多いが，Ericaに対してそのような反応を示す人はほとんどいない。

3.2 人との自然な対話を実現するためのアンドロイド制御システム

人との自然な対話を実現するためには，人の発話内容を理解するための音声認識だけでなく，非言語的情報に基づく人の状態認識も不可欠である。特に対話においては，人の位置や人の視線を認識し，それに対して適切な視線行動を実現することが重要である。また，複数人との対話においては，人の位置の認識に加えて，話者が認識できなければ，適切な視線行動，反応動作を生成することができない。さらに人の表情や発話音声から，人の感情や内部状態を推定すること必要である。すなわち，人が知覚できるようなさまざまな情報を取得できる知覚システムが必要である。しかしながら，アンドロイド本体に搭載したカメラやマイクロフォンだけでは，知覚範囲や知覚できる情報に限界がある。そのためアンドロイドと情報化環境を統合したシステム，すなわち，アンドロイドの周囲にさまざまなセンサを配置しそれらをネットワークで結合したセンサネットワークを構築する。

これまでに，筆者らの研究グループでは，複数のマイクロフォンアレイと，複数の距離センサ（レーザーレンジファインダやMicrosoft Kinectに代表される距離画像センサ）を組合せ，人物検出，追跡，話者認識，および話者ごとの音声分離を実用レベルで実現するシステムを構築してきた[9)10)]（図4）。このシステムをアンドロイド制御システムに組込むことで，アンドロイドは適切な（人が人らしいアンドロイドに期待するような）視行動やアイコンタクト行動を行うことができる（図5）。

ここでの大きな課題は，音声認識のインタフェースである。上述のデモでは，音声認識の精度を高めるためには，接話マイクを用いている。対話上の語彙をかなり限定すれば，接話マイクなしでも実用レベルに達している音声認識システムはあるが，そうでなければできるだけノイズを低減するために，接話マイクを用いた音声認識が必要である。接話マイクは円滑な対話を妨げることになり，さらにはユーザーにとってアンドロイドに話かけている感覚が失われる可能がある。したがって，環境に設置したマイクロフォンアレイによって抽出した音声データを用いて音声認識を可能にすることが課題である。この問題を解決するためには，ノイズを含

図4　センサネットワークと統合したアンドロイド制御システム構築例

む音声データを用いて認識のための音響モデルを再構築する方法が考えられる。

対話時の動作生成については，人らしい視線行動が重要であるが，これはさまざまな研究によって提案されている。さらに人らしいアンドロイドにおいて重要な動作は，瞬き，口唇動作，呼吸動作，頭部動作などの無自覚的な動作である。これら無自覚的な動作は互いに関連している場合が多く，人らしい動作を実現する上では，無自覚的動作間の関係も無視できない。アンドロイドとの対話感を高める上では，アンドロイドが発話主体であるとユーザーに認識させることが重要であるが，そのためにはアンドロイドの口唇動作や頭部動作をアンドロイドの発話と同期させることが必要である。そのためのシステムとして，発話音声に基づいて，それと同期する口唇動作や腰・頭部動作を自動的に生成する手法が有効である。口唇動作については，音声のフォルマント情報に基づいて，母音に対応する口の開き度合いをリアルタイムで生成する[11]。また人は発話に合わせて，頭部上下運動や腰前後運動が生じるが，その動きは，音声のパワーやピッチ情報に基づいてリアルタイムに生成することが可能である[12]。Ericaの制御システムでは，Ericaの発話のテキスト情報に基づいて，音声合成システムが発話音声データを生成し，さらにそれに基づいて，上記のシステムが発話音声の再生とほぼ同期してEricaの口唇動作と腰・頭部動作を生成することが可能である。

Ericaは近づいてくる記者を見続け，対話中もアイコンタクトを続ける 常に対話相手を見続けるのは不自然であるため，適切なタイミングで視線を逸らす行動も行う

図5　Ericaが記者会見において質問者（記者）と対話する設定のデモの様子

3.3　アンドロイドの欲求・意図に基づく対話生成モデル

対話データベースに基づいた対話生成モデルでは，上述したように，発話の意味理解を行うことなく応答を生成できるが，それがゆえに，対話のコンテキストが破綻しやすい，ユーザーがロボットの意図を感じられない，という問題がある。対話の本質は互いに相手の意図や価値感を理解し合うことであるため，ユーザーにアンドロイドとの対話感をもたせるためには，より人間に近い仕組みとして，基本的欲求と，それから発生する意図，さらに意図から発生する言語・動作というように，従来の移動ロボット研究等で利用されてきた行動決定の階層モデル（図6）を，対話生成においても導入する方法が有望である。

また，発話に感情表出が伴うと，意図や価値感が相手に伝わりやすい。したがって，アンドロイドの感情表出も対話生成において考慮すべきである。筆者らの研究グループでは，この階層モデルに従って，データベース上の対話データを機械学習によって分類し，感情生成モデル

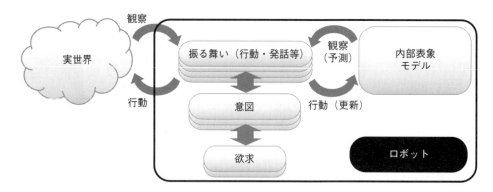

図6 対話生成のための欲求，意図，行動・発話の階層モデル

と組合せて，アンドロイドの意図を感じさせる人間らしい対話が可能なシステムを構築することを試みている。

3.4 欲求・意図モデルを利用した社会的対話

人との自然な対話を実現するためには，対人場面だけでなく，複数人がかかわり合う社会的場面も考慮しなければならない。対人場面と社会的場面におけるもっとも大きな違いは，安定な人間関係の形成において，相手の欲求や意図を推定する必要が生まれることである。対人場面では，言語を用いた対話を円滑に行うために，自らの意図に基づき対話を生成する階層モデルが必要であるが，社会的場面では，相手が用いる階層モデルに表現されている，相手の意図や欲求をその振る舞いから推定することが必要となる。逆に，安定な関係がいったん形成されれば，発言内容や振る舞いに曖昧性があっても対話が円滑に進むことがある（たとえば自分と同意見の第三者が相手の話に同意しているのを見ると，自分も同意している気になって話を進めてしまうように）。したがって，複数のロボット間の関係をうまく操作することによって，人と複数ロボットの対話を円滑に進めることができる。筆者らの研究グループでは，社会性を利用した対話の円滑化原理についても明らかにするとともに，アンドロイド自らがもつ階層モデルと相手の振る舞いから，相手の意図や欲求を推定する機能の構築を試みている。

3.5 自律対話機能の評価

自律対話機能の具体的な性能目標は，トータルチューリングテスト（TTT）をパスすることである。従来のチューリングテスト（TT）がテキスト情報のやりとりにおいて人間らしさを評価するのに対して，TTTは動作や表情など人間のもつすべてのモダリティを参照して人間らしさを評価する。あらゆる状況においてTTTをパスすることは不可能であるため，限られた状況（たとえば，病院の受付における対話など）において，自律対話アンドロイドとの対話が，人によって遠隔操作されたアンドロイドとの対話と区別できない状態を目標とする。実用的には，非タスク指向的対話によるサービスとして，自律対話アンドロイドが実際に役立つレベルの性能に達することに意義がある。たとえば，対人場面や社会的場面において，高齢者や自閉症児に対する対話サービスが考えられる。

4. おわりに

　ロボットに対する社会からの期待期待の高まりにつれて，ロボットがもつべき機能や可能性を押し広げていく必要がある。そのような流れの中で，われわれは研究室内ではなくロボットが人間社会の一員として役割を果たすために必要な知見の発見や技術開発を行っている。本節において紹介したタッチディスプレイ対話は，既存の技術の組合せ，さまざまな工夫を取り入れることで，現状の技術でもロボットが社会において一定の役割を果たすことができる実施例の1つである。また並行して，音声による自律対話技術をより加速させ，それを実社会に応用することで，ロボットの可能性をさらに押し広げることができる。技術の開発だけでなく，常に社会への応用に目を向けていくことが未来の人とロボットの共生につながると考える。

文　献

1) 渡辺美紀，小川浩平，石黒浩：公共空間における情報提供メディアとしてのアンドロイド，日本バーチャルリアリティ学会論文誌，**20**(1)，15-24 (2015).

2) M. Limayem, M. Khalifa and A Frini : What makes consumers buy from Internet? A longitudinal study of online shopping. Systems, Man and Cybernetics, Part A : Systems and Humans, IEEE Transactions on, 421-432 (2000).

3) T. Rintamaki, A. Kanto, H. Kuusela and M. T. Spence : Decomposing the value of department store shopping into utilitarian, hedonic and social dimensions : evidence from Finland. International Journal of Retail and Distribution Management, 6-24 (2006).

4) M. R. Ward : Will online shopping compete more with traditional retailing or catalog shopping?. Netnomics, 103-117 (2001).

5) M. Watanabe, K. Ogawa and H. Ishiguro : Can Androids Be Salespeople in the Real World?. In Proceedings of the 33rd Annual ACM Conference on Human Factors in Computing Systems (CHI2015), 781-788 (2015).

6) J. Weizenbaum : ELIZA-A computer program for the study of natural language communication between man and machine, *Commmunication of the ACM*, **9**(1), 36-45 (1966).

7) 大西可奈子，吉村健：コンピュータとの自然な会話を実現する雑談対話技術，NTT DoCoMoテクニカル・ジャーナル，**21**(4)，17-21 (2014).

8) K. Ogawa, S. Nishio, K. Koda, G. Balistreri, T. Watanabe and H. Ishiguro : Exploring the Natural Reaction of Young and Aged Person with Telenoid in a Real World, *Journal of Advanced Computational Intelligence and Intelligent Informatics*, **15**(5), 592-597 (2011).

9) D. Glas, T. Miyashita, H. Ishiguro and N. Hagita : Laser Tracking of Human Body Motion Using Adaptive Shape Modeling, Proceedings of IEEE Conference on Intelligent Robots and Systems, 602-608 (2007).

10) C. Ishi, J. Even and N. Hagita : Integration of multiple microphone arrays and use of sound reflections for 3D localization of sound sources, IEICE Transactions on Fundamentals of Electronics, *Communications and Computer Sciences*, **E97**-A(9), 1867-1874 (2014).

11) 石井カルロス寿憲，劉超然，石黒浩，萩田紀博：遠隔存在感ロボットのためのフォルマントによる口唇動作生成手法，日本ロボット学会誌，**31**(4)，401-408 (2013).

12) 境くりま，港隆史，石井カルロス寿憲，石黒浩：身体的拘束に基づく音声駆動体幹動作生成システム，第43回人工知能学会AIチャレンジ研究会予稿集 (2015).

◆ 第2編　新しいロボットによるプロセスイノベーション～ロボット概要とその用途～
◆ 第2章　会話する/案内する

第2節　人とロボットの協調学習に基づく医療福祉支援

豊橋技術科学大学　三枝　亮

1. はじめに

　近年のロボット技術の進展に伴い，ロボットがわれわれの生活空間に入り込み，人に代わって作業を行うことが一般化しつつある。たとえば，屋内を自律的に移動して清掃を行う移動ロボットや，家電などのホームシステムのインターフェースとして機能するコミュニケーションロボットなど，ロボットの知能化や自律化にかかわる技術発展が目覚ましい[1)2)]。

　生活支援を目的としたロボット技術は，医療リハビリや介護福祉の分野において，その実用化が強く期待されている。超高齢化社会を迎える日本では，図1に示されるように生産年齢人口や労働力人口が今後減少する一方で必要介護者職員数は増加する見通しにあり，今後10年先にはロボットを中心とする知能機械システムの支援なしには医療福祉の現場が成立しない状況に直面すると予想される。また諸外国においても中国などの巨大な人口を抱える国では，医療福祉を支える環境整備が現状のニーズに追いついておらず，ロボット技術の導入が必須となることは明らかである。

　本節では，将来の医療福祉分野を支える基盤技術として，医療福祉にかかわるサービスや環境の改善を目的とする人機械協調学習技術について紹介する。医療福祉の現場では診療・看護・介護など対人的な業務が多く，製品の加工・組立てといった対物的な業務を中心とする製造の現場とは，求められるロボット技術の性質が異なる。医療福祉の現場にロボットを導入する場合には，医療従事者や患者らと協調して適応的に現場の実務を遂行する能力が重要となる。以下に，医療福祉現場における人機械協調学習技術の必要性や，医療福祉の業務において協調学習型支援を実現するロボットの実施例について紹介する。本節で紹介する原理や方法論が，医療福祉の現場にロボット技術を普及させるための一助となれば幸いである。

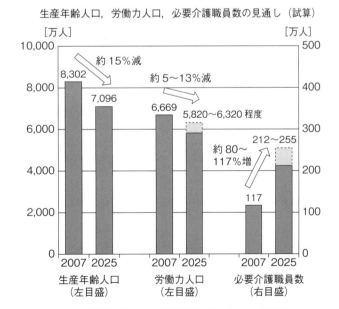

図1　労働政策研究・研修機構「介護人材の現状」

2. 医療福祉の現場におけるロボット技術

　医療福祉の現場にロボット技術を導入することは，医療従事者と技術提供者の双方にとって容易ではない。その背景として，医療従事者の求める技術内容すなわち医療ニーズと技術提供者が実現可能な技術内容すなわち技術シーズは一般には異なり，これらを現場の問題解決に結びつく形で適合させる必要があるという状況がある。また医療ニーズと技術シーズが適合したとしても，医療福祉の現場では現行の作業方法が存在しており，従来の作業方法から新しい作業方法に緩やかに移行できなければ，有用性が期待される技術であったとしても，現場への導入に踏み切ることは現実的に難しい。

　医療福祉の現場にロボット技術を導入するための方策として，筆者らは人とロボットの協調的な作業分担を提案している。ここでは新しいロボット技術を導入する際に，ロボットに合わせて現行の作業方法を一新するのではなく，現行の作業内容においてロボットが得意とする部分をロボットに分担させることで，現行の作業方法にロボット技術を緩やかに組込むことを目指す。この実現のためには，ロボットは現場の状況変化を予測して作業を実行する能力や，人の意図を察して作業の受け渡しをする能力が必要となる。例として，自律移動ロボットを用いた回診支援について述べる。図2に示されるロボットは，筆者が参画した医工連携プロジェクトで開発された回診支援ロボットTerapio（テラピオ）である。詳細は文献[3][4]を参照されたい。Terapioによる回診支援では，医療従事者が患者の診察や処置を担当し，Terapioが医療従事者と協調して医療品の運搬や診察情報の管理を担当する。このような協調型の作業分担により，医療従事者が回診業務により集中できる状況を実現する。

3. 医療福祉支援ロボットLucia（ルチア）

　医療福祉の現場で人機械協調学習型の作業支援を実現するロボット技術について説明し，その実施例として筆者の研究グループで開発を進めている医療福祉支援ロボットを紹介する。ここでの人機械協調学習とは，前記の人と機械の協調的な作業支援モデルに適応学習の概念を導入したモデルであり，作業対象者や作業内容の変化に対応して適応的に協調作業を行うことを狙いとする。図3に人機械協調学習型の作業支援を行う医療福祉支援ロボットLucia（ルチア）を示す。Luciaは，医療，介護，リハビリなどの医療福祉分野で，患者，高齢者，医療従事者，施設訪問者らを適応的に支援するロボットとして設計されている。病院や老人ホームなどの医療福祉施設は，公的な空間や私的な空間が混在し，居住者，作業者，訪問者など異種の集団が入り交じる複雑な環境である。

図2　自律移動ロボットを用いた回診支援

図3　医療福祉支援ロボットLucia（ルチア）

Lucia はこのような環境において，施設を利用する人に寄り添いながら活動を支援する役割を担う。対象とする支援内容は医療福祉サービスにかかわる活動に特化されており，歩行リハビリ，回診支援，院内搬送，訪問者案内などの場面を想定した作業モデルや要素機能の研究開発が進められている。

Lucia の主な機能を以下に列挙する。

● 移動経路の教示学習（パワーアシスト操作で経路を学習し，自律移動で経路を再現する）
● 歩行の計測と評価（全身運動を計測して歩行の軌跡，歩幅，歩速，姿勢などを評価する）
● 映像音響による運動誘導（周囲の床や壁への映像投影や音響生成により，運動認知を強化したり運動指示を行う）
● 表情生成による癒やし（笑顔，興奮顔，困り顔，まばたきなどの表情を通して直感的に意図を伝え，コミュニケーションを引き出す）
● 医療器具の移動搬送（AED などの救命装置，回診用の診察器具，診察情報を運ぶ）

要素機能の詳細については文献[5)6)]を参照されたい。なお，Lucia は映像投影のための光源をもつことから，イタリア語で光を意味する luce（ルーチェ）を由来とする女性名 Lucia（ルチア）より命名された。

人機械協調学習型の作業支援の実施例として，本節では Lucia を用いた歩行支援について詳述する。歩行訓練支援で想定する対象者は，疾患を有する患者集団と疾患を有さない健康者集団に分類される。患者集団への支援としては，パーキンソン病と片まひ疾患を対象としたリハビリ支援を行う。健康者集団への支援としては，養護施設等に居住する健康高齢者を対象とした「とも歩き」支援を行う。以降ではこれらの支援対象者の歩行に関連する疾患や性質について述べる。

パーキンソン病は進行性の神経変性疾患の1つであり，現在のところ根本的な治療法が確立されておらず，薬剤やリハビリ運動によって症状の進行を遅らせることが一般的である。パーキンソン病の一部の患者は，歩行開始時の一歩を踏み出すことが困難となる「すくみ足」の症状を有する。すくみ足を有する患者の歩行リハビリでは，歩行の開始時に訓練指導者が「せえの」といった掛け声を患者にかけたり，患者の前方に足を出して跨ぐように誘導することで，すくみ足の症状を緩和しながら歩行訓練を行うことが多い。

片まひ疾患は上下肢の運動機能に一側性のまひが発現するため，歩行パターンの非対称度は高い。片まひ患者の歩行は，まひ側の足をゆっくりと振り，健康側の足は早く振るような「跛行」となる。リハビリ訓練によりまひ状態が改善してくると，歩行パターンの対称度は高くなる。対称な歩行パターンがすべての片まひ患者にとって最適であるとは限らないが，歩行訓練では対称的な歩行パターンに誘導して訓練することが多い。このような傾向から，片まひ患者の歩行機能を評価する項目として歩行の対称度は有効である。

健康高齢者は，老人ホームなどの養護施設で催される運動レクリエーションに参加することが可能である。身近なコミュニティの中で体を動かす機会を確保して認知機能や運動機能を維持することは，介護予防に有効である。日常的な運動機会や意欲を維持するためには，運動を動機づける仕組みが必要であり，レクリエーションにゲーム性を含めたり，一緒に楽しめるようなパートナーが存在すると効果的である。

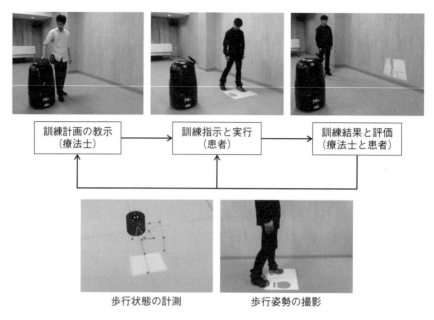

図4 Luciaを用いた歩行訓練支援のイメージ

　このような疾患患者や健康高齢者への運動支援策として、筆者らは人機械協調学習に基づく歩行支援を提案している。医療福祉施設の現場に前記のLuciaを導入し、患者には歩行リハビリを支援するパートナー、健康高齢者には歩行を動機づけるパートナーとしての役割をLuciaに担わせる。特定疾患の患者に対しては、Luciaが理学療法士や患者と協調して患者の歩行を計測し、視覚、聴覚、触覚刺激を介して歩行を誘導する。図4にLuciaを用いた歩行訓練のイメージを示す。この支援方式において、パーキンソン病患者への訓練支援では「すくみ足」の解消を狙いとし、片まひ患者への訓練支援では歩行パターンの対称化を狙いとする。一方、健康高齢者に対しては、利用者とともにLuciaが「とも歩き」を行う。「とも歩き」では、力検知による協調移動によってバランスの安定化を支援する。壁や手すりに触れるとバランスが安定するように、力学的に支えなくても接触によって外界を知覚することでバランスは安定化される。「とも歩き」においても同様に利用者がLuciaに触れながら歩行することで、Luciaが動く手すりとして歩行時のバランスを安定化し、Lucia自体も力検知によって自律移動することで利用者を助け過ぎない「とも歩き」を実現する。以降では、前記の特定疾患に関する歩行訓練支援について詳述する。「とも歩き」支援については実証研究を現在進行しており、今後発行される筆者らの文献を参照されたい。

4. 人機械協調学習による歩行訓練支援

　人機械協調学習型の歩行訓練支援について説明する。本支援方式ではロボットが患者の現状の歩行状態を計測して歩行パターンを生成し、動的に感覚刺激を与えることで患者の歩行を誘導する。歩行パターンの生成には、現状の歩行状態より計測された運動パラメータを目標の歩行状態に近づくように調整して得られる運動パラメータを用いる。歩行の誘導には、映像、音響、振動を統合した視覚、聴覚、触覚に関する複合感覚刺激とロボットの移動機能を用いる。

医療従事者はロボットに歩行経路を教示し，ロボットと協働して歩行訓練を実施する．歩行訓練の実施後はロボットの計測情報を参考に患者の歩行状態を診断評価し，歩行訓練の大局的な方針を決定する．患者がロボットの誘導に十分対応できるようになると，ロボットは運動パラメータを更新して目標の歩行状態により近い歩行パターンを生成して歩行を誘導する．本支援方式では医療従事者とロボットが協調的に患者の歩行状態を学習して誘導方法を調整し，患者も訓練を通して歩行パターンを改善していく形で人機械協調学習型の認知運動リハビリテーションを実現する．図5に人機械協調学習型の歩行訓練支援の流れを示す．以降では本支援方式を構成する人環境検知，運動計測，運動計画，運動誘導の技術について詳述する．

前記の人環境検知では，測域センサの計測情報を用いて，ロボットの周囲にいる人の位置や環境の空間的な形状を検知する．標準的な測域センサはレーザー光を照射してその反射光を検知することで，周囲に存在する人や壁などの遮蔽物までの距離を計測する．測域センサの計測領域は，測域センサを中心とする二次元平面内で有限な距離・角度領域として与えられる．Luciaには車体の前方と後方に測域センサが搭載されており，全方位360°の計測が可能である．遮蔽物の位置は測域センサの基準軸に対する角度θと遮蔽物までの距離dを表す極座標(θ, d)で表現され，次式の関数値として計測される．

$$d = d(\theta) \tag{1}$$

極座標で表される計測情報は，次式で直交座標系(x, y)に変換される．

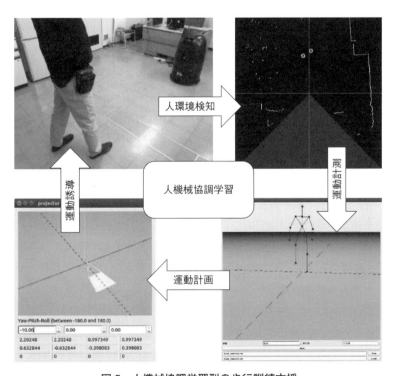

図5　人機械協調学習型の歩行訓練支援

$$x=d\cos\theta, \quad y=d\sin\theta \tag{2}$$

本研究では極座標における距離の変化に基づいて遮蔽物をブロックに分割し，ブロックごとに識別子を与える。このブロックに対応して直交座標の計測情報をまとめることで，二次元平面内の空間的なかたまりが検知される。測域センサは膝下ほどの高さに設置されているため，計測情報から人の足位置が検知される。さらに検知した足を追従することで，歩行時の足位置を連続的に計測できる。人の左足と右足の代表位置は二次元平面内における位置の時系列情報として取得され，時刻 t に対して $(x^L(t), y^L(t))$，$(x^R(t), y^R(t))$ と表現される。なお，ここでの左右とは Lucia の姿勢を基準とする。

　測域センサは遮蔽物より後ろの情報を取得できないため，計測対象者が Lucia に対して完全に横向きとなる場合は，左右の足が1つのかたまりとして検知される場合がある。また，周囲に複数の人物が存在すると，左右の足が同一人物のものであるか不明確となる場合がある。本項では説明を省略するが，このような状況でも継続して特定人物の左右の足位置が独立に検知されるような工夫が施されている。

　測域センサの計測情報を用いて，環境の空間的な形状を検知できる。さらに環境の形状を空間的に重ね合せることで環境地図を生成し，ロボットの位置や姿勢を同時に推定することができる。このような環境認識の技術はこれまでに広く研究されており，多くのアルゴリズムが提案されている。本研究では，標準的なアルゴリズムを用いて環境地図を生成し，環境地図を基準とするロボットの位置と姿勢を推定する。さらに，前記のロボットに対する人の位置と環境に対するロボットの位置を統合することで，計測対象者の歩行軌跡を環境地図に対応づけて記述する。

　前記の運動計測では，赤外線カメラの計測情報を用いて，ロボットの前方にいる特定人物の全身運動を計測する。標準的な赤外線カメラはパターン光を照射してその形状を検知し，前方にある物体までの距離を計測する。赤外線カメラの計測領域は赤外線カメラを頂点とする4角錐の有限領域であり，計測情報は奥行き画像として与えられる。Lucia には車体の前方に赤外線カメラが搭載されており，前方の近距離領域において人の全身運動の計測が可能である。奥行き画像において骨格構造を仮定した領域抽出を行うことで，人の存在やその骨格情報が検知される。骨格情報は身体部位を代表する点群の三次元位置に関する時系列情報として計測され，$(x_k(t), y_k(t), z_k(t))$ と表現される。ここで k は身体部位の識別子を表し，本研究では頭，首，胴と左右の肩，肘，手，腰，膝，足の身体部位を代表する15の点群を用いる。本計測方法では，骨格構造を検知するための視覚的な目印を計測対象者につける必要はない。

　左右の足の着地時刻は，足の代表点の計測情報を用いて推定する。足の代表点の鉛直方向の座標値 $z(t)$ を2階微分してローパスフィルタを施した値を $a(t_i)$ と表す。検出対象の時刻 t_i において $a(t_i)$ が次の条件式を満たすとき，この時刻を足の着地時刻と見なす。

$$a(t_i)>0, \quad \sum_{j=1}^{n} a(t_{i-j})/n < a', \quad t_i > t_p + \tau \tag{3}$$

ここで t_p は前回の検出時刻を表す。この条件式は，足の鉛直方向の加速度が閾値 a' を下回る負値から正値に反転する条件に対応する。なお，連続検出を排除するために不応期 τ を設けてい

る。着地時刻の検知には，赤外線カメラの他に装着型の加速度センサの計測情報を用いることもできる。その場合は計測対象者の足に加速度センサを取り付け，計測情報を無線通信でロボットに伝送する。装着型の加速度センサは赤外線カメラと比較して計測領域が限定されないため，混雑した環境でも着地時刻の検出が可能となる。

図6に実験で計測された左足の鉛直方向の位置，加速度，着地時刻をそれぞれ示す。実験で

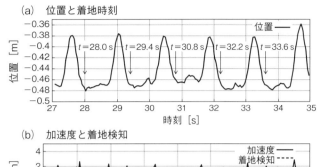

図6　左足の鉛直方向の位置，加速度，着地時刻

は計測対象者がLuciaと対象者が向き合った状態で直線経路を歩行し，Luciaも計測対象者とともに移動開始時の距離を保ちながら同様の直線経路を移動して歩行の計測を行った。図に示されるように，Luciaは計測対象者と一緒に移動しながら安定して足位置を計測し，オンラインで着地を検知することができた。

計測対象者の歩幅と歩行時間は，前記の足位置と着地時刻に基づいて次式により算出される。

$$S_i^{L/R} = \sqrt{(\Delta x_i^{L/R})^2 + (\Delta y_i^{L/R})^2} \tag{4}$$

$$T_i^{L/R} = t_i^{L/R} - t_{i-1}^{L/R} \tag{5}$$

$$\Delta x_i^{L/R} = x^{L/R}(t_i^{L/R}) - x^{L/R}(t_{i-1}^{L/R}) \tag{6}$$

$$\Delta y_i^{L/R} = y^{L/R}(t_i^{L/R}) - y^{L/R}(t_{i-1}^{L/R}) \tag{7}$$

ここで$S_i^{L/R}$はi周期目の歩幅，$T_i^{L/R}$はi周期目の歩行時間，$(x^{L/R}, y^{L/R})$は環境地図の座標系で記述された足位置，$t_i^{L/R}$はi周期目の着地時刻を表す。L/Rの表記はそれぞれ左足と右足を表す。なお，前記の式で定義される歩幅は左足または右足のいずれかの足が，ある着地時刻から次の着地時刻までに移動した距離であり，直線経路の歩行の場合は左右の歩幅はおおむね等しくなる。これらの歩幅と歩行時間から計測対象者の現在の歩行パターンを再構成することが可能であり，歩行リズムや歩行の対称度の解析や評価に用いることができた。

図7に左足の進行方向および横方向の位置と一歩ごとの歩幅を示す。これらは前記の実験の計測情報より算出された推定値である。赤外線カメラの計測領域は距離3m程度であるが，Luciaが計測対象者と一緒に移動することで任意距離の歩行を連続して計測することができる。

図8に歩行時の全身姿勢と腰位置の変化を示す。これらは前記の実験の計測情報より算出された着地時刻に基づいて，左足が一歩進むごとに骨格構造を三次元空間に配置することで得ら

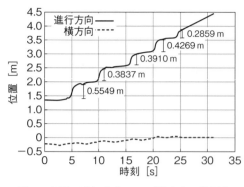

図7 左足の進行方向および横方向の位置と一歩ごとの歩幅

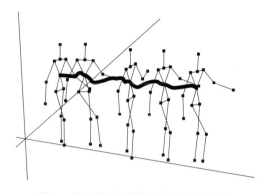

図8 歩行時の全身姿勢と腰位置の変化

れる。図の中央に示される曲線は，歩行時の腰位置の連続的な変化を表す。本項では省略するが，右足を基準とした骨格構造の配置や一歩進む間の姿勢変化なども再構成できる。

計測対象者の歩幅と歩行時間（$S^{L/R}$, $T^{L/R}$）から歩行パターンを生成する。ここでの歩幅と歩行時間は，前記の計測情報より得られた値を，歩数に対して平均した値を用いる。これらの値を運動パラメータとして等速移動と停止の繰り返しにより足の運動をモデル化する。足の速度プロファイルは次式で与えられる。

$$v^{L/R}(t_i) = \begin{cases} SR/(60\,a^{L/R}) & (t_s < t_i < t_s + 60\,a^{L/R}/R) \\ 0 & (t_s + 60\,a^{L/R}/R < t_i < t_s + 60/R) \end{cases} \qquad (8)$$

ここで S は歩幅 [m]，R は歩行率 [歩/分]，t_s は足の踏み出し時刻である。$0 < a^{L/R} < 1$ は一歩における移動時間と停止時間の割合である。上記の歩行モデルで現状の歩行パターンを再構成する場合，歩幅 S と歩行率 R は次式で与えられる。

$$S = (S^L + S^R)/2, \quad R = 120/(T^L + T^R) \qquad (9)$$

Lucia は現状の歩行を計測して運動パラメータ（S, R）を学習し，歩行訓練で目標とする歩行パターンを想定して運動パラメータを調整することで，訓練対象者の歩行を目標とする歩行パターンに誘導する。**図9**に現状の歩幅に基づいて再構成された左足の進行方向の位置を示す。ここでは $a = 0.5$ とし，現状の（S, R）に対して S と $1.5S$ の歩行パターンが再構成されている。$1.5S$ の歩行パターンを用いて計測対象者の歩行を誘導した場合，計測対象者は現状の歩幅に対して5割増の歩幅で歩行訓練を実施できる。

歩行の誘導時は，左右の足の歩行パターンに対応した映像パターンと音響パターンを生成する。**図10**に歩行の誘導と歩行の

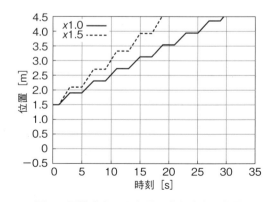

図9 再構成された左足の進行方向の位置

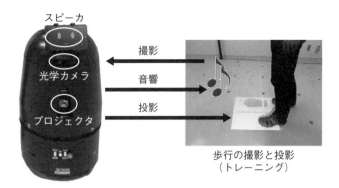 

図10 歩行の誘導と歩行の空間的な再現

空間的な再現を示す。歩行を誘導する際に映像音響パターンを実空間に提示することで，直感的に着地位置と着地タイミングを知らせる。映像パターンとしては足形や停止線などの図形を使用し，音響パターンには左足と右足に対応する足音や音高の異なる単音などを使用する。これらの映像音響パターンは任意に設定できる。着地の検出時は振動パターンを足に提示して着地の認知を強化する。また図10の右図に示されるように，歩行訓練時の歩行映像をロボットが移動しながら実空間で再現することで，計測対象者の運動イメージを強化する。

5. 医療従事者によるヒアリング調査

人機械協調学習による歩行支援の有効性を検証するため，医療従事者にヒアリング調査を行った。Luciaの歩行支援機能について次のような評価が得られた。

- 運動認知を助ける（自己の運動認知はリハビリに重要である，映像で自身の現状を客観的に捉えることができる）
- 直感的である（指導者の指示を直接的に伝えることができる，ロボットに表情があるので親しみやすい）
- 適応性がある（対象者ごとの症状に応じた訓練指示ができる，症状の改善や進行の程度に適応できる）
- 訓練を効率化する（現存する歩行補助器具を併用できる，歩行データを定量的に計測評価できる，通常の鏡は前方にしか置けず大きさも限られていた，メトロノームではタイミングの指示が難しかった）
- 負担軽減となる（療法士は訓練初期の対応に注力できる，担当者の交代にも対応できる，歩行の撮影は人員が2名以上必要だった）

臨床試験への課題としては，訓練対象者への安全性や走行の安定性などが挙げられた。

ヒアリング調査での評価と課題を踏まえて協調学習機能を改善し，「すくみ足」の症状を有するパーキンソン病患者2名に歩行訓練を体験していただいた。Luciaの歩行支援機能について体験者からは次のような評価が得られた。

- 目印のない状況よりも歩きやすかった（映像音響による歩行の誘導が機能している）
- 身体を支えるものあると安心感がある（接触支持できる機構があると効果的である）

前者については，Luciaで狙いとする視聴覚刺激の機能がパーキンソン病患者の歩行訓練に

第2編　新しいロボットによるプロセスイノベーション

有効であることを示している。歩行リハビリ専門の理学療法士からは訓練プログラムの自動調整の要望をいただいており，人機械協調学習における機械の自律性について検証することが課題である。後者については，リハビリテーションの専門医師からも同様の指摘を得ており，ロボットの接触可能部分の拡張について現在検討している。接触によるバランスの安定化については，疾患患者への歩行訓練支援と共に健康高齢者に対する「とも歩き」支援においても有効性を検証していきたい。

6. おわりに

　本節では医療福祉の現場支援を目的とする人機械協調学習型のロボット技術を紹介し，医療従事者，訓練対象者，ロボットが協調的に歩行訓練を実現する枠組みについて，ロボットの実装例や要素技術を含めて示した。今後は臨床試験の実績を蓄積してロボットの機能改善を図るとともに，長期的な追跡調査を実施して協調学習によるリハビリ効果の評価を試みる。また，医療福祉の現場で実用化するためにも，ロボットの安全性や操作性を十分に改善し，医療福祉施設における作業支援ニーズに柔軟に対応できるよう技術の完成度を高めたい。

謝 辞
　本研究の推進にご協力いただきました豊橋技術科学大学の寺嶋一彦教授，重松圭祐氏，佐藤大氏，医療法人さわらび会福祉村病院の榊原利夫リハビリ部長に深く感謝いたします。本研究は㈶中山隼雄科学技術文化財団（中山財団）（A2-25-88），㈿日本学術振興会科学研究費補助金（80386606, 26702022）の支援により実施された。

文 献
1）R. Saegusa, G. Metta, G. Sandini and L. Natale; Developmental perception of the self and action, *IEEE Transaction on Neural Networks and Learning Systems*, 25(1), 183-202（2014）.

2）R. Saegusa, G. Metta and G. Sandini：Body definition based on visuomotor correlation, *IEEE Transactions on Industrial Electronics*, 59(8), 3199-3210（2012）.

3）三枝亮：回診支援ロボット Terapio と人間協調型

ロボット制御技術，化学工業，**65**, 630-637（2014）.

4）鈴木眞一，福島俊彦，寺嶋一彦，三枝亮ほか；回診支援ロボットおよび回診支援ロボットの制御プログラム，特開 2014-211704（2013）.

5）三枝亮；生活支援（医療・福祉・介護・リハビリ）ロボット技術，352-362，情報機構（2015）.

6）三枝亮，重松圭祐，寺嶋一彦；移動訓練支援装置，特願 304027349（2014）.

◆ 第2編　新しいロボットによるプロセスイノベーション～ロボット概要とその用途～
◆ 第2章　会話する / 案内する

第3節　ミュージアムガイドロボット開発

埼玉大学　小林　貴訓　　　　埼玉大学　久野　義徳
埼玉大学　山崎　敬一　　　東京工科大学　山崎　晶子

1.　はじめに

　ミュージアムにおける鑑賞支援は，人や文字によるものから，近年では音声ガイドなどのデジタル機器を用いた支援へと移行してきている。中でも，これまでの説明者による作品解説をロボットに行わせようとするミュージアムガイドロボットへの関心は高い。ミュージアムガイドロボットは，言葉のみでなく，指さしなどの身体を用いて鑑賞者に説明することができる。またこの特性を用いて，個人だけではなく，多人数の鑑賞者に対しても，言葉と身体を用いて，鑑賞者それぞれに異なったやり方で同じことを説明することもできる。

　ミュージアムの環境自体を拡張し，映像や音声で来場者に働きかけ，インタラクションを創出するような新たな試みもなされているが，ミュージアムガイドロボットは，ロボットの言語的，非言語的振る舞いに対して，鑑賞者がどのような反応をするかというヒューマンロボットインタラクションの研究を行う場としても注目されていることから，これまでに多くの研究が報告されている。たとえば，スランらの2台のロボットを用いたツアーガイド実験[1]，ロボットの身振りが参加者へ示す友好性やグループアイデンティティの形成に果す影響を分析した塩見らの研究[2]，発話途中でのロボットの振り返りの動作が参加者のうなずきを増加させることを明らかにしたシドナーらの研究[3]，参加者関与に関して解説途中での停止や再スタートの有効性を明らかにした葛岡らの研究[4]，さらにロボットの身体のひねりが人間のそれと同じように身体配置に影響を与えることを示した山崎らの研究[5]などがある。

　われわれもまた，多人数に対する説明行為の場としてミュージアムを位置づけ，現場で身体動作を用いて説明を行うミュージアムガイドロボットを工学的・社会学的側面から研究している。われわれの研究手法では，はじめに実際のミュージアムでの人間の解説員による展示物の説明の様子の観察と社会学的分析を行う。そして，得られた知見に基づいてロボットを開発し，開発したロボットを現場に導入して，ロボットの説明に対する鑑賞者の反応の観察と社会学的分析を行う。このように，まず人間を社会学の方法で調べてどのようなシステムを作るべきか検討し，次に，その知見に基づき工学的にシステムを開発し，最後にそのシステムと人間のインタラクションを調べてシステムの評価を行うという工学と社会学が融合した3段階のアプローチが大きな特徴となっている（図1）。

　この社会学の分析手法には，エスノメソドロジーの会話分析や相互行為分析の手法を用いている。本節では，この社会学的分析手法と研究事例について取り上げ，ミュージアムガイドロボット開発における言語的，非言語的インタラクションの重要性とこれまでに開発したミュージアムガイドロボットについて概説する。

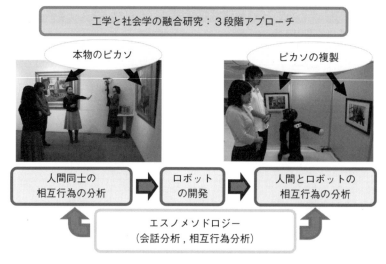

図1 3段階融合アプローチによるミュージアムガイドロボットの研究開発

2. インタラクションの社会学的分析

　本項では，われわれが人間の解説員による展示物の説明の様子の分析に用いている手法（エスノメソドロジー（ethnomethodology））について述べる。

　エスノメソドロジーとは，人々の（ethno）振る舞いやことばの方法論（methodology）を研究するガーフィンケルが提唱した社会学の研究領域である。「エスノ」という言葉は，「ある社会のメンバーが彼の属する社会の常識的知識を，あらゆることについての常識的知識として，なんらかの仕方で利用することができるということ」をさす。つまり，普段我々が当たり前のように行っている会話や行動（特に他者との相互行為）がどのようなやり方に基づいているかを明らかにする研究であり，研究方法である。

2.1　会話分析

　このエスノメソドロジーの枠組みのなかで，サックスは会話分析という会話を分析する方法論を確立した。サックスらは「会話の順番取りシステム」として，ある行為者の発話が終了したときに，どのように次の発話がなされるかというルールを見出した[6]。われわれが普段意識しない当然ともいえるようなこのルールは，実は会話に参与している行為者によって協同的に組織されている。すなわち，どのような発話であれ，次の発話は前の発話を受けてなされ，そして次の発話を受けてその次の発話がなされる。ときには沈黙が続く場合もあるが，最終的に会話に参与している行為者によって次の発話がなされないときは順番取りシステムが終了し，会話は終わってしまう。

　この前の発話を受けて次の発話がなされることは，隣接対という概念を考えるとイメージしやすい。「おはよう」というあいさつには「おはよう」と返答することが多いが，「おはよう」に対して「あー」と答えたり，「おはようございます」と答えたり，何も返答しないときもある。ここでは「あー」もあいさつの1つであり，親しさや社会的関係によって答え方は異なるが，何も返答しないことは社会的規範に反する行為とみなされる。

ある行為 A の後に行為 B が起こる行為の時系列を「継起性」というが，あいさつの発話のすぐ次の順番で何らかの挨拶をすること。すなわちその箇所（タイミング）には何らかの挨拶が発話されるであろうことは，日常的な知識としてわれわれは知っている。これを会話分析では「隣接対」とよぶ。隣接対はあいさつだけではなく，質問とその応答など，ある発話に対して次の順番の発話が対になっているものをさす。また，隣接対に限らず，人々の会話や相互行為は前の行為を受ける形で次の行為がなされている。これを繰り返すことで会話や行動の文脈が形成される。そのため，話題を変えるときは前置きをもってなされ，それがない場合は非難を受けるのである。

さらに，会話は協同でなされるため，次の発話者には発話の交代のタイミングの予期が可能である。会話の順番取りシステムでは，発話の移行が適切となる場（TRP：Transition Relevant Place）があると指摘している。発話における単語，文章の区切りや終了などは，会話に参与する行為者にとって予期が可能なタイミングである。この場を使うことによって，次の発話者は自然に順番を取ることができ，そこで発話の順番の「移行」が可能となる。

しかし，発話だけがこの予期を可能とするものではない。電話での会話を考えるとイメージしやすいが，一方が自分の話を終えても，話し相手にはそれが伝わらず，うまく電話を切ることができない場面がある。電話では，話し相手がもうこれ以上話題をもたないことを発話で確認をしてから会話を終了する。一方で，対面での会話の場合では，電話に比べてこのようなことは少ないであろう。これは，相手の身体的行為が目に見え，それが予期を促すためである。

2.2 相互行為分析

サックス以来，会話分析はいまなお盛んに行われているが，近年では，民生用ビデオカメラの普及により，手軽に身体的行為と発話を同時に記録できるようになったことから，非言語的行為の分析を会話の分析に加えて行う相互行為分析が盛んに行われている。サックスと共に会話分析を作り上げたシェグロフは会話を「相互行為としての言葉」と捉えているように，指さしなどのジェスチャも，相互行為における資源として考えることで，発話と同様に分析が可能となるのである[7)8)]。

グッドウィンは，会話における話の中断や言葉の繰り返しが聞き手の視線と関わりをもっていることに着目し，「聞き手性」という考え方を示した[9)]。会話の中で聞き手は話し手に視線を向けることで，話を聞いていること，すなわち「聞き手」であることを「話し手」に示す。そして，聞き手が「聞き手性」を示したことを確認して，話し手は話を続け「話し手性」を確保するのである。たとえ聞き手が聞いていたとしても，話し手は聞き手の視線や相槌などでその聞き手性を確認できない場合は話を続けることができない。また，ラーナーは，話し手の次の話者の選択が話し手の視線とかかわりをもっていること示した[10)]。現在の話し手が，発話と共に視線によって次の話し手を指名しようとするとき，次の話し手の選択が上手くいくのは，次の話し手が今の話し手を志向していることが今の話し手によって観察され，それが確認されたときであると述べている。つまり，視線は相互行為において志向性や焦点を示す資源となるのである。

さらに，ケンドンは体勢も重要な資源であることを示した[11)]。ケンドンは，ある個人が行為をするときに使用される，その個人の活動を遮るもののない前方の空間のことを操作領域と名

第2編　新しいロボットによるプロセスイノベーション

付けた。操作領域の大きさは行為によって変化し，位置や方向は，個人の身体的位置や志向，手足の広がりによって決まる。そして，2人以上の行為者がその操作領域を重ね合せ共有するときO-空間が生じ，このO-空間が共有の管理と操作を行う同意が為されている場合，F-フォーメーションが作られる。F-フォーメーションとは，2人以上の人々が集まって，それぞれの操作領域を重ねるようにして自分たちを配置して共同の空間を作り出し，それを保持する空間的・体勢的な行動システムである。このF-フォーメーションが形成されたとき，その焦点はO-空間となる。

　このようにして示される志向は，視線，頭部，手足，姿勢などの身体の各部位で異なるものを示すことができる。たとえば，オフィスで机に向かって作業をしながら同僚と世間話をするときは，上半身は同僚に向けていても，下半身は作業している場である机に向いていることがある。このように，人間は身体の各部位で異なる志向を表すことができ，下半身が長期的な作業の間の志向，上半身が当座の臨時的な志向，そして視線はその瞬間の志向を示すといったように階層的に組織されることが知られている[12]。

　これらの会話分析，相互行為分析の知見に基づいて，われわれはミュージアムにおける人間の解説員と鑑賞者のインタラクションを分析し，得られた知見に基づいてミュージアムガイドロボットの開発を行ってきた。以降では，われわれがこれまでに行ってきたミュージアムガイドロボット研究を概観する。

3.　ミュージアムガイドロボット研究

　われわれは，2000年頃から[1]項にて述べたような工学と社会学の融合的手法により，ミュージアムガイドロボットの開発を行ってきた。ミュージアムガイドロボットの研究は，ロボットが単に安全に作品の説明を行うことよりも，どのように鑑賞者の注意を引き付けて説明を行うか，さらに，どのように鑑賞者と相互行為を行うかが問題意識の中心となっている。

3.1　適切なタイミングで振り向くミュージアムガイドロボット

　まず，適切なタイミングで振り向くミュージアムガイドロボットについて取り上げる[13]-[17]。美術館や博物館などで展示品を説明する場面を考えると，説明者は展示品の方を見て，これはどういうものかということを説明するが，ときどきは聞き手の方を振り返る。聞き手はその説明者の振り向きを検知すると，説明者の方に顔を向ける。時には，うなずく場合もある。このような非言語行動により，「私の話がおわかりですか」「はい，わかっています。続けてください」というような言語による確認をせずに，円滑にコミュニケーションが進められる。このような頭部動作と発話の関係を社会学の会話分析・相互行為分析により調べ，得られた知見に基づいて，人間の場合と同じ仕方で頭部を動かすロボットを開発した。そして，そのロボットと人間の相互行為について，人間同士の場合と同様の着眼点で社会学的に分析を行った。

　人間のガイドは，説明をしながらたびたび鑑賞者に振り向いて，鑑賞者が解説を聞いているか，その時適切な展示物を見ているか，こちらの行動に対して適切に反応しているか，などを確認しながら説明行為を行っている。人間の仕方の分析の結果，話し手の頭部動作には以下の3つの働きがあることがわかった。

-110-

① 志向性

話し手の身体的姿勢や視線は，話し手の志向を示す重要な資源となっている。さらに，話し手の対象に対する志向性は，聞き手が話し手の次の行為を予期するための資源にもなっている。

② 観察可能性

話し手は，聞き手の「聞き手性」を観察している。話し手は「聞き手」が身体的な姿勢や視線によって「聞き手性」を示さないと「話し手」となることができない。そのため，話し手は聞き手が「聞き手性」を示していることを観察できる必要がある。

③ 観察していることの提示

話し手は発話のはじめには聞き手に視線を向けないということを観察している。もし，話のはじめから聞き手に視線を向けてしまうと，話し手は，まだ準備の整っていない聞き手を，すなわち「聞き手性」を示していない聞き手を見るということになる。さらにそうした聞き手を話し手が見ていることは，それによって話し手が十分な「話し手性」をもっていないことを聞き手に示すことになる。そのため，話し手が聞き手を最初から明示的に見続けた場合には，逆に話し手は話をはじめることができない。話し手は，聞き手が「聞き手性」を示していることを周辺視野で観察しながら，聞き手が「聞き手性」を示した後で，聞き手に視線を向け，明示的に聞き手を観察していることを提示するのである。

また，大学生を鑑賞者として説明者が説明をしている様子を記録した200分程度のビデオ映像を分析した結果，説明者は表1のようなポイントで鑑賞者に視線を向けていることがわかった。

もっとも多くみられたのが「文の終わり」など話が切れる場合である。文の終わり付近で視線を向けることは「聞き手性の確認」，「聞き手の理解の反応の確認」，「その反応を促す働き」の3つの働きをしている。次に多くみられたのは「指示語」や「ジェスチャ」である。指示語は展示物に対して志向を向けるという志向の変化を示す。説明者は聞き手が変化に対応する動作をしているところを「受け手性の表示」として観察する。他にも，強調する語や難しい語の発話時にも，聞き手の理解を観察するため視線が向けられる。説明者は，発話と関係したポイントで視線を向けることで，発話自体を損なうことなく「受け手性」や「理解」を確認する。

これらの分析結果を踏まえてロボットの頭部動作を設計した。特に，「文の終わり」と「キーワードの発話時」にロボットが鑑賞者の「受け手性」や「理解の反応」を観察しているかのように見せるため，ロボットが発話中の「文の終わり」と「キーワードの発話時」といったTRPで鑑賞者を振り向く頭部動作をさせる行動と，発話との関係を一切考慮せずにランダムなタイミングで頭部動作をさせる行動の2つをロボットに実装し，比較実験を行った。

実験の結果，「文の終わり」と「キーワードの発話時」といったTRPで鑑賞者を振り向く頭部動作をさせた場合にうなずきや同期的反応の割合が有意に高くなることがわかった（図2(a)）。ロボットの1つの頭部動作に対して，被験者がうなずきと視線の動きの反応を

表1 説明者が鑑賞者に振り向くポイント

振向くポイント	回数
話の切れ目	61
重要な語をいうとき	14
難しい言葉や数字をいうとき	6
「これ」などの指示語を使うとき	25
手のジェスチャと一緒に	41
訪問者が質問したとき	12

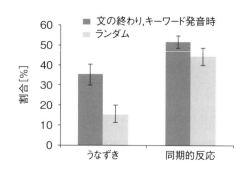
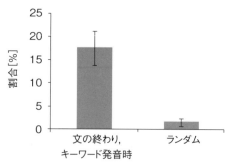

図2 うなずきと同期的反応の割合とロボットの振り向きに対してうなずきと視線の動きを同時に示す割合

同時に行う割合を示すグラフを図2(b)に示す．この結果より，TRPで振り向くと，鑑賞者のうなずきと同期的反応が同時に起こる割合が著しく増えることがわかる．これらの結果より，タイミングを考慮した頭部動作は，鑑賞者の聞き手性を引き出し，聞き手を引き付けて説明が行えていると考えられる．さらに，鑑賞者の頭部動作のタイミングを細かく調べると，TRPで振り向く場合には，ロボットの頭部動作に対して，同時，あるいはわずかに先行して聞き手が頭部動作を始める場合が多いことがわかった．TRP以外で振り向く場合にも，聞き手が頭部をロボットに向ける場合はあるが，この場合はロボットの頭部動作に対して時間的に遅れる場合がほとんどであった．すなわち，ロボットがTRPで頭部を動かすと，聞き手は意識しなくても自然にロボットの行為を予期でき，頭部動作に同期した反応を示すことがわかった．一方で，TRP以外でランダムに頭部動作をするロボットに対しては，聞き手の頭部の動きは単にロボットの頭部が動いたことを検知して，それが何かを確認しようとした動きと考えられる．

　この適切なタイミングで振り向くロボットは，2007年11月17日に倉敷市の大原美術館で終日の運用実験を行った（**図3**）．ロボットは待機状態では説明対象である絵の前で身体を左右に向ける動作を連続して行い，鑑賞者に対して自身が対応可能であることを示している．鑑賞者が近づいてきてカメラで顔が検出され，聞き手として選ばれると，ロボットは「説明いたしましょうか？」などと発話し，鑑賞者の興味を引き付ける．この発話の後，画像中で追跡されている人物が絵の方向，またはカメラの方向を向いている場合には，あらかじめ準備された説明を行う．説明の終了後は，再び待機状態に戻り，次の鑑賞者が現れるのを待つ．ゴーギャンの「かぐわしき大地」という名画を対象に，約100回の説明を行ったところ，83％の鑑賞者（ロボットが最初に認識した鑑賞者）がロボットの120秒の説明を最後まで自発的に聞いていた．このことから，ロボットを見にきたわけではない美術館の鑑賞者にロボットの話を最後まで聞かせられたという点でロボットは十分に鑑賞者を引き付けて説明ができたと考えられる．

第 2 章　会話する / 案内する

図 3　大原美術館での実験の様子とロボットシステム

3.2　複数鑑賞者に対応するミュージアムガイドロボット

　前項にて概説したミュージアムガイドロボットは主に鑑賞者が 1 人である場面を想定して研究が進められていた。しかし，大原美術館での実験の様子からもわかる通り，実際のミュージアムでは，ロボットは複数の鑑賞者に対応しなければならない。また，前項の分析の中で，人間の説明者は質問を効果的に使って鑑賞者を引き付けながら説明をしている場面がみられた。そこで，本項では，質問を効果的に使って複数の鑑賞者を引き付けながら解説を行うミュージアムガイドロボットについて述べる[18)19)]。

　本項では大原美術館における説明者と複数人の鑑賞者間の相互行為に着目して分析を行う。図 4 は，ピカソの「頭蓋骨のある静物」を解説している場面である。説明者と鑑賞者が 1 人対 1 人の場合と異なり鑑賞者が複数人いることで説明者の視線配布の対象者が増えるが，説明者はすべての鑑賞者に視線配布を行っている。この視線配布には 3 つの機能があると推測される。1 点目は，鑑賞者の反応を確かめる機能である。これはケンドンが「モニター機能」として指摘しているものである[20)]。つまり，鑑賞者は説明者が投げかけた質問の内容を理解しているかどうか，また，鑑賞者の注意を引くことができているかなどの確認作業である。2 点目は，観察をしていることを鑑賞者に示すことで答えや反応を促す機能である。そして，3 点目はラーナーやサックスらが指摘しているように，次の話し手である応え手を選ぶ機能である。説明者はすべての鑑賞者に対し均等に視線配布を行うことで，均等に応答の機会を与える環境を作っていると考えられる。

　これまで，説明者の視線配布にのみ焦点を絞り言及してきたが，相互行為とは，参与者が相互に「話し手」と「受け手」という役割を継起的に交換しながら織りなすものである。したがって，受け手となる鑑賞者の行為も詳細に見てゆく必要がある。ここで，ヒースの受け手性の視点に基づいて，鑑賞者の行為を分析すると，もっとも説明者に対して志向の明示化を積極的に行った鑑賞者（F2）が，最終的に応答の機会を得ていることがわかる。F2 は説明者が質問のシークエンスを話しはじめた時点から，ずっと説明者に対し視線を送り続けている。一方，図 4 の 8 行目の M は，わざと視線を外すこと，つまり意図的な受け手性の非提示により，応答の

第 2 編 新しいロボットによるプロセスイノベーション

```
             GE1：学芸員女性　F1：手前の女性　F2：真ん中の女性　M1：奥の男性　P：絵
             ,,,：の目線が移行している　…：目線が一点に止まっている　(N)：うなずきを行っている

        F2：GE1……………………………………………………………………………
        GE1：P……………………P,,,,,,,,,,,,,,,,,,,,,,,,,,,,,,,,,,,,,,,,,,,,,F1…
01  GE1：で：あの：：　(2.0)　ピカソ:(.)というと：[(0.1)まずどんな作品(.)=
02  F1：                                        [((GE1をみる))

        F2：GE1……………………………………………………………………………
        GE1：……,,,F2………………M1,,,,,,,,,,F1,,,,,,,,,,F2,,,,,,,,,,,
03  GE1：=ピカソっていう名前は[皆さんよくご存じどっかで[聞いたことはあると=
04  M1：                      [((GE1をみる))          [((うなづく))

        F2：GE1………………………………
        GE1：,,,,,,,,,,,M1,,,,,,,,,,,,,,,,,F2,,
05  GE1：=思うんですけども：,h=

        F2：GE1………………………………………………
        GE1：,,,,,,,,,,,,,,,,,,,,,,,,,,,,,,P…,,,,,,,,,,,,,F2,,F1,,,,,,,,,
06  GE1：=((体を観客に近づけて))たとえどな･なんかピカソで=

        F2：GE1……………………………(N)……………………………
        GE1：,,,,,,,,,,,,,,,,,,,,,F1……,,,,,,,,,,F2……,,,,F1,,,M1……………,,,,,,F2‥
07  GE1：=知っている作品(1.1)　をが思い浮かぶ[ものとかありますか
08  M1：                                     [((目をそらす))

        F2：GE1…
        GE1：,,,F1,,F2
09      (1.1)

        F2：GE1…………
        GE1：F2…………
10  F2：ゲルニカとか

        F2：GE1…………
        GE1：F2…………
11  GE1：((うなづきながら))ゲルニカ
```

図4　複数人の鑑賞者に質問を交えて説明する場面のトランスクリプト

回避を行っている。説明者はMからの受け手性の提示を得られなかったために，他の鑑賞者に視線を配ることを余儀なくされ，最終的に視線を獲得できたF2からの応答を得ることができたのである。また，7行目から11行目にかけての説明者の視線配布をみると，F2に対する視線配布を頻繁に行っているので，説明者はF2からの強い受け手性の提示に気付いていたもの

— 114 —

第 2 章　会話する／案内する

と思われる。このように，受け手性の提示度合を的確に読み取ることが，円滑な相互行為を進める上で重要な要素となっていると考えられる。これらのことから，複数人に向けて説明を行うロボットにおいては，鑑賞者に対して均等に視線配布を行い，ロボットへの鑑賞者の積極的反応を見分ける機能が重要であると考えられる。

　この場面では，説明者（GE1）はピカソについて 3 人の鑑賞者に話をしており，ピカソについての彼らの事前知識を引き出そうとしている。説明者は「ピカソの作品で何か知っている作品はありますか？」と質問をする前に，「ピカソという名前はみなさんよくご存知，どこかで聞いたことがあると思うんですが。」というフレーズをいっている。この発話の間，説明者は 3 人の鑑賞者それぞれに視線配布をしている。この視線配布は鑑賞者一人ひとりを聞き手として促し，また説明者が各鑑賞者を観察していることを示している。質問をする前に挿入されているフレーズや文は，準備的行為（"pre-question"）として考えることができる。これらの準備的行為によって，鑑賞者は質問が来ることを予期することができるため，質問に回答するための準備や回答を避けようとすることもできる。実際に図 4 では，最終的に説明者が「ピカソの作品について何か」と質問をする時に，M1 は視線を下に外し，説明者とのアイコンタクトを示さない。それとは対照的に，F2 は説明者に向かって視線を向け続けている。説明者は質問後に M1 に視線を向けた後で，F2 に視線を向ける。そして，F2 は「ゲルニカ」と答える。

　ここでわかることは，説明者は質問をする前に，準備的行為によって，鑑賞者に質問が次にくることをあらかじめ予期させていることである。さらに説明者は，"restarts" や "pauses" によって聞き手の視線を集めている。その後に質問を組立て，さらに視線を複数の聞き手に配布することで，説明者は聞き手の視線の変化を観察し，明らかに視線を外す聞き手を選ばずに，自分に視線を向け続けている話し手を選んでいるのである。

　説明者がこのようにする理由として，知識を問う形式の質問は，誤答や答えられないという場合が生じた際に，選択された者の体面を傷つけかねないという問題があるからである。ゆえに，説明者は鑑賞者の質問に対する反応を，視線をすぐには固定させないで，時間をかけて視線配布をすることにより，判別する必要があるのである。一方，知識の有無に関係なく答えられる質問（たとえば，「何が描いてあると思いますか？」など）の場合，どんな発言でも解答となりうるので，誤答により鑑賞者の体面を傷つける心配はない。そのような場合には，説明者はすぐに視線を固定し，鑑賞者の発言を積極的に促すのである。

　ミュージアムガイドロボットにおいても，このように，答えたくない鑑賞者や答えを知らない鑑賞者を選ばないことによって，鑑賞者の困惑を減らし，鑑賞者の体面を守ることが望ましい。また，鑑賞者全員に視線を配布することで鑑賞者全員に対して質問をしているような印象を与え，それによって，鑑賞者全員のより積極的な反応を引き出すことができるかもしれない。そこで，説明者の説明を模して，準備的行為（"pre-question"）の間に視線配布をしながら説明を行うロボットを開発し実験を行った。ただし，この実験では，質問をする前に鑑賞者の身体的な反応を読み取り，誰に質問をするべきかを決定する機能は実装せず，WOZ 法によって実施した。具体的には，ロボットが質問文を発話する直前に，オペレータがカメラで取得された画像上をクリックすることで，ロボットがその方向へと視線を送る。ただし，WOZ 法を用いて顔向きを操作するのは質問時のみとし，他の説明文においてロボットはカメラで検出・追

－115－

跡された被験者3人に向けて視線を配布する。

　大学生57人（男36人，女21人）を3人一組のグループに分け，3人中1人には，事前に質問の答えを教えた。残りの2人については，作品についての情報は一切告知せず，最終的に正解を知っているかどうかはアンケートで聴取した。実験終了後，ロボットに質問をされて困惑したかどうかをたずねると，困惑した被験者の多くは事前知識を持たない被験者であった。このことから，ミュージアムガイドロボットにおいても，答えを知らない鑑賞者に質問することは避けたほうがよいことがわかった。また，事前知識をもっている人，事前知識をもっていない人の間で，ロボットの視線配布に対する反応に違いについて調べた。鑑賞者の反応は以下の3種類とした。

　①　積極的な反応：ロボットに視線を合わせる / うなずく / 笑いかける
　②　中立的な反応：隣の人を見る / 絵の方をずっと見る
　③　消極的な反応：ロボットから視線を外し，別の方向に視線を動かす / 困った顔をする / 首をかしげる

①〜③の反応と知識の有無との関係を調べたところ，図5のようになった。

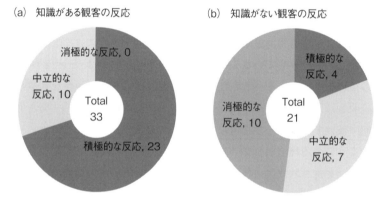

図5　知識の有無とロボットが視線を配布した際の鑑賞者の反応の関係

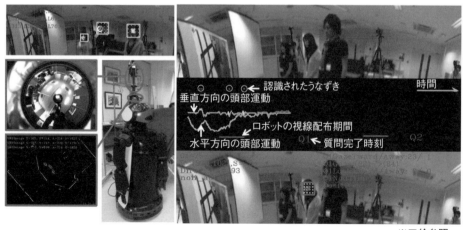

※口絵参照

図6　鑑賞者の振る舞いの識別

このように，知識をもっていた人の70％（33人中23人）は積極的な行為を示し，消極的な行為をした人はいない。それに対して知識をもたない人のうち積極的な反応をしたのは19％（21人中4人）であり，消極的な反応をしたのは48％（21人中10人）であった。このように，ロボットが視線配布を行ったときの知識をもっていた人と，知識をもたない人の，身体的行動には明らかな差があった。

そこで，ロボットに取り付けたレーザー測域センサと全方位カメラ画像を用いて鑑賞者の頭部運動を計測し，視線を方向とうなずきの検出を行った（図6）。その結果，積極的反応85％，中立的反応88％，消極的反応80％の精度で識別が可能となった。

4. まとめ

本節では，美術館での説明行動を分析し，得られた知見に基づいてロボットの行動を設計し，実際の美術館で実証実験を行った内容とその実験結果から新たに開発したロボットについて述べた。ロボットの動作に言語と非言語行動の協調を付与することにより，美術館において鑑賞者を十分に引き付ける説明を行うことができた。そして，設計されたロボットの説明を，鑑賞者は最初から最後まで聞いていたか，鑑賞者がロボットの説明に対して積極的かつ相互対話的に反応するか，という視点で分析を行ったところ，鑑賞者はロボットに対して人間の説明者に対する反応と同じように相互対話的な行動をとることがわかった。

また，美術館での実験を通して複数人への対応が大きな課題として明らかになったため，複数の鑑賞者に対する有効な解説方法の考察に基づき，鑑賞者の興味を引き出すための質問と，質問時における視線配布と鑑賞者の積極的反応の判別の重要性について明らかにした。そして，全方位カメラを用いて複数の鑑賞者の頭部の動きを観察することで，説明をしながら鑑賞者に視線配布をし，積極的な鑑賞者を答え手として選ぶ新たなガイドロボットを開発した。

鑑賞者の積極的な参加を促す方法として，解説において謎を問いかけること（パズル）や本質問の前に予備質問を投げかけることが有効であることが明らかにされたため，現在は，鑑賞者のより積極的な参加を得るため，知識状態の変化を問題の中に組込むことや，異文化間におけるロボットに対する鑑賞者の振る舞いの比較などについて検討を重ねている。

文　献

1) S. Thrun, M. Bennewitz, et al.：Experiences with two deployed interactive tour-guide robots, Proc. FSR1999（1999）.

2) M. Shiomi, T. Kanda, et al.：Group attention control for communication robots with wizard of OZ approach, Proc. HRI2007, 121-128（2007）.

3) C. Sidner, C. Lee,et al.：Explorations in engagement for humans and robots, *Artificial Intelligence.* 166(1), 140-164（2005）.

4) H. Kuzuoka, K. Pitsch, et al.：Effect of restarts and pauses on achieving a state of mutual gaze between a human and a robot, Proc. CSCW2008,

201-204（2008）.

5) 山崎晶子，萩野洋ほか：科学博物館における身体ひねりを用いたロボット（TalkTorque-2）と鑑賞者との相互行為の分析，電子情報通信学会論文誌，97-D(1), 28-38（2009）.

6) H. Sacks, E. Schegloff and G. Jefferson：A Simplest Systematics for the Organization of Turn-Taking for Conversation, *Language*, 50,(4), Dec 1974, 696-735,（1974）.

7) C. Goodwin：Action and embodiment within situated human interaction, *Journal of Pragmatics*, 32 (10), 1489-1522（2000）.

8) C. Heath and P. Luff：Technology in action, Cambridge University Press, Cambridge（2000）.

9) C. Goodwin：Conversational organization：Interaction between speakers and hearers, Language, thought, and culture, Academic Press, New York（1981）.

10) G. Lerner：Selecting next speaker：The context-sensitive operation of a context-free organization, Language in Society **32**(2), 177-201,（2003）.

11) A. Kendon：Conducting Interaction Patterns of Behavior in Focused Encounters, Cambridge University Press, Cambridge（1990）.

12) E. Schegloff：Body Torque, Social Research **65**(3), .535-596（1998）.

13) Y. Kuno, K. Sadazuka, et al.：Museum guide robot based on sociological interaction analysis, Proc. CHI2007, ACM Press, 1191-1194（2007）.

14) A. Yamazaki, K. Yamazaki, et al.：Precision timing in human-robot interaction：coordination of head movement and utterance, Proc. CHI2008, 131-140（2008）.

15) K. Yamazaki, A. Yamazaki, et al.：Revealing Gauguin：Engaging visitors in robot guide's Explanation in an art museum, Proc. CHI2009, 1437-1446（2009）.

16) 星洋輔，小林貴訓ほか：鑑賞者を話に引き込むミュージアムガイドロボット：言葉と身体的行動の連携，電子情報通信学会，電子情報通信学会論文誌，**92**-A(11), 764-772（2009）.

17) A. Yamazaki, K. Yamazaki, et al.：Coordination of verbal and non-verbal actions in human-robot interaction at museums and exhibitions, *Journal of Pragmatics*, **42**(9), Elsevier, 2398-2414（2010）.

18) 藤田理遠，福島三穂子ほか：知識状態の変化を利用したクイズロボット：文化的多様性と普遍性，電子情報通信学会技術研究報告. AI, 人工知能と知識処理 **112**(435), 23-28（2013）.

19) A. Yamazaki, K. Yamazaki, et al.：Interactions between a Quiz Robot and Multiple Participants. Focusing on Speech, Gaze and Bodily Conduct in Japanese and English Speakers, *Interaction Studies* **14**(3), 366-389（2014）.

20) A. Kendon：Some functions of gaze-direction in social interaction, *Acta Psychologica*, **26**(1), 22-63,（1967）.

◆ 第2編　新しいロボットによるプロセスイノベーション～ロボット概要とその用途～
◆ 第3章　介助する

第1節　歩行支援つえ型ロボット開発

名城大学　福田　敏男　　　名古屋大学　長谷川　泰久

1.　つえ型ロボットの需要・コンセプト

　近年，福祉ロボットに関する研究の需要が高まってきており，高齢者が高齢者を介護する「老老介護」等が社会問題となっている。この問題に対する解決策の需要は年々増加しており，中でも少子高齢化が深刻な日本等では人間に代わる介護の担い手として福祉ロボットの活躍が大いに期待されている。その中でも，高齢者福祉において歩行機能の回復を目的としたリハビリテーションは非常に重要な要素の1つである。歩行機能は人間にとってもっとも基本的な機能であり日常生活では不可欠である。歩行によって高齢者は肉体的・精神的な健康を保つことができ，生活の質（quality of life）を高めることができる。また，ひとたび歩行が困難になると，本来の疾患は重症でないにもかかわらず連鎖反応的にその他の身体的機能も衰える「廃用性症候群」として，最終的に寝たきりの状態に結びつく危険性も指摘されている。以上の理由から，高齢者の歩行を支援するロボットの需要は今後ますます増加するものと考えられる。

　われわれは，長期にわたりつえ型ロボット"Intelligent Cane"の研究開発に取り組んできた。このロボットは，搭載したセンサ系によって使用者の状態・行動を認識し，認識結果に基づき使用者の意思を推定することによって歩行補助・転倒予防を行い，使用者に合わせた歩行支援を行うことを目的としたロボットである。このロボットは脚への負担の軽減だけでなく，歩行状態に合わせてロボットが移動することによって転倒を防止することが目的である。また，ロボットは使用者の歩行意思を推定しそれに沿って移動することによって高齢者が直感的に使用でき，安全に歩行できるパートナーとなるべく研究を推進している。

2.　つえ型ロボットの歴史

　本項では，つえ型ロボット開発の歴史の概要について述べる。われわれはこれまでに**図1**に示すようなつえ型ロボットの開発を行ってきた。

　まず2006年にオムニホールによる全方位移動台車，6軸力覚センサ，LRFによって構成されたIntelligent Cane Ver.1を研究・開発した[1]。力覚センサにより使用者の意図する進行方向"Intentional direction（ITD）"および速度を推定し，アドミッタンス制御によりロボットの直感的な操作が可能になった。その後，新たにCCDカメラを搭載したIntelligent Cane Ver.2を研究・開発した[2]。このロボットでは画像データと距離データを統合することにより，使用者の転倒状態を検出した。頭部位置から得られる転倒予兆と脚位置から得られる転倒予兆を組み合わせることにより，転倒状態の検出が可能になった。2010年にはIntelligent Cane Ver.3を研究・開発し，小型化とデザインの刷新を行い，また転倒予兆の検出とその防止を行った[3]。転倒予兆を検出した後，転倒方向にロボットが回り込み身体の支えとなることで，転倒を防止する

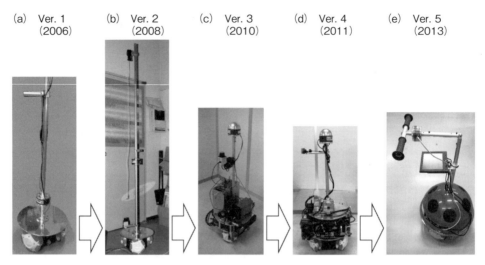

図1　つえ型ロボット開発の歴史

技術を開発した。その後，2011年にIntelligent Caneのスティック部分と台車部分をユニバーサルジョイントで連結し，モーター制御によってスティック部分の傾きを任意で制御可能にしたIntelligent Cane Ver.4の製作を行った[4]。これにより，停止時・歩行時それぞれにおいて，スティック部分の傾きを最適な値に調整することで，小型なIntelligent Caneを転倒させにくく，転倒防止性能を向上させた。これらの後継機として2013年に実用性を考慮したIntelligent Cane Ver.5を研究・開発した[5]。

Intelligent Cane Ver.5は2015年現在，病院で実際に高齢者のリハビリテーションに使用していただき，臨床研究を進めている。このロボットについて次項以降で詳しく述べる。

3. つえ型ロボットの概要

つえ型ロボット"Intelligent Cane Ver.5"を図2に示す。支援対象である高齢者に親しみをもってもらえるよう，Intelligent Caneはテントウムシを模したカバーで覆われている。また，使用者の持ち手部分の取替えにより，使用者の状態に応じて片手持ち操作と両手持ち操作に切り替えることが可能である。Intelligent Caneは駆動部に3つのオムニホイールからなる3輪台車を採用している。非装着型のロボットは着脱の手間がかからない等の利点がある一方で，ロボットが移動するためのスペースを必要とする。そのためこのロボットは実環境での使用を想定し，歩行支援ロボットの移動機構に機体の全方位移動を可能とするオムニホイール搭載台車を採用した。

また，持ち手部分に6軸力覚センサを取り付けており，使用者がIntelligent Caneに加えた並進力とモーメントを計測する。このIntelligent Caneに加わる力やモーメントを使用者の操作意思として後述するITDの意思の推定を行う。さらに，地面から高さ約20 cmの位置にはLaser Range Finder（LRF）を設置しており，人の両脚の位置を計測する。これにより，歩行中にどちらの脚が遊脚か支持脚かを判定することができ，歩行者の歩行フェーズを推定することが可能となる。その他，リチウムイオンバッテリとリチウムポリマーバッテリを搭載し，満充電3時間で連続3時間の歩行支援が可能である。また，パルスオキシメータも搭載しており，

プローブを耳に装着することで歩行中の心拍数と血中酸素濃度が取得可能である。さらに，アルミ製のスティック部にはスピーカ内蔵のタッチパネルディスプレイが取り付けており，Graphical user interface (GUI) や音声ガイドを通してインタラクティブな操作が可能である。GUI は図3に示すように，LRF から取得した両脚位置やパルスオキシメータから取得する心拍数と血中酸素濃度，歩行時間，歩行距離，歩幅，立ち止まり回数などの歩行データをモニタリングし，計測データとして保存することが可能である。図4は国立研究開発法人国立長寿医療研究センターにて高齢者が理学療法士と共にロボットを用いて歩行している様子である。

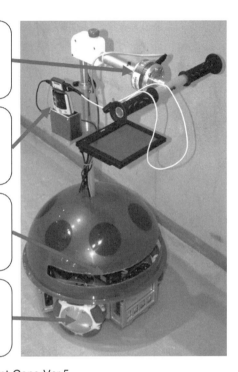

図2　Intelligent Cane Ver.5

図3　Intelligent Cane Ver.5 の GUI

図4　Intelligent Cane を用いた歩行の様子

4. つえ型ロボットの制御構造

本ロボットの制御は図5のような階層制御構造を採用する．上位階層では使用者の行動を認識し，下位階層では使用者の行動に合わせて台車部の制御を行う．

まず，Intelligent Cane に搭載されたセンサ系からのシグナルをもとに，上位階層にて使用者の状態が危険かどうかの判定を行う．LRF により検出される使用者の両脚候補となる複数の検出物のうち，すべての組合せにおける使用者の身体位置を推定する．それらを直前の身体位置と比較し，移動量が最小となる検出物の組合せを使用者の両脚と判定することで，使用者の両脚と障害物を区別し，両脚位置を正確に取得する．また Intelligent Cane と使用者の間の距離が離れすぎると使用者の体勢は不安定なものとなり転倒のリスクが高まる．そのため，使用者と Intelligent Cane との距離が一定の閾値以上となった時に使用者は危険な状態にあると判断し，下位の制御系において Intelligent Cane の移動速度をゼロとする．これにより，Intelligent Cane は移動を中止し使用者の体勢のさらなる不安定化を防ぐとともに，停止して支えることにより使用者の不安定な体勢からの復帰を支援する．使用者の危険状態を判断するための距離の閾値は使用者によって異なる．よって，タッチディスプレイ上の GUI を介して閾値の値を使用者の側から調整可能とし，個人に適した閾値を設定できる．

また，使用者が Intelligent Cane を手元に引き寄せる際，使用者が力の加減を誤ってしまうと Intelligent Cane はそのまま使用者の脚に衝突してしまう可能性がある．そのため，使用者と Intelligent Cane との間の距離が一定の閾値以下となった時も上記と同様に危険な状態にあると判断し，下位の制御系において，Intelligent Cane は移動を中止し使用者との衝突を防ぐこ

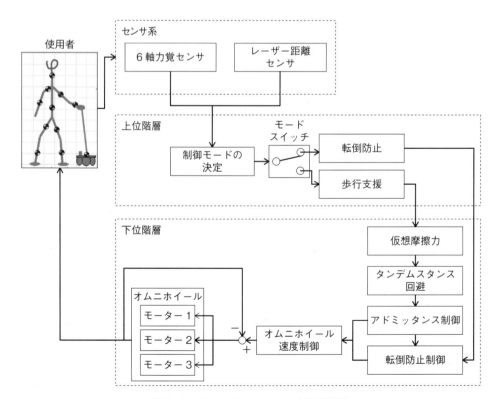

図5　Intelligent Cane Ver.5 の制御構造

とができる。また，距離が閾値以下であっても前方に移動する際には衝突の危険性はないため，Intelligent Cane は停止させずそのまま移動させる。センサ系からのシグナル値が通常の範囲から明らかに外れている場合，もしくはセンサ系との通信が制御中に途切れてしまった場合も，使用者は危険な状態にあると判断し，Intelligent Cane を停止させる。このように使用者の状態が危険と判断された場合，下位階層にてロボットは使用者の転倒を防止するように制御される。

　使用者の状態が危険でないと判断された場合，ロボットは引き続き上位階層にて使用者の歩行意図の推定を行う。使用者の歩行の仕方は多様にあるが，本研究においては日常生活で行われる歩行に注目し，歩行の意図を「停止」「前進」「前方以外への直進」「右旋回」「左旋回」の5つの単純な歩行モードに分類した。これらは Intelligent Cane にかかる荷重の横方向成分と前方向成分および各成分に関する閾値や Intelligent Cane にかかる鉛直軸周りのモーメント量とそれに関する閾値を用いて分類することができる。各モードにおける動作を決定するにあたって使用者が意図する歩行の方向 ITD を推定する。ITD はロボット前方と ITD がなす角により表される。具体的には，ロバストカルマンフィルタを用いてノイズを取り除き ITD の推定器を構築した。下位階層においては上位階層で推定した ITD に沿った軌道を実現する，アドミッタンス制御はロボットの機械特性（質量，減衰，剛性）を任意の値に変更した場合の振る舞いを再現する制御手法である。具体的にはロボットに加えられた力を測定し，与えられた機械特性に基づいた運動軌道を計算し，それに沿うようにロボットを制御することで，任意の機械特性をもつようになる。それらの機械特性として，仮想質量，仮想粘性，仮想摩擦を用いたアドミッタンス制御を採用し，力覚センサに入力した使用者からの力とモーメントを計測し，それらをロボットの移動速度に変換することでロボットを操作する。そのため，各仮想係数を調節することで，ロボットの動かしやすさを変化させることができる。以上のシステムにより，使用者は自身の意図通りにロボットを操作することが可能となる。

　また上記構造に加え，Intelligent Cane の安定性の向上と使用者に対する支援性能の向上のため，鉛直方向荷重に基づく仮想摩擦力の導入について述べる。Intelligent Cane が歩行補助に用いられる場合，使用者はロボットに寄りかかることで脚にかかる負担を軽減することができ，楽に歩行を行えるようになる。この時，ロボットは使用者から加えられる負荷に対して安定して静止した状態を維持しなければならない。もし加えられた負荷によってロボットが動いてしまうならば使用者は安心してロボットによりかかることができなくなる上，歩行のバランスが崩れてしまい最悪転倒してしまう危険性がある。全方位への移動が可能な Intelligent Cane は高い可動性能を有するが，使用者が寄りかかってきた際には全方位に対して安定した支持を実現できなければならない。そのため，使用者が加える荷重の鉛直成分に応じて摩擦力に見立てた抵抗力を発生させることで，使用者の寄りかかり時に Intelligent Cane が停止するように制御し，Intelligent Cane の支援力を向上させている。

5. 転倒予防技術─タンデムスタンス防止による転倒姿勢回避

　本項では，Intelligent Cane Ver.5 を用いた転倒予防技術について紹介する。これまでに紹介した転倒防止技術においては，対象者である高齢者はすでに体勢を崩しはじめているため，その状態からの復帰は高齢者にとって大きな負担となる。また，すでに転倒しはじめてしまって

いる対象者を復帰させるためにはロボットはかなり大きな支持力を生成する必要があるため，低出力のロボットでは対象者の転倒を支えきれないことが予想される。そのため転倒予兆を検出後に対処するのではなく，あらかじめ転倒の要因を排除しておくことが転倒の防止手法として有効である。転倒の一因と考えられるタンデムスタンスという状態を予防することで転倒を予防する技術を研究・開発した。

タンデムスタンスとは，両脚が一直線に並んでいる状態のことを表す（図6）。人がタンデムスタンスとなっている時，両脚によって形作られる支持多角形は左右方向に狭くなる。そのため，両脚のCOP（Center Of Pressure）と支持多角形の境界との距離は小さくなり，人の身体は左右に大きく揺れるようになる。結果として，人はバランスを保つのが困難となり，転倒の危険性が高まる。また，人がタンデムスタンスになっている時，COPは後ろ脚の方に位置しやすいことが判明している。そのため，脚の筋力が低下している高齢者がタンデムスタンスになった場合，十分に体重移動することなく後ろ脚を遊脚として前に振り出そうとして，後ろに転倒してしまう危険性が高い。以上の理由により，タンデムスタンスは転倒のリスクを高める要因であると考えられる。

多くの場合タンデムスタンスは旋回動作中に観測される。図7に示すように，この旋回時に旋回方向側の脚が軸脚となっている場合，遊脚は軸脚に近づくように移動する。この時，1歩で身体を大きく回転させようとすると，遊脚はその分だけ軸脚に近づくため，タンデムスタンスに陥る可能性が高くなる。一方で，旋回方向と逆側の脚が軸脚となっている場合，遊脚は軸脚から離れるように移動する。そのため，1歩で身体を大きく回転させようとしても，遊脚は軸脚から遠ざかるので，タンデムスタンスに陥る可能性は低い。つまり旋回動作中に旋回方向側の脚が軸脚となり1歩で身体を大きく回転させようとする時，タンデムスタンスが発生するものと考えられる。

前述の考察から，旋回動作中に旋回方向側の脚が軸脚となっている時には，1歩で身体を大きく回転させることのないよう，Intelligent Cane使用者の動きを制限することができれば，使用者のタンデムスタンスを予防できるものと考えられる。一般に人が旋回行動を行う時，人の下肢の旋回動作は上半身の向きに拘束される。具体的には，人の上半身が正面を向いている時，下肢のみ旋回動作をさせることは意識して行わない限り困難である。そのため，上半身の動きを正面方向に拘束することができれば，1歩で身体を大きく回転させることはできなくなり，タンデムスタンスを予防できると考えられる。ここで，Intelligent

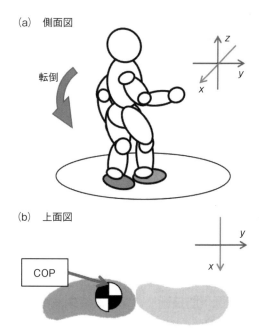

図6 タンデムスタンスによる転倒

Caneを両手持ちの状態で使用する時，使用者の両手はロボットに拘束され，上半身の動きも同様に拘束される。そのため，Intelligent Caneを旋回しづらいように調整することで，使用者の上半身の向きを正面方向に拘束することが可能となる。よって図8に示すように，旋回動作中に旋回方向側の脚が軸脚となっている時に，Intelligent Caneを旋回しづらいように調整して使用者の上半身の向きを正面方向に拘束することにより，下肢の動きを拘束してタンデムスタンスが発生しないように誘導することが可能である。

以上の手法実現させるために，アドミッタンス制御に用いている前述の仮想係数を歩行状況に応じて変化させる可変アドミッタンスモデルの設計を行った。力覚センサによって得られる旋回意思とLRFによって得られる歩行状態を組合せることによって，旋回方向と軸脚を判定し，仮想係数の決定する。これにより，旋回時の軸脚によって旋回の拘束有無が変更でき，タンデムスタンスを回避することができる。健常な医療従事者8名がIntelligent Caneと共に歩行した実験において，この機能を用いることでタンデムスタンスを50％減少させることに成功した。

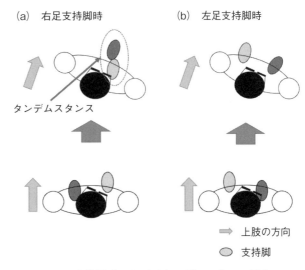

図7　右旋回時におけるタンデムスタンス発生

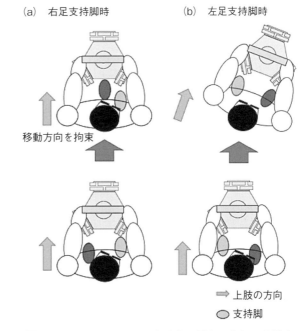

図8　Intelligent Caneによるタンデムスタンスの防止

6. 今後の展望

実際に高齢者の方々に使用していただき，その有用性，利便性を検証していく予定である。2015年現在，国立研究開発法人国立長寿医療研究センターと共同してリハビリテーションの場にIntelligent Caneを導入し，リハビリテーションの現場に与える効果を検証している。歩行訓練において訓練効率やリハビリへのモチベーションの維持・向上が期待されている。今後，より現場への導入を推進していくために，安全性や使いやすさの向上など使用者である高齢者

第2編　新しいロボットによるプロセスイノベーション

の目線に立った開発を進めている。このようなロボットを導入することで，高齢者や疾患の軽
い患者がロボットと共に安全に手軽にリハビリを行い入院期間の短縮を行うとともに，より重
度の疾患をもつ患者へより厚い介助を提供できる環境整備をめざしている。

文　献

1) J. Huang, P. Di, T. Fukuda and T. Matsuno：IEEE/RSJ International Conference on Intelligent Robots and Systems, 273-278 (2008).

2) J. Huang, P. Di, K. Wakita, T. Fukuda and K. Sekiyama：International Symposium on Micro-Nano Mechatronics and Human Science, 495-500 (2008).

3) K. Wakita, J. Huang, P. Di, K. Sekiyama, T. Fukuda：*IEEE/ASME Transactions on Mechatronics*, **18**(1), 285-296 (2013).

4) P. Di, Y. Hasegawa, S. Nakagawa, K. Sekiyama, T. Fukuda, J. Huang and Q. Huang：IEEE/ASME Transactions on Mechatronics (2015).

5) S. Nakagawa, Y. Hasegawa, T. Fukuda, I. Kondo, M. Tanimoto, P. Di, J. Huang and Q. Huang：IEEE Transaction on Neural Systems and Rehabilitation Engineering (2015).

◆ 第2編　新しいロボットによるプロセスイノベーション〜ロボット概要とその用途〜
◆ 第3章　介助する

第2節　自立支援型起立歩行アシストロボット開発

パナソニック株式会社　志方　宣之　　パナソニック株式会社　岡﨑　安直

1. はじめに

　介護者は日々，被介助者を電動ベッドから車いすへ移乗させる動作を繰り返しているために腰痛を抱えるケースがある。厚生労働省の調べによると約70％の介護者が腰痛を抱えているとされており[1]，この対策として政府はノーリフトポリシーを掲げ，施設での抱える介助を代用する福祉用具の活用に一定の補助を行う政策[2]をとっている。現在の移乗・移動用福祉用具の多くは，モーターの力で被介助者を体ごともち上げて移乗・移動させている[3]。しかし被介助側から考えると全体重を支える方式は筋力をほとんど使わないため，日常生活動作（ADL：Activities of Daily Living）の低下を招くという面もある。また介護される側の高齢者の自立生活を阻害する大きな要因の1つが下肢の衰えであると考えられている。下肢が衰えると自力でトイレに行くことができず，寝たきりの状態になるなど，ますます下肢筋力の低下を招く悪循環に陥る場合が多く，下肢筋力の維持が重要である。こうした課題に対し，ロボットが被介助者の全体重を支えるのではなく，高齢者が自分の足で立ち，起立，着座を行うのに足りない力を補助するリハビリ的アシストでADLの低下を防ぎ，生活の質（QOL：Quality Of Life）を維持することを目的とする自立支援型起立歩行アシストロボット（以下，自立支援アシストロボット）を開発した[4][5]ので報告する。

2. 高齢化の進展

　高齢化の進展により，2025年には高齢化率が30％を越える見込みである[6]。これに伴い，介護施設，在宅においても自立を促進し高齢者のQOLを向上させるための機器が求められている。また日々高齢者を電動ベッドから車いす等へ移乗させることによる腰痛の悩みをもつ介護者の割合は70％に達しており，人手不足の中で介護職員を確保できない理由の1つになっている。また独居または夫婦のみの高齢者世帯が増加し，老々介護，孤独死，認知症高齢者の行方不明等，早急に対応すべき課題が山積している。政府は高齢者が安心して生活できる住宅を提供するためにサービス付き高齢者住宅を2011年から10年間をかけて60万戸整備する計画である[7]。サービス付き高齢者住宅は，介護サービス付きの特定施設（有料老人ホーム等）とは異なり，入居者の介護状態に応じて必要な介護サービスを入居者が選択できる高齢者向けの賃貸住宅である。入居者は要介護度や病状に応じて入浴介助，食事介助等の介護サービスや車いす，歩行器等の福祉用具のレンタル利用に対して介護保険給付を受けることができる。

3. パナソニック㈱のエイジフリー事業

　パナソニック㈱（以下，当社）は，1998年から高齢者施設，在宅介護，訪問入浴，短期入所

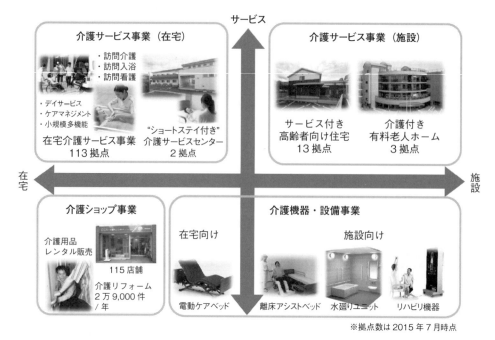

図1　当社のエイジフリー事業

等のサービス事業，福祉リフォーム，介護機器・設備のレンタル・販売等の介護ショップのフランチャイズ事業，介護機器の製造販売事業等で構成されるエイジフリー事業を展開している。またサービス付き高齢者住宅事業にも2012年から参入し，2018年までに150棟の建築，運営を計画している。このサービス付き高齢者住宅では，当社の先進技術を生かした新たなコンセプトの介護機器や介護ロボット，リハビリ機器等を導入することで介護の質を高め，入居者のADL（日常生活動作）とQOL（生活の質）を向上させる取り組みを行っている（図1）。

4. 自立支援アシストロボット開発のアプローチとターゲット

4.1 理学療法士のスキルの実装

　自立支援アシストロボット開発にあたり，リハビリや介護において高齢者の立ち上がりの支援を行っている理学療法士のスキルに着目した。理学療法士は日々のリハビリや介護において，高齢者自身の体力を最大限発揮させることに主眼をおいた支援を行っており，自立支援アシストロボットに適用するのに最適と判断し，リハビリ病院や介護施設での理学療法士へのヒアリングを通じてスキルを分析し，ロボットに実装することをめざした。

4.2 人協調制御技術の実装

　介護ロボットは人との直接接触など人との共存・協調が必要となる。この人との共存・協調という課題に対して，筆者らは人をアシストするロボットとして図2に示す空気圧人工筋ロボットアームの開発に取り組み，インピーダンス制御などの力制御技術を使い，人のかける力をセンシングし力に応じて動作するという人協調制御技術を開発してきた[8]。本自立支援アシストロ

ボットでは，これまで培った人協調制御技術をベースとする力制御技術の実装をめざし，FAから介護への展開を図った。

4.3 自立支援アシストロボットのターゲット支援動作

図3に示すように自立支援アシストロボットではベッドからトイレへの移動をターゲットとする。詳細には，ベッドでの端座位状態（ベッドの端部に座った状態）からの起立のアシスト，ベッドからトイレへの歩行移動，トイレでの着座および起立のアシスト，トイレからベッドへの歩行移動，そしてベッドへの着座のアシストである。加えて，トイレの着座，起立においては脱衣，清払のため中腰位置での停止を可能とした。

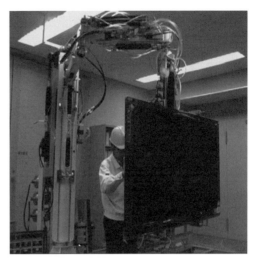

図2　人協調制御を実現した空気圧人工筋パワーアシストアーム

4.4 自立支援アシストロボットのターゲット要介護度

従来，自力での起立は可能であるが歩行に不安がある高齢者はつえや歩行器を利用していた。一方，自力での起立および歩行が困難な要介護度の高い高齢者にはリフトが活用され，また，先に述べた抱き上げ式や抱え上げ式の介護ロボットが提案されている。自立支援アシストロボットは要介護度3程度までの比較的介護度の低い方を対象とし，つえや歩行器とリフトの間を埋める新たな介護機器をターゲットとし，残存能力の維持により要介護度の進行を抑える機器をめざした。図4に自立支援アシストロボットの位置付けを図示する。

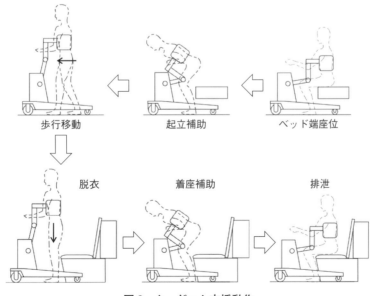

図3　ターゲット支援動作

第2編 新しいロボットによるプロセスイノベーション

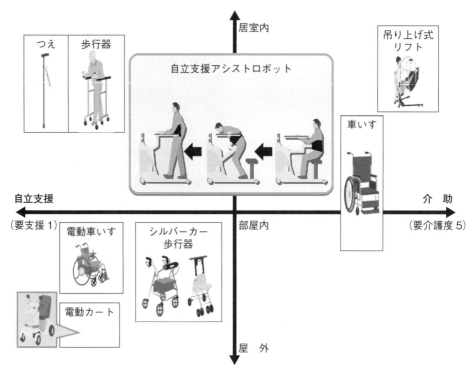

図4 自立支援アシストロボットの位置付け

5. 理学療法士のスキルの分析

　高齢者の残存している身体能力を最大限発揮させ，かつ，自然な前傾姿勢を促進することで楽に起立可能な起立支援について，図5に示す起立の動作フェーズに従い理学療法士の起立支援スキル分析を行った。

　前傾フェーズであるPhase Iにおいて，理学療法士は高齢者の両脇を両手で掴み，高齢者の上体を前方へ誘導することで前傾姿勢へと促し，重心を前方に移動させ臀部の離床を促す支援

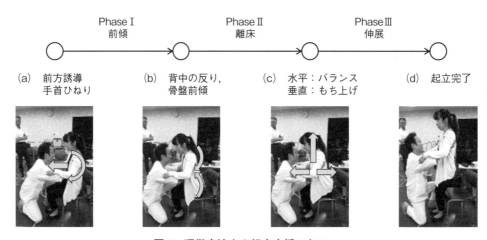

図5 理学療法士の起立支援スキル

を行う。その際に脇に添えた両手の手首をひねることで高齢者の背中の反りと骨盤の前傾を促す。背中の反りによって立ち上がりを促進し、同時に骨盤の前傾により上体を前傾させやすくする効果があると考えられる。

次に臀部の離床フェーズであるPhaseⅡから伸展フェーズであるPhaseⅢについては、高齢者が転倒しないように両手で支えて主に水平(前後)方向の手の動きでバランスをとりながら、高齢者が自力で起立動作ができるよう垂直上方へもち上げる支援を行う。

以上の分析により、自立支援アシストロボットにおいて理学療法士のスキルを実現するためのポイントは以下の2点であると考えた。

① PhaseⅠ：背中の反りと骨盤の前傾を促すようなアシストをすることで、自然な前傾姿勢および臀部離床を促す。
② PhaseⅡからPhaseⅢ：高齢者が転倒しないように水平方向のバランスをとりながら誘導し、自力で起立動作が可能となるよう垂直上方向にアシストする。

6. 自立支援アシストロボットの詳細
6.1 自立支援アシストロボットの機構

図6に自立支援アシストロボットの構成を示す。基本構成は土台部、本体部、アーム部からなっている。土台部は自在キャスターが4輪、さらに、中央に固定輪が1輪設けられた5輪構成となっており、直進安定性を維持しつつ、信地旋回が容易な機構としている。また、起立・着座動作時にロボットが動かないように床面に摩擦板を押しつける足踏み式のブレーキが設けられている。土台部ではモーターによる車輪の能動駆動を行わない受動駆動とすることで軽量化を図った。

本体部にはアームを駆動するためのモーター、制御を行うためのコントローラ、バッテリーなどが内蔵されている。アームは垂直2自由度構成であり、アームを駆動するモーターは低重

図6 自立支援型起立歩行アシストロボット

－131－

心化およびアームのスリム化のため本体部の下層に配置し，チェーンにより各関節軸へと駆動力を伝達する方式をとっている。アームの手先には力センサが内蔵されており，人がロボットにかける力を検知し，力に応じた制御を実現する。アームの出力に関しては，全重量を支えるのではなく足りない力のアシストのみを行うため，最大もち上げ力25 kgfとした。

受動駆動構成の土台部を採用し，さらにスリムなアームを実現したこ

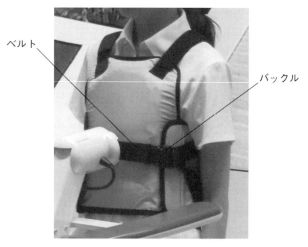

図7　スリングホールド装具

とで全重量は48 kgに抑えることができた。これにより人力でも十分移動させることが可能となり，歩行器としても使用可能となった。ロボットの全幅は629 mmであり，幅900 mmの廊下での取り回しのよさや，安定性および歩行器として使用時の要介護者の足の運びを考慮して実験により最適な車輪間隔（トレッド）とした。

高齢者の身体を安全かつ確実に保持し，さらに理学療法士のスキルの①を実現するため，アームへの身体固定具としてスリングホールド装具を開発した。図7に示すスリングホールド装具は，布などの柔軟素材で構成されたジャケット状構造で，ベルトとバックルでアシストロボットへの連結・開放が素早く行えるようになっている。さらに，ベルトで腰回りを締め付けることでアシスト動作時に上側にずれないように確実に身体を保持する構成となっており，確実な起立動作のアシストと転倒の防止を実現する。

6.2　自立支援アシストロボットの制御

［5］で述べたように，理学療法士はPhase Iでは脇に添えた両手で背中の反りと骨盤の前傾を促すよう上体の前傾を誘導し，さらに，Phase IIからPhase IIIでは，高齢者が転倒しないように水平方向にバランスを取りながら，垂直上方向に起立動作が可能となるよう足りない力をアシストしている。このスキルをロボットで実現するために，水平方向（X軸）と垂直方向（Z軸）に分離して制御を行う。水平方向に関しては誘導の動作を実現するためPID制御によるアーム手先の位置制御を行う。Phase Iでは前傾を促すために，要介護者が自ら前傾しアーム先端部の力センサに押しつけるように力をかけないと動作しない設定とした。

一方，垂直方向に関しては，Phaseごとの制御方式の切換を行う。Phase Iでは前傾の誘導が主目的でありもち上げは行わないため，PID制御による位置制御を行う。また，Phase IIからPhase IIIではもち上げを行うため，力制御を行う。力制御は下記式(1)に示すアドミッタンス制御を行う。

$$z_d = z_{pd} + BF_z \tag{1}$$

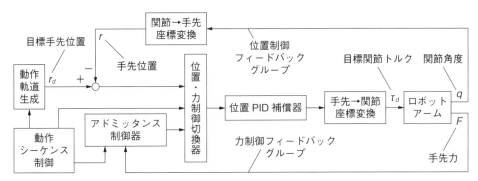

図8 自立支援アシストロボットの制御系

ただし，z_d は Z 軸方向（垂直方向）の目標位置，z_{pd} は Z 軸方向の位置制御時の目標位置，B はアドミタンス係数，F_z は Z 軸方向の力計測値である。式(1)によれば高齢者の足の力に応じスリングホールド装具を通じて力センサで検知される力が変化することでアシスト力が変化し，起立支援が実現することになる。以上の制御系のブロック線図を図8に示す。

6.3 自立支援アシストロボットのアシスト動作実験

図9に自立支援アシストロボットの動作の連続写真を示す。Phase I では，位置制御で誘導することでスリングホールド装具のパッシブジョイントとしての働きが効果を発揮し，スムーズに自然な前傾姿勢をとることができる。Phase II から Phase III では，垂直方向は力制御に切りかわり，Z 軸方向の力測定値 F_z，すなわち，高齢者が立ち上がろうとする時にロボットにかける垂直方向の力に応じて制御が行われる。より詳細には，高齢者の残存している下肢筋力が小さいほど，よりロボットにもたれかかることとなり，下向きに力 F_z の値が大きくなる。式(1)でアドミタンス係数 B を負の値に設定すれば，Z 軸方向の目標位置，z_d は Z 軸方向の位置制御時の目標位置 z_{pd} より大きくなる。Z 軸方向の目標位置 z_d が大きくなれば，ロボットの動作はより力をかけもち上げる動作となるので，より高齢者の起立をアシストすることになる。

起立後は歩行器として使うことができ，身体はスリングホールド装具によりロボットに固定されているため転倒を防ぐことができる。さらに，図9の逆動作を行うことにより着座の支援を行うことも可能である。

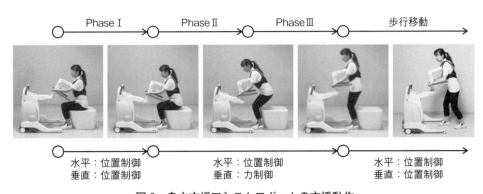

図9 自立支援アシストロボットの支援動作

第２編　新しいロボットによるプロセスイノベーション

7. おわりに

　理学療法士のスキルを実装した自立支援アシストロボット実現のためスリングホールド装具を利用するロボットを開発した。また，アシストアーム開発で培った人協調制御技術（力制御）の介護ロボットへの展開を図った。開発した自立支援アシストロボットを使えば起立・着座の支援が可能であるとともに歩行移動にも使用することができるため，ベッドとトイレ間の移動が可能となり排泄の支援が実現し，自立した生活の維持に貢献することができる。今後は，さらなる小型軽量化や円背など実際の高齢者の状況に対応する開発を行いつつ，介護施設等でのフィールドテストを進めていく予定である。

文　献

1）介護職員の腰痛等健康問題に係わる福祉用具利用調査，厚生労働省，介護職員の腰痛対策等健康問題に係わる福祉用具利用研究会（2008）.

2）職場における腰痛予防対策指針，厚生労働省（2013）.

3）K. Ito, M. Ishihara and K. Inuzuka：Force sensorless power assist controller design of transferring assist robot, World Automation Congress（WAC）, 701-706（2014）.

4）Y. Tsusaka, Y. Okazaki, Y. Fudaba, M. Yamamoto N. Shikata and M. Terashima：Development of Standing-up Motion Assist Robot to Realize Physiotherapist Skill for Muscle Strength Maintenance, Proc. of RO-MAN2015.

5）津坂優子，岡﨑安直，二口龍太郎，山本正樹，志方宣之，寺島正之，船谷俊彰，島浩人：理学療法士のスキル分析による被介護者の残存能力を活かした自立支援型起立アシストロボットの開発，日本ロボット学会学術講演会予稿集 CD-ROM，33rd, 2A2-05（2015）.

6）総人口年齢4区分，国立社会保障・人口問題研究所（2012）.

7）サービス高齢者住宅整備計画，国土交通省（2011）.

8）岡﨑安直，小松真弓，S. John，横山和夫，浅井勝彦，山本正樹：大容量空気圧人工筋を用いた重量物ハンドリング用パワーアシストアームの開発，日本ロボット学会誌，**31**（5）497-507（2013）.

◆ 第2編　新しいロボットによるプロセスイノベーション～ロボット概要とその用途～
◆ 第3章　介助する

第3節　介護支援ロボット開発

名城大学　向井　利春

1. 介護支援ロボット RIBA と ROBEAR

1.1　開発の経緯

　国立研究開発法人（旧独立行政法人）理化学研究所（理研）と住友理工（旧東海ゴム）㈱は2007年8月に共同で理研―住友理工（旧東海ゴム）人間共存ロボット連携センターを設立し，2015年3月まで移乗介助を目的とした介護支援ロボット，およびその関連技術を用いた健康福祉機器開発の研究を行った。移乗とはベッドと車いす間などでの乗り移りのことであり，その介助は介護の中でも身体的に負担の大きい作業なので，ロボットでのサポートが期待されている。このように人と触れ合うロボットでは触覚センサが重要になるので，ロボットに適した触覚センサを開発してわれわれのロボットで用いるとともに，それを活用して健康福祉機器の開発も行った。本節では，われわれの開発した介護支援ロボット試作機と，触覚センサの活用事例について紹介する。

1.2　ロボットの特徴と仕様

　われわれの開発した介護支援ロボットの試作機を図1に示す。これまで人間のような多関節の腕を用いて実際に移乗作業を行えるロボットがなかったので，2009年に発表したRIBA[1]で，多関節の腕による「横抱き」での人を対象にしたベッド－車いす間の移乗を実現した。抱き上げられる対象の体重は60kgまでであった。2011年発表のRIBA-II[2]では，対象の体重を80kgまで引き上げるとともに，床からの移乗も行えるようにした。認知症患者などはベッドからの落下を防止するために床上に寝ていることがあり，そのような状況への対応を考え床からの移乗を実現した。2015年発表のROBEAR[3]では，力のセンシング機能とモーター精度を向上させ，力のコントロールが必要な「縦抱き」も行えるようにした。

(a) RIBA　　(b) RIBA-II　　(c) ROBEAR

図1　われわれの開発した介護支援ロボット

第2編　新しいロボットによるプロセスイノベーション

　われわれのロボットが人間のような多自由度の双腕を有するのは，移乗だけでなく多様な作業を実現することをめざしているからである。また，介護施設や家庭などの環境で働くために，人間に近いサイズと重量で人を抱き上げることをめざした。それを実現するために，腕や胴体などロボットの全身で人と接して作業を行うロボットとした。そこで，全身を柔軟素材で覆い，腕には人をもち上げられるだけの高出力がもたせ，人と主に接する部分には接触を検出するための触覚センサを配置した。また，安全性を確保するため，人と接して力の伴う作業を行う際にはロボットの傍らの人が判断を行うこととし，触覚センサを使うことで傍らの介護者が接触による指示でロボットの動作を調節できるようにした。全身で人間と接するには，接触の状態を検出するための柔軟かつ大面積で安価な触覚センサが必要なため，ロボットの製作と並行して，ゴム製の触覚センサの開発も行い，われわれのロボットにも採用した。

　最新ロボット ROBEAR の主な仕様を表1に示す。小型軽量アクチュエータユニットと3種類の力覚系センサを用いることで柔らかさを保った接触と大きな力が必要な動作の両立を可能にしている。3種類の力覚系センサとは，触覚センサ，両肩に装備した歪みゲージタイプの6軸力/トルクセンサ，両腕の各モーターで電流からトルクを推定する仮想トルクセンサのことである。これらは表2に示すように異なる特徴があるので，相補的に用いることで，小さな力から大きな力までの情報を静的，および動的な状況で取得可能となっている。また，異なるセンサの値を相互に参照することで安全性も向上させている。台車は，小さな底面積と高重量抱き上げ時のバランスを両立するため，車軸アームの伸縮で底面積を変えられる構造となっている。

表1　ROBEAR の主な仕様

寸　法	幅：800 mm，奥行き：800 mm，高さ：1,500 mm
重量（バッテリ含む）	約140 kg
モーター数	頭：2，腕：6（左右それぞれ），胴体：5，台車：8
台車の動き	四輪独立操舵（車輪アームの伸縮で支持基底面）
アクチュエータ	AC サーボモーター
可搬重量	80 kg
動　力	AC または リチウムイオン電池（通常の使用で4時間程度稼働）
センサ類	距離画像センサ（KINECT），マイク×2，6軸力/トルクセンサ×2，仮想トルクセンサ×12，触覚センサ×4（それぞれ64感圧点）

表2　3種類の力覚系センサの特徴

	力/トルクセンサ	電流トルク推定器	触覚センサ
小さな力に反応（摩擦の影響無）	○	×	○
大きな力で飽和しない	○	○	×
腕のどこに触っても反応	○	△	×
慣性力や制御の影響を受けない	×	×	○
複数接触位置の分離可能	×	△	○
関節トルク検出	△	○	×

2. 開発したロボットによる移乗介助
2.1 実現した移乗介助動作

われわれのロボットによる横抱きおよび縦抱きによる移乗介助動作を図2に示す。縦抱きでは，人の姿勢や体格の違いに合わせて軌道と力を調節する必要があるが，ROBEARでは3種類の力覚系センサを用いた軌道切り替えとインピーダンス制御でこれを実現している。

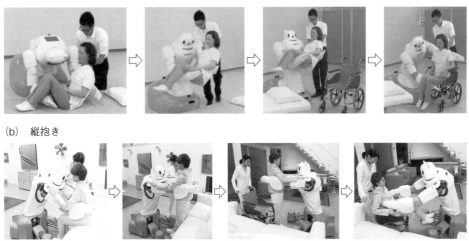

図2 ロボットによる移乗介助

縦抱きは，ある程度自力でも力が出せる人のサポートを行うことを目的としている。立ち上がりに必要な力のサポート割合を示すため，自力で立ち上がった時とROBEARのサポートで立ち上がった時の床に加わる荷重の違いを図3に示す。起立中の力のおよそ半分程度をロボットが担っていることがわかる。

ROBEARでは多自由度を有する腕を用いて，図2の縦抱き以外にも多様な移乗介助動作が可能である。ROBEARで実現した他の動作を図4に示す。

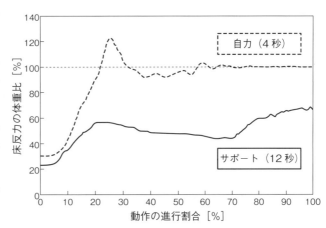

図3 起立動作時に床に加わる荷重

(a) 横抱き　　　　　　　　　(b) 立った姿勢での抱きかかえ

(c) サポート用スリングを使用してベッドから車いすへ移乗

(d) 足置き補助板を使用

図4　多様な移乗介助動作

2.2　移乗介助の実験結果

　RIBA-IIを用いて，名古屋市立大学にて患者を対象にしたモニター試験[4]を行った。男性3名，女性4名（年齢34～82歳）の自力での移動が困難な入院患者に協力してもらい，ベッドから抱き上げて下ろす作業を行った。その時のロボットのセンサ情報，動画，表面筋電図，アンケート結果などを取得した。一連の動作の例を図5に示す。また，図6に，筋電取得部位とステップごとの筋電図の値（ステップ内で平均化後ステップ4：Closeの値で正規化したものを患者間で平均化）を示す。抱き上げ後（ステップ6：Hold，7：Down）では，抱き上げ前のベッド上に座っている状態（ステップ3：Sit，4：Close，5：Up）より腰や脚の筋肉で発揮されている力は小さいことがわかった。これは，ロボットによる抱き上げで，腰や脚の負担が小さいことを意味する。一方で，首の筋肉が発揮している力が比較的大きいことも判明した。これは，抱き上げ中，患者が自力で首を支えなければならないからである。これらの実験で，われわれのロボットによる抱き上げの有効性と，改良が必要な点が明確になった。

第 3 章 介助する

図 5 　RIBA-Ⅱ による抱き上げ動作

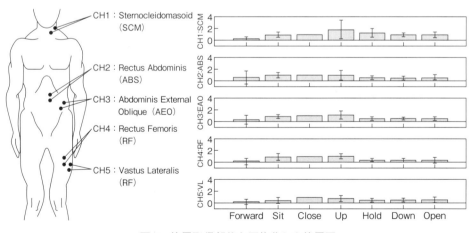

図 6 　筋電取得部位と平均化した筋電図

3. ロボット用に開発した触覚センサとその応用

3.1 開発した静電容量型ゴム製触覚センサ

われわれのロボットでは触覚センサが重要な役割を果たすため，ロボットの開発と並行してSR（スマートラバー）センサ[5]とよばれる触覚センサを新たに開発し，ロボットに用いた。SRセンサは図7に示すような構造をもっており，配線を含めてシート全体がゴムでできている静電容量型の触覚センサである。柔軟，軽量で薄く，また低コストで製造可能という特徴を有する。この図で黒色の部分が導電性ゴムで作られた電極であり，セルとよばれる上下のシートの交わる部分がコンデンサとなる。このようなセンサ構成は古くから提案されており，金属電極のセンサも市販されているが，介護支援ロボットなどの福祉機器への応用に際しては，伸縮性不足や高コストなどの課題が残っていた。そこでわれわれは，ゴム材料を用い，スクリーン印刷で安価に製造する方法を開発した。

3.2 健康福祉機器への応用

SRセンサは，介護支援ロボットだけでなく，人との接触が重要な健康福祉機器での使用にも適している。このセンサをいすのシートサイズ（450×450 mm）にしたものを住友理工㈱から2013年より「SRソフトビジョン」の名称で販売している。車椅子に長時間座る場合床ずれ防止のためにシート上にクッションを敷くが，それぞれの患者で適したクッションは異なっている。SRソフトビジョンをクッションの上に敷くことで，それぞれの体圧分散の様子を見ることができるので，適したクッションの判定に使うことができる。その他にも，体圧分布の可視化ができる特徴を活かして，寝たきり患者の床ずれ予防や，片麻痺患者の着座姿勢のリハビリ成果の確認などでも活用することができる。

われわれはさらに，SRセンサを以下のような機器に応用する研究を行った。

3.2.1 床ずれ防止マットレス

1日の大半をベッド上で過ごす寝たきりの患者では，床ずれが大きな問題となる。床ずれの原因は単純ではなく多数の要因が関係しているが，圧力集中は主な原因の1つである。これを解決するために，多種類の体圧分散マットレスが開発され市販されているが，体圧センシング機能を備えていないものがほとんどであり，使用者の寝ている位置や体形に合わせた対応は困難である。そこで，住友理工㈱は九州大学との共同研究で床ずれ防止マットレスを試作した。マットレス内にはバルブの開閉により個別に圧力を制御する

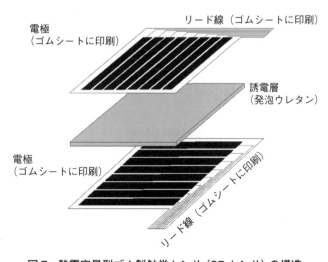

図7 静電容量型ゴム製触覚センサ（SRセンサ）の構造

ことが可能なエアセルが複数並べられており，マットレス上に敷いた SR センサで圧力を検出して，アクティブに体圧分散を行うことができる。

3.2.2 睡眠時の生体信号のモニタリング

SR センサをベッド上に敷くことで二次元圧力分布が得られるので，寝ている人の姿勢や体動（寝返り）を検出できる。さらに呼吸や心拍などの生体信号も検出できれば，睡眠状態や質，疾患の有無などのより高度な推定が可能になると期待できる。そこで，ベッド上の SR センサを用いて呼吸，心拍，姿勢を測定する研究を行った。呼吸と心拍は SR センサで測定される圧力の時間変動から抽出される。心拍は微弱な信号なので，多数回の計測を行い平均化することでノイズを抑制する。この高精度計測を行うべき位置は寝ている人の位置と姿勢に依存するので，圧力分布からパターン認識によってこれらを検出し，心拍測定を行う位置を指定する方法を開発した[6]。

3.2.3 見守りセンサ

認知症の方の徘徊などを防ぐための見守りセンサはすでに商品化されたものもあるが，誤検出が問題となっている。われわれは，SR センサをベッド上に敷いて見守りセンサとする方法を提案している。SR センサによりベッド上に寝ている人の圧力分布が得られるので，ベッド上の位置や，横になっているか座っているかなども識別可能になり，誤検出を減らせると考え開発を行っている。

4. まとめ

われわれの開発した双腕をもつ移乗支援ロボットの試作機の説明と，ロボットのために開発した触覚センサの介護機器への応用について紹介を行った。ロボットは多くの技術の集合体であり，ロボットの開発を通して新たな要素技術の開発も行える。われわれの場合は触覚センサを開発することで，ロボット研究を通して新たな分野を開くことができた。ロボットの実用化とともに，要素技術を活かした商品も開発し，全体としてレベルを上げていくことが重要であると考えている。

文 献

1）T. Mukai et al.: Proc. ICRA2011, 5435-5441 (2011).

2）佐藤侑ほか：日本機械学会論文集（C 編），78 (789)，595-608（2012）.

3）姜長安ほか：ROBOMECH2015 予稿集，2A2-U06(1)-2A2-U06(4)（2015）.

4）M. Ding et al.：第 32 回日本ロボット学会学術講演会予稿集，RSJ2014AC1A2-02（2014）.

5）郭士傑ほか：SEI テクニカルレビュー，(181)，117-123（2012）.

6）向井利春ほか：日本機械学会論文集，80 (815)，BMS0215 (1-13)（2014）.

◆ 第2編　新しいロボットによるプロセスイノベーション～ロボット概要とその用途～
◆ 第3章　介助する

第4節　自律移動車いすロボット開発

国立研究開発法人産業技術総合研究所　松本　治

1. はじめに

　本格的な高齢社会を迎え，買い物難民ともいわれる，たとえば一人暮らしの高齢者の安心，安全な移動手段をどう確保するかが社会問題になっている。過疎地域では自宅とスーパーマーケットや病院などが離れていることもあり，どうしても自動車依存にならざるを得ず，ドライバーの運転ミスを防ぐための衝突防止技術などの自動車の予防安全技術が商用段階にある。

　一方で，高齢者や障碍者の足として現在普及している電動車いすは，道路交通法上歩行者として位置づけられている。図1，図2は㈱製品評価技術基盤機構の製品事故データベースにおける電動車いすの製品事故データを解析したものであるが，図1の被害別分類では，死亡，重傷といった重篤な事故に至っているものが多く，約半数を占めていることがわかる。

　次に，図2は死亡に至ったものの事故事象別分類であるが，転落（たとえば，畦道から田んぼへの転落）と踏切内での電車との衝突で約8割を占めており，これらはユーザーの操縦ミスに起因するものがほとんどであり，何らかの技術的な安全方策を電動車いす側に実装することで防止できる可能性がある。

　このように，これから都市部を中心に電動車いすに代表される個人移動手段が普及することを考えると，自動車に搭載されつつある各種安全技術がパーソナルモビリティにも搭載され，より安全な個人移動手段としての普及が期待される。その中の1つが自動運転技術であると考えられ，ユーザーが目的地を指示すると目的地まで自律的に移動するという安全性と利便性を兼ね備えた機能を付加することができる。上記

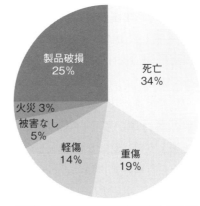

（出典：㈱製品評価技術基盤機構（NITE）製品事故データベース）

図1　電動車いすの製品事故（被害別分類）
（1996～2014年，全182件）

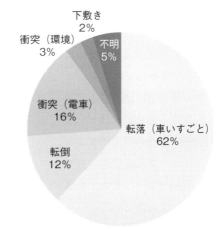

（出典：㈱製品評価技術基盤機構（NITE）製品事故データベース）

図2　電動車いすの製品事故（事故事象分類）
（1996～2014年，死亡のみ（61件））

のように死亡に至るような高齢者の操縦ミスをカバーするための有効な手段にもなりうると考えられる。

　このような社会的背景の下，国立研究開発法人産業技術総合研究所（以下，産総研）では，2005年3月から半年間開催された愛・地球博（愛知万博）でのサービスロボットの技術実証試験を目的とした国立研究開発法人新エネルギー・産業技術総合開発機構（NEDO）「次世代ロボット実用化プロジェクト（実用システム化推進事業），FY2004-2005」への参画時に，企業2社と共に自律走行機能をもつ電動車いす「TAO Aicle」を開発した。この取り組みでは，産総研で開発した自律走行技術や障害物回避技術を実装し，愛知万博での約半年間の体験試乗デモを成功させた（約3万5,000人の試乗者）。その後，「TAO Aicle」をベースに大幅に改良を加えた自律走行車いす「Marcus」を開発し，「つくばチャレンジ」への参加（2010年，2011年にはファイナル走行で完走），さらに2011年6月からはじまった「つくばモビリティロボット実験特区」の開始当初から実証試験に参加し，安全性や信頼性検証のため，継続的に公道上での技術実証試験を実施している。本節では，以上の2つの自律走行車いすロボット「TAO Aicle」，「Marcus」，さらにはつくばモビリティロボット実験特区での技術実証実験について，その概要を紹介する。

2. 自律走行車いす「TAO Aicle」

　前述のように，愛知万博での技術実証を目的としてアイシン精機㈱，富士通㈱と共同で開発した自律走行車いす「TAO Aicle」は，アイシン精機社製の簡易型電動車いす「TAO Light Ⅱ」をベースとし，車いすハードウェアに計算機やセンサ等（GPS，RFIDリーダー，磁気方位センサ，車輪回転角度センサ，レーザーレンジファインダ（以下，LRF））を搭載することで自律走行や障害物検知・回避等が行える自律走行車いすシステムである[1]。車いすシステムとよぶのは，この車いすは車いす単体で機能する訳でなく，図3のように各車いすは走行路の一部に埋め込まれたRFIDや，サーバーとの通信によるGPSからの絶対位置情報を位置補正情報として受信することで自律走行の走行精度を上げていたため，各種インフラからの支援により自律走行を実現したからである。

　愛知万博会場には，図4に示すような富士通㈱製のパッシブ型のRFIDを埋め込んだブロックを走行コースに直交する形で約4m間隔で並べ，その上を車いすが走行する際に車載のリーダーとRFIDが通信することでマップ（RFIDのIDと緯度経度情報がマッピングされたもの）との照合を行い，カルマン

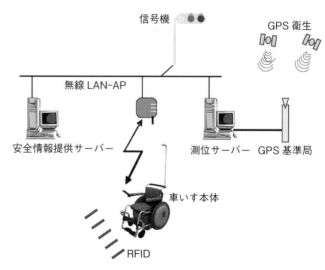

図3　TAO Aicle全体システム構成

フィルタにより車いす位置や方位を補正する方法で自律走行を実現した。また，図5に示すように，一度に複数のRFIDと通信できる時には単体で通信する時と比較して位置精度を向上させることが可能となる。なお，GPSについては，走行コースが建物近くであったため，位置精度がある一定の精度範囲内に入った時のみ補助的に使用した。

走行コース上には2ヵ所の信号付き横断歩道があり，信号が赤の場合は手前で停止，信号が青に変わると自動的に横断する機能を付加した（図6）。これは各車いすが無線LAN経由で信号情報を受信

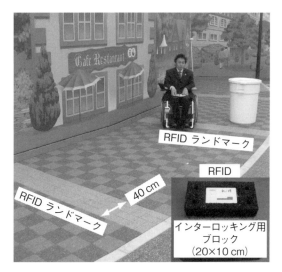

図4　RFIDの敷設

することにより実現したものであり，将来的には信号情報が無線通信で自動車やその他モビリティ，歩行者などに配信される交通社会が実現することを想定して行ったデモンストレーションであった。

障害物検知，回避技術に関しては，北陽電機㈱製のLRFを車いす右前方に水平に取り付け，図7に示す円筒形のごみ箱を検知した場合は回避を，それ以外の人の飛び出し等に関しては停止する機能を盛り込んだ。2005年3月から9月までの半年間，図8に示すような一般来場者対象の体験試乗デモを実施し，その間雨天以外でデモを中止することなく，事故やヒヤリハットもなく運用できたことで，システムの信頼性や安全性について一定の検証ができた。この取り組みにより，インフラ支援型パーソナルモビリティの将来像を示せたと考えている。

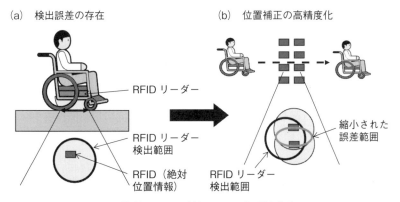

図5　複数のRFID検知による位置精度向上

第2編　新しいロボットによるプロセスイノベーション

図6　信号機との連動

図7　障害物検知，回避

図8　体験試乗デモ

3. 自律走行車いす「Marcus」

　愛知万博での「TAO Aicle」の取り組みは，走行路面下にRFIDを埋め込むなど，インフラ支援型の自律走行車いすシステムの技術実証であった。今後，実環境において高齢者等への移動支援サービス提供を想定すると，たとえば施設内等の走行経路が限定された環境の場合は走行環境に手を加えることも可能であるが，屋外の公道（歩道）上での使用を考えた場合，走行環境を人工的に手を加えることはコスト面などからも現実的ではない。そのため，TAO Aicleのハードウェアをベースに各種外界センサを搭載することで，インフラに依存せず自律走行可能な車いすを継続的に研究開発している。

　自律走行車いすMarcus（図9）は，外界センサとして三次元環境地図作成やマップマッチングを行う三次元LRFユニット（二次元LRFをモーター駆動により振るセンサユニット）をロボットの後方上部に取り付け，事前に作成した地図との照合により高精度位置・姿勢推定を行うことで自律走行を可能とする車いすである[2),3)]。まず，走行環境周辺の三次元地図を事前に作成するため，三次元LRFユニットをアクティブにした状態で手押し，もしくはマニュアル操縦により走行経路を走行させる。取得したLRFデータをオフラインにて処理し，格子占有地図（グリッドマップ）を三次元に拡張した多層格子占有地図を自動構築する[4),5)]。本システムの実用

第3章 介助する

図9 自律走行車いす「Marcus」

図10 作成した三次元環境地図の例（産総研敷地内）

を想定した利便性面からの特徴は，上記の地図を人手を介在することなく自動生成可能な点である．走行時には，この地図と三次元LRFユニットから得られるレンジデータを照合することで，高精度の位置推定（位置精度20 cm以下）を実現している．生成地図を三次元に拡張しているため，周囲にいる人の影響を受けない広域環境地図（図10）を作成することができ，人や自転車等が混在する市街地歩行者環境において高信頼な自己位置推定や自律走行を実現している．

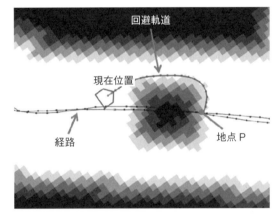

図11 実時間回避軌道生成の例

障害物検知，回避機能としては，二次元LRFをロボット前方と後方に搭載し，検知した前方障害物と環境地図情報から，最短経路探索アルゴリズムであるA*アルゴリズムを用いた障害物回避軌道の実時間生成手法を実装している．本手法は，まず周囲の障害物マップを取得し，現在地から一定距離離れた障害物のない大域的経路上の地点までの障害物回避最短経路をA*アルゴリズムで計算するという手法である（図11）．この機能により，複数人に囲まれた場合など，空きスペースがなく回避軌道が生成できない場合は停止，それ以外は回避することを可能としている．

4. つくばモビリティロボット実験特区での技術実証試験

自律走行車いすMarcusの自律走行技術，障害物検知，回避技術の信頼性等の検証のため，「つくばモビリティロボット実験特区（正式名称：「搭乗型移動支援ロボット公道走行実証実験特区」）」において技術実証実験を実施している[6)7)]．本特区は，自律走行型のパーソナルモビリ

ティやセグウェイに代表される立ち乗り型モビリティのような，ロボット技術を搭載したパーソナルモビリティの公道（歩道）上での実証実験を対象とした特区であり，茨城県つくば市において 2011 年 6 月からはじまっている。本特区は 2015 年 7 月には全国展開されたため，現在は同様の取り組みを全国で実施することが可能となっている。

自律走行車いす Marcus は，つくばモビリティロボット実験特区内の産総研とつくばセンター間の遊歩道，つくばセンター広場，つくばエクスプレス研究学園駅周辺などで技術実証試験を実施している。特区に参加している他のモビリティロボット同様，保安基準の緩和申請（関東運輸局による認可）を行い，図 12 に示すロボット用ナンバープレート（課税標識）の発行（つくば市による発行）を経て実証実験に参加している。図 12 の黒の下地にオレンジ色のナンバープレートは原動機付き自転車扱いであることを示すものである。本特区での技術実証実験により，市街地における長距離自律走行（2 km 以上）などが高信頼に実現できることを確認している（図 13）。

このように，LRF ベースの自律走行技術に関しては，実環境において信頼性の高い技術が構築できているが，LRF は原理的に安価に製造することが難しく，そのため車いすの価格を下げることが困難である。今後はより安価な画像等による頑強な自律走行技術を構築することで低コスト化を図ることが研究課題となっている。

図 12　課税標識（原動機付自転車用）

(a)　遊歩道

(b)　つくばセンター広場

図 13　つくばモビリティロボット実験特区内での公道走行実証実験

5. おわりに

引き続き，遊歩道が整備されているつくば市内の良好な走行環境において，自律走行車いす

等の産総研で開発したモビリティロボット関連技術の実証試験を実施しつつ，近い将来には，自律走行型パーソナルモビリティを活用した一般市民参加型の社会運用実験を実施し，モビリティロボットを活用した新しい街づくりを提案してゆきたい。

文　献

1) O. Matsumoto, K. Komoriya, K. Toda, S. Goto, T. Hatase and H. Nishimura：Autonomous Traveling Control of the "TAO Aicle" Intelligent Wheelchair, Proc. of 2006 IEEE/RSJ International Conference on Intelligent Robots and Systems, 4322-4327 (2006).

2) M. Yokozuka, Y. Suzuki, T. Takei, N. Hashimoto and O. Matsumoto：Auxiliary Particle Filter Localization for Intelligent Wheelchair Systems in Urban Environments, *Journal of Robotics and Mechatronics*, **22** (6), 758-766 (2010).

3) M. Yokozuka, Y. Suzuki, N. Hashimoto and O. Matsumoto：Robotic Wheelchair with Autonomous Traveling Capability for Transportation Assistance in an Urban Environment, Proceedings of 2012 IEEE/RSJ International Conference on Intelligent Robots

and Systems, 2234-2241 (2012).

4) M. Yokozuka and O. Matsumoto：Sub-Map Dividing and Re-alignment FastSLAM by Blocking Gibbs MCEM for Large Scale 3D Grid Mapping, *Advanced Robotics*, **26** (14), 1649-1675 (2012).

5) M. Yokozuka and O. Matsumoto：A Reasonable Path Planning via Path Energy Minimization, *Journal of Robotics and Mechatronics*, **26** (3), (2014).

6) 松本治ほか：つくばモビリティロボット実験特区での産総研の取り組み，第 29 回日本ロボット学会学術講演会予稿集，AC1G3-4 (2011).

7) 松本治，大久保剛史：つくばモビリティロボット実験特区を活用した公道走行実証実験，計測自動制御学会第 12 回システムインテグレーション部門講演会 (SI2011) 講演論文集，744-745 (2011).

◆ 第2編 新しいロボットによるプロセスイノベーション～ロボット概要とその用途～
◆ 第3章 介助する

第5節 装着型自立歩行訓練ロボット開発

東京理科大学　小林　宏

1. はじめに

　2011年の調査では，日本の身体障害者は約390万人存在し，この中で肢体不自由者の割合がもっとも高く，全体の44％の170万人にも及ぶ[1]。そのうち，歩行障害者の多くは日常的に車いすを使用しているが，車いすの長期間使用は筋力低下を生ずるだけでなく，精神活動が低下する廃用症候群を引き起こす。これを防ぐためには，起立動作や歩行動作により，立位で下肢を動かすことで血流を正常にし，筋力を回復させることが重要である。また，人間である以上，どんな状態になっても経って歩きたい，二足歩行をしたいという欲求がある。

　そのため，さまざまな歩行補助器具，歩行訓練機器が開発されている。製品化されたものとして，国内ではCYBERDYNE㈱のHALがある。これは軽度の片麻痺用の歩行訓練用で，モーターにより股関節や膝関節をコントロールする。海外ではArgo社やEKSO社の歩行訓練機があるが，これらもモーター駆動である。HALが吊り下げや平行棒などで使用者の体を支えて理学療法士が歩行訓練するのに対し，後者の2社の製品は使用者がつえをついて歩行することで，利用者自身で歩行が可能となる。このように，訓練用，自立歩行用と用途は異なるが，上半身で体を支持するという共通点があり，転倒のリスクを伴う。

　一方，筆者は，転倒の心配がなく，上半身の力を使わないで正しい姿勢で歩行が行えるハートステップを製品化した[2]が，図1に示すように，装具を体に取り付けた後に，体をもち上げ4輪台車に乗せる必要があり，体重の重い大人には不適であった。そこで現在，これらの問題を解決するために，車いすに乗った状態で簡単に装着およびサイズ調整ができ，転倒の心配なく正しい姿勢で起立および歩行訓練が行える機器として，アクティブ歩行器を開発している。本節では，このアクティブ歩行器の構造と機能の紹介と，実際に歩行困難な方に使用していただき，本装置の効果を検証したので報告する。

2. アクティブ歩行器の概要
2.1 アクティブ歩行器の構成

　アクティブ歩行器の概要を図2に示す。後述の歩行支援機構と起立支援機構からなり，寝た状態，あるいは座った状態で歩行支援機構を体に取り付け，起立支援機構により立ち上がり，歩行支援機構

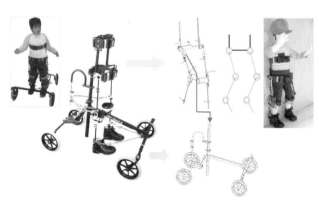

図1　ハートステップの基本構造

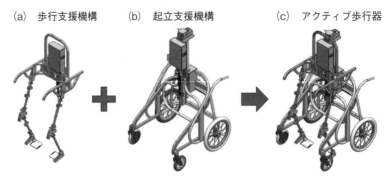

図2 アクティブ歩行器の構成

に設置している McKibben 型人工筋肉により脚を他動的に動かす。次項以降で詳細にその機構を説明する。

2.2 McKibben 型人工筋肉

歩行支援機構のアクチュエータとして McKibben 型人工筋肉を使用している。McKibben 型人工筋肉の構造と動作メカニズムを図3に示す。McKibben 型人工筋肉は，四肢疾患のリハビリテーションや装具用のアクチュエータとして，1957年に Joseph McKibben によって発明された[3)4)]。構成要素の材料は変わったものの，構成とメカニズムは当時と変わらず，伸縮性の少ないポリエステルモノフィラメント製の繊維を格子状に編んだスリーブでゴムチューブを覆ったものである。チューブ内に圧縮空気を注入すると，チューブは半径方向に膨張し，このとき生じる円周方向の張力が，繊維コードにより軸方向の強力な収縮力に変換される。本装置で用いているものは，通常時直径1.5インチで，0.5 MPa の注入により1,500 N 程度の収縮力が得られる。

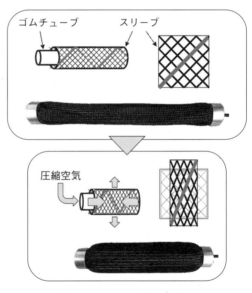

図3 McKibben 型人工筋肉

2.3 システム構成

システム構成を図4に示す。アクティブ歩行器の操作はコントローラ上のボタン入力で行い，起立支援機構と歩行支援機構をそれぞれ動作させる。起立支援機構では，DC モーターにより上下動作を実現する。歩行支援機構では，電磁弁の開閉により McKibben 型人工筋肉へ供給する空気圧を制御し，脚部を動作させる。電磁弁へは外部のコンプレッサから圧縮空気を供給する。

第 3 章　介助する

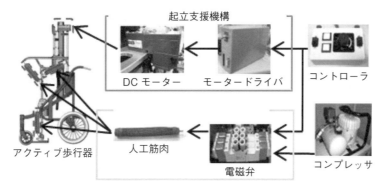

図 4　システム構成

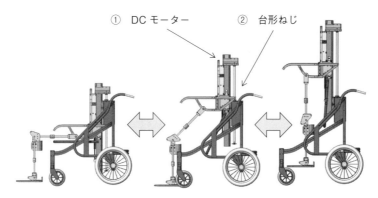

図 5　起立支援機構

2.4　起立支援機構

図 5 に示す起立支援機構は，DC モーター（①）を動力として台形ネジ棒（②）を回転させ，装具と装着者をもち上げて座位から立位への変形を行う構造になっている．

2.5　歩行支援機構

図 6 に歩行支援機構を示す．股関節，膝関節，足首関節に，それぞれピッチ軸①，②，③を設けている．また，下肢装具の長さは調整することができる．装着は，まず接続用ハーネス（図7）を着用者に事前に装着し，ハーネスごとベルトを用いて身体を吊り上げるとともに，膝固定部④，足固定部⑤をベルトで体に固定する．

歩行支援機構には，図 8 に示すように，McKibben 型人工筋肉を片足に 4 本（図 8（M1～M4））配置している．蹴り出しの際には M2 と M3 の人工筋肉を収縮させる．振り出しの際には，まず M1 の人工筋肉を収縮させることで動作を行うが，この際 M4 の人工筋肉も収縮させることで，足と床の間のクリアランスを確保する．その後，M3 の人工筋肉を収縮させることで膝を伸展させる．

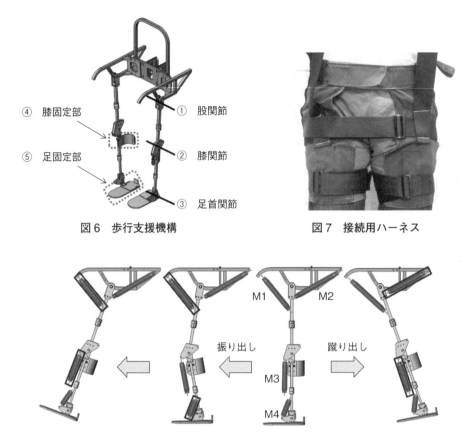

図6 歩行支援機構　　　図7 接続用ハーネス

図8 歩行動作の実現

3. 歩行障害をもつ方による試乗

実際に歩行障害をもつ方3名（被験者A，B，C）に，アクティブ歩行器を使用した歩行訓練を行っていただいた。この方たちは残念ながら，どのような訓練をしても自立歩行はできないが，約1年間，定期的に研究室に歩行訓練に来られている。

被験者A（図9）は39歳男性で，急性大動脈瘤解離，蘇生後の後遺症による高次脳機能障害で全麻痺の方である。月に1回，アクティブ歩行器に乗っている。被験者B（図10）は59歳男性で，事故による遷延性意識障害により全麻痺の方である。月に2回，アクティブ歩行器に乗っている。被験者C（図11）は45歳男性で，三好型筋ジストロフィーの進行により2年前から自立歩行ができない。週に1回，アクティブ歩行器に乗っている。なお，被験者Cは，上半身を自分で動かすことができるため，コントローラにより自分で歩行器の制御ができるが，被験者A，Bは，第三者がコントローラを操作する。

アクティブ歩行器使用による効果を，被験者ごとに以下に列挙する。

被験者Aは，歩行の前後で，被験者の表情がはっきりするようになり，アクティブ歩行器の動作に合わせて脚に力を入れ，首を起こし，声を上げるようになった。

被験者Bは，
● 体幹が強くなってきた：アクティブ歩行器から立ち上がった際に最初は体が歪んだり，左右に倒れていたのが，しっかりまっすぐ立っていられるようになった。また，首が左右に

第3章 介助する

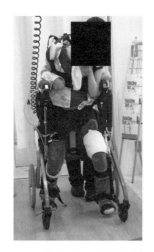

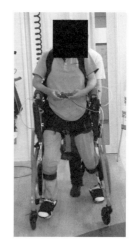

図9　被験者Aの歩行訓練の様子　　図10　被験者Bの歩行訓練の様子　　図11　被験者Cの歩行訓練の様子

よく動くようになり，以前のようにうなだれた感じがなくなった。まだ自分で頭をグーンともち上げることは難しいが，少しずつ上がってきている。

- 体全体に筋力がついている：足の裏（固くなっている），もも，特に臀部，腰，背中に筋力がつき，体全体が筋肉質になってきた。歩行訓練は足を前後に交差し，コンプレッサの振動で下肢から体幹を通して全身に刺激が入っているように思う。家でトイレ介助として便座に座る訓練をしているが，便座⇔車いすの移乗の際，立ち上がる時に時々力が入ることが増え，少し中腰で立っていられる（→介助が楽になる）。まだ自発的に筋肉を動かすことはできていないが，反射的に力が入ることは多くなった。
- 顔の表情が豊かになった：歯の矯正をしているせいもあるが，無表情が多かったのに笑い顔の出現が多くなった。
- 持久力がついてきた：胸部のベルトや首のサポート（？）で苦しいはずだが，この1年で随分耐久力や持久力がついてきた。一時間同じ体勢で立っていても耐えられるようになった。
- 全身運動で血流がよくなり頭がすっきりするだけでなく，筋力を増加させ，「寝たきりの患者」でも全身の筋力トレーニングになっている。
- ヘルパーさん他，訪問リハの関係者の皆さんが一様に変化を喜んでくれている。

被験者Cは，
- 歩行訓練では，足を前に出すと同時に股関節と膝関節は前に開き，足関節は自身の体重がある程度足の裏にかかった状態で一歩を踏み込む。そして前に進むためにこの足を後ろに引く。その時にも股関節は後に開き足関節も曲がるので，腿や脹脛の筋肉も延ばされる感覚がある。よって，股関節・膝関節・足関節の拘縮を予防または緩和はできていると思う。また，歩行訓練での筋肉の伸縮運動は主に足であるが，体幹の筋肉も一部伸縮運動をしていると考える。理由は，体幹はハーネスで固定されているが，立位の状態や歩行時には無意識にバランスをとろうとしている感覚があるからである。
- 理学療法士（PT）によるリハビリでは部分的な筋肉の伸縮だが，この歩行訓練では下肢全体の筋肉の伸縮運動ができる。リハビリでお世話になっている先生に，アクティブ歩行器

— 155 —

を使用している動画を見ていただいたところ，そのようにお聞きした。自分でも，PTとアクティブ歩行器での下肢全体の筋肉の伸縮運動には違いがあると実感している。

● 立位や歩行時に，自身の体重が足の裏にかかる状態で訓練ができているので，骨に刺激が伝わり，骨粗しょう症の予防ができる。

● 普段，動かすことができない筋肉の伸縮運動ができるので，血流がよくなり浮腫みを予防することができる。歩行訓練の翌日やその週などは，起床後の足の浮腫みがないが，歩行訓練を受けない週や期間が長いと浮腫みが出る。

● 床ずれ（褥瘡）を予防することができる。現在，自分には床ずれ（褥瘡）の病状はないが，電動車いすに座っている時間は1日約15時間で，お尻の床ずれ（褥瘡）になる危険性があり，歩行訓練をすることにより，その予防になる。

● 運動不足によって発症する，生活習慣病を予防することができる。現在，病気の影響で運動機能の低下により運動ができず，生活習慣病での肥満を予防するのが非常に困難。現在，自分に必要な1日のエネルギーは約1,400 calで，お腹に脂肪を貯めないようにするには1日約800 calくらいに抑えるとよいと管理栄養士に報告を受けた。よって，バランスのよい食事と歩行訓練により，肥満予防ができるのではないかと考えている。

● 歩行訓練を行うことによる心理的効果では，立位や歩行をすることにより目線が高い位置に変わり，ストレスが軽減できると思う。日常生活では，電動車いすを使用しているので目線は常に低い位置にある。また，多くの物が高い位置にあり目線を上に向けることが多いので，知らず知らずにストレスを感じていると思う。立位や歩行をすることで，自立歩行時の感覚を思い出し，病気やさまざまな事柄に対しても前向きになれると思う。

4. まとめ

　本節では，転倒の心配がなく，起立支援から歩行支援までを行うことができるアクティブ歩行器を紹介した。さまざまな歩行器が開発されているが，この歩行器はどなたでも，外科的に問題なければ，この装置だけで立ち上がり，歩行動作ができるという特徴がある。実際の有効性を示すために，定期的にご使用いただいている3名の方から寄せられた生の感想を紹介した。現在，製品化に向けた再設計を行っており，ひとまず複数台を無償で提供していきたいと考えている。

文　献

1）厚生労働省：平成23年生活のしづらさなどに関する調査，2．厚生労働省社会・援護局障害保健福祉部企画課（2013）．

2）H. Kobayashi, T. Karato, S. Nakayama and K. Irie：Development of an Active Walker and Its Effect, Third Asia International Symposium on Mechatronics, 381-386（2008）.

3）C. P. Chou and B. Hannaford：Measurement and Modelling of McKibben Pneumatic Artificial Muscles, *IEEE Transactions on Robotics and Automation*, **12**(1), 90-102（1996）.

4）H. F. Schulte：The Characteristics of the McKibben Artificial Muscle, The Application of External Power in Prosthetics and Orthotics, National Academy of Sciences-National Research Council, *Publication*, **874**, 94-115（1961）.

◆ 第2編　新しいロボットによるプロセスイノベーション～ロボット概要とその用途～
◆ 第4章　屋外で作業する

第1節　災害対応ロボット開発

株式会社移動ロボット研究所　小栁　栄次

1.　はじめに

　災害対応ロボットの開発が広く知られたのは，2001年9月11日に発生した同時多発テロにより被災したワールドトレードセンタービルに関する活動報告である。わが国では，1995年1月17日に発生した阪神淡路大震災後，2002～2006年度に文部科学省「大都市大震災軽減化特別プロジェクト」において本格的な開発が開始された。当時は，レスキューロボットシステムとよばれ，

①　被災地の上空からヘリや気球による情報収集
②　がれき上を移動するクローラ型・ジャンプ型ロボットによる情報収集
③　がれき内の狭隘空間を移動するヘビ型ロボットによる情報収集
④　広域災害情報収集のためのユビキタス情報端末

などを中心に研究開発が行われた。

　レスキューロボットは，地震や噴火などの自然災害，コンビナートや原子力施設などの大規模な事故およびテロなどから，主に要救助者の捜索と人命救助，施設等の被害状況調査を目的に設計されている。ロボットによる活動では，

①　二次災害の恐れのある被災地で，安全が確保された地点からロボットを遠隔操作できる
②　人間の能力を超えた探索活動，救助活動ができる
③　危険な現場でも短時間でセットアップし，速やかに探索活動を行い，低コストで効率の高い運用を図り生存率の向上を実現する

　しかし，直接的な救助の例として期待されるている，倒壊家屋の下敷きになっている要救助者をロボットが直接救出することは，現在の技術レベルでは非常に困難である。

2.　RoboCup レスキューロボット実機リーグ

　災害対応ロボットの開発を困難にしているのは災害現場の複雑さである。自然災害，大規模事故，テロ災害などそれぞれ特有の課題が存在する。また，すべての課題に対しある程度以上の性能をもつことが求められ，1つでも達成できない部分があると使われないシステムとなる。

　レスキューロボット実機リーグは，2001年の世界大会から実施されている。基本的には，災害現場を模擬したフィールドにおいて，ロボットの走行性能，装備品の機能が試される。具体的には，ロボットやフィールドを直接見ることのできない隔離された場所から操縦者が遠隔操作によりレスキューロボットを操縦もしくは自律移動ロボットで情報を収集する。フィールド内は階段，急坂路があるとともに，走行路はがれきで覆われ，高さも制限される。ロボットは，複数置かれた被災者を探索し性別，服装，特徴と場所をある程度特定し，発見場所をフィール

－157－

ド地図上に記録し，その正確さを競うものである。要救助者の探索には，カメラ画像，サーモグラフィ，二酸化炭素センサ，マイクロフォンなど複数のセンサの併用によって確認される。またフィールドの地図は，レーザーレンジファインダなどなどにより自動生成することが求められている。RoboCupでは，競技という性格上順位は得点で表され，発見した要救助者の数，情報の正確さ操縦者の人数などにより評価される。

図1 6自由度マスタースレーブ型マニピュレータを装備し，要救助者を捜索するQuince

黎明期の開発にあって，RoboCupの果たした役割は大きく，レスキューロボットに対し，何をしなければならないか，性能，機能，その目的と目標を明確にした。図1は2010年シンガポールで開催された世界大会に出場したQuinceである。QuinceはアメリカのDHS/NISTが主催するResponse Robot Evaluation Exerciseにも参加した。図2は2010年Disaster CityでのQuinceである。当時NISTはレス

建造物の壁面にあけられた進入口
図2 Disaster Cityの施設例

キューロボットの性能評価に関する研究を行っていた。Quinceの開発では，NISTの評価方式で期待される機能，性能をできるだけ満たす設計した。図2の写真はロボットの大きさの指針とした例である。アメリカでは，建造物に一辺およそ20インチの正三角形の穴をあけるテンプレートがあり，重装備のレスキュー隊員が要救助者を救出できる最低限の大きさとしている。レスキューロボットには，自力でこの穴を通過できることが求められる。

3. Quinceの開発

Quinceは2005～2011年「戦略的先端ロボット要素技術開発プロジェクト 被災建造物内移動RTシステム（特殊環境用ロボット分野）：NEDO」の予算で東北大学およびIRS：特定非営利活動法人国際レスキューシステム研究開発機構により開発された。Quinceの開発目的のイメージを図3に示す。Quinceの外観上の特徴は，ボディ全体を覆うように装着されるメインクローラと，前後左右に装備されるサブクローラである。メインクローラは左右が独立して制御され，その駆動力はそれぞれ左右のサブクローラに伝達される。4本のサブクローラはそれぞれが独立して正転・逆転が可能であり，軸中心に無限回転することができる。またフットプリントの95％以上が地面に対して駆動力を伝達することができる。不整地や段差踏破では，前方

第4章 屋外で作業する

地下鉄サリン事件のようなテロが発生したときの初動調査を目的にしている。テロ攻撃により，通信施設にも被害が及ぶとされ，およそ700 mの有線インフラの開発も行われた。このときの経験が，福島第一原子力発電所のモニタリングロボットとして転用された原発対応型 Quince の開発に役立つ結果となった

図3　NEDO 戦略的先端ロボット要素技術開発プロジェクトによる Quince の開発イメージ

のサブクローラを段差エッジに引っかけるとともに，後方のサブクローラでロボット本体を押し上げ，後方に転倒するのを防ぎ容易に走破することができる。

3.1　Quince の耐衝撃機能

不整地走破能力が高いことにより，転落・滑落の恐れのある現場で活動することになる。Quince には，約2 m からの転落・滑落に耐えるため，組継ぎ型ラダーフレーム構造を採用した。また，衝撃を受けやすいサブクローラの回転軸，滑落時の衝撃を受けるメインクローラの回転軸は，それぞれ回転型ダンパーを開発し装備した。メインクローラ（タイミングベルト：H 型）を駆動するプーリは通常金属製であるが，Quince ではゴム製を開発し衝撃力を緩衝している。図4に Quince の諸元と構造を示す。

3.2　東京電力福島第一原子力発電所モニタリングロボット

2011年3月11日に発災した東日本大震災，完成直後の Quince をモニタリングロボットとして活用するプロジェクトが3月18日より開始された。Quince は，レスキューロボットとして人命救助や被災地の情報収集を目的に開発されたが，原子力災害は想定していない。Quince の特徴はがれき上や階段などの「不整地走行能力」が非常に優れたロボットであり，水素爆発後のがれきで覆われた原子炉建屋内での活動が期待された。一方で，

① ロボットに搭載している CPU ボード，各種機器類，センサなどに使用される電子デバイスの耐放射線特性

② 堅牢な原子炉建屋内は，遮蔽のため無線通信ができないとされる。Quince に搭載してい

- 159 -

第2編　新しいロボットによるプロセスイノベーション

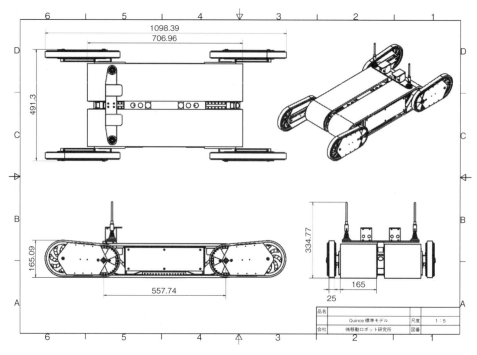

図4　Quince 標準仕様の面図

る通信機材，運用できる可能性のある無線機器これらの検証実験が必要
③ 2号原子炉建屋内は，温度：40℃，湿度：100％の環境であり，カメラのレンズは曇り，
画像データによる遠隔操作は不可能になる

という問題があった。さらに，日々刻々と変化する災害現場に対応した開発が求められた。

3.2.1　電子デバイスの耐放射線特性

　Quince に装備されている電子機器（CPU ボード，無線機，モータードライバ，DC/DC コンバータ，バッテリ，CCD カメラ，レーザレンジファインダ）を国立研究開発法人日本原子力研究開発機構高崎量子研究所にて検証実験を行う（図5）。実験では，コバルト60を線源に20 Sv/h の放射線を5時間連続で照射した。この間，15分ごとに CPU を起動停止したり画像データをチェックした。各部品は，トータルドーズ100 Sv で被曝したが，故障は一切しな

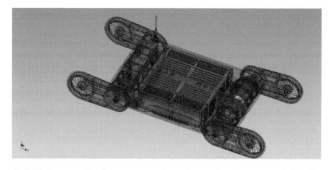

中央部は CPU ボード，モータードライバ，ビデオサーバ，無線通信機，DC/DC コンバータなどの制御機材。筐体の両脇には Li-ion 電池が搭載される。重量の重い部材は筐体の下部に集中させた。比較的トレッドの幅が広く静的なバンク角は80°を超える

図5　Quince の内部構造

かった．4日後にさらに同様の検証を行った．この結果，124 Sv 付近でレーザーレンジファインダがノイズを発生し実用不能に，さらに 169 Sv 付近で CCD カメラが故障した．

これらの検証結果を受け，Quince には遮蔽を装備しないこととした．仮に放射線の影響を 1/2 にするには，およそ 13 mm の鉛板が必要であり，Quince に装備すると 21 kg の重量増を招く．Quince は走行状態で 26 kg のロボットであり，遮蔽による走行性能の低下は多大であると考えた結論である．

3.2.2 通信ケーブル巻き取り機構

2011 年 4 月，中部電力浜岡原子力発電所 1 号原子炉建屋内で通信実験を行った．機材は，Quince に搭載しているもの，小型ロボットに搭載可能なものをそれぞれ実験した．この結果，お互いのアンテナが見通せる状態では通信可能であったが，それ以外ではロボットを制御するには適さないと判断した．

その後，光ファイバ，同軸ケーブル，LAN ケーブルなど片端から実験を行い，最終的に VDSL モデム方式：ツイストペアケーブルで，500 m の遠隔地から 25 Mbps の通信レートでロボットを操作するシステムを完成させた．これに合せ，通信ケーブル巻き取り装置も開発し，福島原発で運用している．図 4 の標準型 Quince と比較すると重量は 20 kg 増加した．一方で，最大速度は 1.2 m/s から 0.35 m/s に落とし，重量の増加と傾斜 40 度の階段へ適用させた．図 6 に原発対応型 Quince の外観を示す．

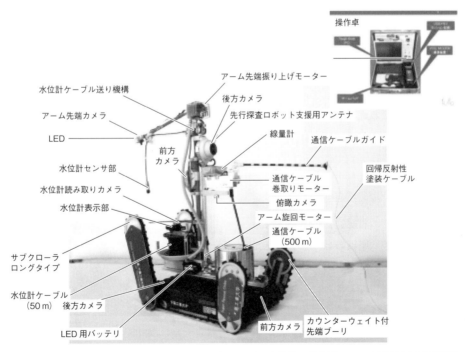

前方に水位センサ設置アーム，後方は 500 m の通信ケーブルを搭載．操作用カメラと詳細な写真撮影用カメラなど 7 台のカメラを搭載する．重量は 47 kg でおよそ 3 時間稼働する

図 6　Quince 1 号機

3.2.3 高温／多湿環境への適用

室温40℃，湿度100％の環境下で実験を繰り返し，各種の曇り止めの実験を行う。最終的には，レンズを暖める方式を提案し，検証の結果実用的であると判断し採用した。

このように，災害現場への短期間での適応は困難を極めた。

3.2.4 災害現場への適用

Quinceの福島第一原発対応への改造は2011年5月中旬まで行われ，目的とした機能は実装された。一方で，研究開発直後のロボットシステムを，それまでロボットと無縁な人たちが，もっとも過酷な原子力災害の現場で操作するという前代未聞の対応となった。システムとしての完成後，オペレータの育成がはじまり，福島原発に勤務する技術員がその任に当たり，操作感と現実の環境，放射線への恐怖などさまざまな側面から改良が施され6月下旬現地に投入された。Quince 1号機は冷温停止への情報収集，5階燃料プールでのモニタリングなどの活動を行ったが，10月のミッションの帰路，通信ケーブルは施設の機材と絡まりケーブルが切断し帰還不能となった。その後，ケーブル巻き取り装置を改良したQuince 2号機，3号機が現場に投入され，5階燃料プールの撮影に成功するなど，モニタリングロボットとして活躍した。

3.2.5 Quinceの火山対応，雪上走行

Quinceは軽量であること，接地面積が広いこと，サブクローラを有することなどから火山や雪上での適応，問題点の抽出を目的に実験を行った。

火山灰地での走行実験では，最大傾斜線に沿った直登坂，斜め登坂，斜走行などをそれぞれ傾斜角の異なる斜面で行った。また，実際の火山での無線通信の問題となっている長距離伝送，尾根のピークを越えたときの通信確保，アンテナの形状など初歩的な課題を明確にした。さらに，災害対応ロボットの耐環境特性，雪面での振る舞いを検証する実験も実施された。図7に雪上走行のようすを図8に火山灰地での走行実験を示す。

火山灰や砂礫と異なり溶けた雪が水となり細部に侵入しその後凍結。再稼働時に動作不良を起こすなど，運用する環境に応じた対策の重要性が確認された

図7 雪上環境でのテスト走行

クローラには火山灰に適応するパドルを取り付け走行した。この実験では，パドルの材質，大きさ，取り付け間隔，耐久性，操作性の変化などを中心に試験を行った

図8 軽井沢町，小浅間山を踏破するQuince

4. 特殊環境対応ロボット Sakura の開発

 2012〜2013年，国立研究開発法人新エネルギー・産業技術総合開発機構（NEDO）により，原子炉建屋内で活動可能なロボットシステムとして「災害対応無人化システム研究開発プロジェクト　作業移動機構」の開発が行われた。このうち，小型の移動ロボットに対して2つの異なるミッションへの対応が求められた。

4.1　狭隘空間先行調査型ロボット：Sakura

 福島第一原発原子炉建屋内における地上階および地下階の先行探査用ロボット。原発内の階段は地上部分の傾斜角が42°，地下部分は45°，最大54°の箇所が存在した。地下部分への階段や踊り場の幅は70 cmほどある。図9に開発中のSakuraを示す。

 Sakuraには，実施するミッションに応じて下記機器の搭載と機能が求められた。

(1) 搭載機器
 ● ダストサンプリング機能
 ● 環境計測用三次元センサ，線量計測，温度・湿度計の搭載

(2) 走行性能
 ● 段差踏破：傾斜45°の踏破
 ● がれき走破：（ランダムステップフィールド走破）
 ● 最大傾斜登坂：45°（階段のエッジ状態にもよる）

(3) 耐過酷環境性
 ● 防塵，防水（ロボット除染システムが機能するための防塵，防水機能の実現）
 ● 原発対応版 Quince 規格の耐熱温度性能
 ● 通信ケーブル利用による確実性の高い大容量通信

(4) 簡易メンテナンス性
 ● 機構的メンテナンスフリー性
 ● 機能のセルフチェック機能（不具合があった場合の自動リスタート機能）
 ● 被ばく防護・作業用手袋（三重構成）を装着しても扱える操作卓およびロボット（機器間のケーブル接続，機器操作，バッテリ交換等）

(5) 電源の改良
 ● 本体・操作卓，すべて同一種のバッテリとする。

 これらの要求項目に対し，設計上の課題として，幅70 cmの通路への対応と急峻な階段昇降である。ロボットの大きさへの対応は，図10に示すように全長（534 mm）と全幅（386 mm）を短く，結果として対角線長（659 mm）を実現した。階段への対応として，前方サブクローラの先端プーリの材質をABSからSUS

傾斜角54°階段昇降能力，幅70 cmの隘路での方向転換ができる

図9　開発中の Sakura

第 2 編　新しいロボットによるプロセスイノベーション

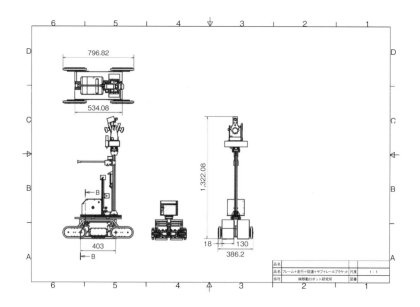

小型低重心に特化した Sakura の構造。バッテリ，モーター，駆動メカなど重量物は可能な限り低い位置に配置している

図 10　Sakura の 3 面図と内部構造

304 に変更するとともに，後方サブクローラの全長を長くし，昇降時の重心位置を可能な限りロボット中央部に維持する構成としている。

　現場環境への適用として，Quince の運用で問題になったバッテリ交換時の被爆（ロボット本体付着した放射性物質）に対し，プラグイン充電方式を開発し，5 秒以内に充電開始できるシステムを開発した。また，地下の走行路面はグレーチングで構成されクローラロボットの方向転換を困難にしている。これに対しては，クローラのエッジ形状をさまざま試行し，階段昇降時のトラクション確保とグレーチングでの方向転換を両立させた。**図 11** にグレーチングと階段を走行する Sakura を示す。

第4章 屋外で作業する

(a) グレーチングには製品によりピッチが異なるため，クローラのピッチで問題解決をするのではなく，クローラの接地部分の形状で解決した

(b) 幅70 cm の階段踊り場で方向転換するSakura。実験では，45°の階段を昇降中である

図11　クローラロボットの方向転換が困難なグレーチング上での走行試験

5. 災害対応マルチロボットシステム

　災害対応ロボットの開発において，実証実験の重要性が再認識され，2014年度より「次世代社会インフラ用ロボット現場検証：国土交通省」が実施されている。本システムは，2014年度の現場検証の後，問題点の改良とシステム全体のコンセプトを一新させたモデルとして試作した。図12に開発のコンセプトを示す。

　開発目的は，2012年5月に発災した「八箇峠トンネル爆発事故：天然ガスが原因」や2012年12月に発災した「中央高速道路笹子トンネル天井板落下事故：固定部材の経年劣化が原因」への対応とともに，人の立ち入りが困難な災害現場での情報収集を目的としている。

　現場検証の対象分野として，トンネル崩落において，人の立ち入りが困難若しくは人命に危険を及ぼす災害現場において，

① 爆発等の危険性を把握するための引火性ガスにかかわる情報の取得ができる技術，システム

② 崩落状態および規模を把握するための高度な画像・映像等が所得できる技術，システムの開発が求められる。災害現場として，照明のないトンネル内にあって，崩落したがれ

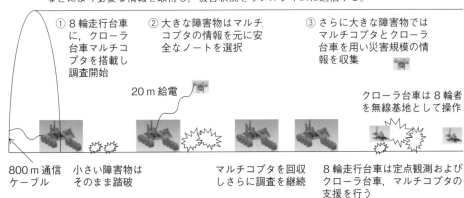

図12　災害対応マルチロボットシステムの開発コンセプト

第2編　新しいロボットによるプロセスイノベーション

図13　実証実験フィールドを走行するマルチロボットシステム

図14　LED照明の限られた視界での走行

きによる段差，障害物を走破し目的地に到達できること。引火性のガスがある条件下で移動できること。トンネル内で無線を含む信頼性の高い通信方式をもつこと。調査位置が把握できること
などが求められている。

5.1　開発のコンセプト

　国内の道路トンネルは技術革新により1kmを越えるものが500ヵ所以上ある。事故は，出入り口近傍とは限らず中央部で発災すると数百m以上障害物のない平坦地を移動する。クローラ型移動ロボットは対地適応能力は高いが，最高速度は低く，走行時の消費電力が大きい。一方で車輪型移動ロボットは，ほぼその逆の特性をもつ。どの方式の移動手段を用いても操作に必要な情報のうち，高所カメラ画像は入手できない。高所からの俯瞰画像は被災地の複雑な地形の中で，ロボットの走行ルートを選択する上で重要なデータとなる。図13，図14に，国土交通省国土技術政策総合研究所実大トンネル，長さ700mを用いて行われた実証実験のようすを示す。

5.2　災害対応マルチロボットシステムの概要

　本システムは6輪駆動走行台車，6自由度クローラロボット，マルチコプタより構成される。

5.2.1　6輪駆動走行台車

　最高速度2.4m/s，可搬重量150kg，登坂能力25°の6輪移動ロボット。台車上にはクローラロボット：45kg，マルチコプタ：2.6kg，走行用Li-ion電池：25kg，マルチコプタ用鉛電池：8kgを登載する。また，VDSL方式ケーブル長さ1,000mの完全自動巻取・送出機能付き有線通信ユニットをもつ（ケーブル：14kg，巻取装置：7kg）。

　6輪車には，クローラロボット用の中継基地として利用する無線機器，4方向調光可能LED照明，通信機能付き可燃性ガスセンサ，PT雲台付きサーモグラフィ，高精細PTZカメラなどが装備される。

6輪車は6輪駆動方式を採用し，不整地走行用の低圧タイヤをもつとともに，登坂時には重心位置を前方に傾け重心位置を本体中央部に移動させ安定化させる機能。さらに斜面を斜めに走行するためのトラバース機構を装備している。

5.2.2　6自由度クローラロボット

クローラロボットは Quince 同様の走行性能と特徴をもち，6輪台車に登載された無線機器を中継基地として100 m 程度の範囲で活動可能である。6輪台車への乗降は遠隔操作により何回でも随時行うことができる。

オペレータからの通信システムでは，VDSL 方式のケーブル長さ1,000 m に無線中継を経由するが，上り40 Mbps 下り7 Mbps 程度の通信レートでシステムを運用している。

5.2.3　マルチコプタ

マルチコプタは市販品を流用し運用している。基本的な運用の目的は，グランドビークルに取り付けたカメラの高さがおよそ1.2 m であるのに対し，エアロビークルは有線給電方式でも10 m の高度を容易に保つことができる。この特性を利用したグランドビークルの走行中のルート探索である。有線によるマルチコプタは親ロボットの上空をきわめて安定して連続飛行することが可能で，目標物への接近以外特に制御する必要がない。

6.　火山調査ロボット

火山噴火に伴う人的被害は1991年6月に発生した雲仙普賢岳大火災流や2014年9月に水蒸気爆発を起こした御嶽山の噴火が記憶に新しい。

2015年5月神奈川県箱根町大涌谷周辺で火山性地震が観測され気象庁は噴火警戒レベル2を発令した。6月にはGNSSデータから山体の膨張も観測されレベル3に引き上げられた。その後火山活動は低下し9月にはレベル2に，11月にはレベル1に引き下げられている。一方，神奈川県は9月に火山活動の活発化に伴う大涌谷周辺の現地ニーズに迅速に対応していくため，さがみロボット産業特区で培った技術・ノウハウを活かし「火山活動対応ロボット緊急開発プロジェクトチーム」を発足させた。

開発を委託されたロボットシステムは3つのタイプで，県産業技術センター，県温泉地学研究所らの指導助言を受けるなど，官民一体の開発が行われている。

6.1　火山活動対応ドローン
6.1.1　開発目的
- 人が近寄れない区域で情報収集を行う。
- より低高度での飛行を可能とすることで，より高精細な映像を得る。
- 大涌谷の谷内部にセンサ等の機器を設置するのに先立ち，地表の温度を計測する。

6.1.2　開発する主な機能
- 温度計測のための赤外線サーモグラフィを搭載する。

● GPSによる自動運転機能や，障害物センサによる衝突回避機能をもたせ，各種調査を山間部で安全に行うことを可能とする。

6.2 火山活動対応地上走行車
6.2.1 開発目的
● 人が近寄れない区域で情報収集やサンプリング作業を行う。
● 立入規制の解除後に人が立ち入るのに先立ち，安全を確保するため，地表の火山ガス濃度等の情報を収集する。

6.2.2 開発する主な機能
● 大涌谷の谷内部で走行可能なクローラ等を備えた車体を製作し，火山ガス等をサンプリングできる機構や，火山ガス濃度等が計測できる計測器を搭載する。

6.3 火山活動対応地すべり警報システム
6.3.1 開発目的
● 地すべりの兆候を把握して警報を出し，作業者等の安全を確保する。
● 火山環境で長期間の使用ができるようにする。
● 大涌谷の谷内部へドローンにより運搬できるようにする。

6.3.2 開発する主な機能
● 地すべりセンサを大涌谷の谷内部に設置し，地すべりの兆候を把握して，400 m 以上離れた場所へ無線通信による警報を発信するシステムを構築する。
● センサには，ドローンでの運搬を可能とするための機構や，地熱による故障，火山ガスや温泉成分による腐食を避けるための耐性を付加する。

6.3.3 火山活動対応地上走行車
当社では，上記目的を達成するため図15に示すクローラロボットを開発している。開発に

平坦地での走行姿勢

走行路の状況によりメインクローラを振り下げ障害物を乗り越える

図15 クローラ揺動機構により対地適応能力の向上

当たっての課題は，
① 大涌谷の噴気はおよそ200℃で腐食性ガスに富んでいる
② 火山性地震により，小規模の崩落があり調査経路の登山道の一部にがれきが散乱している
③ 登山道は谷や噴気孔を迂回する形で構成され，幅員が狭くカーブが多い
④ 登山道の階段部分は自然石で構築され（図16），エッジ部分がなく，高さ幅とも不連続である
⑤ 大涌谷は霧が発生しやすいこと，温泉成分を含む水蒸気が至るところから噴出し，ロボット自体を見失う恐れのあること

図16 自然石で構築されている大涌谷の登山道

などであるが，もっとも解決が難しい課題は，火山活動の活性化により，新たに形成された噴気孔が生み出した地下部分の空洞である。噴気口が地表に出現するとき，地下部分の土砂も一緒に吹き上げた空洞であるが，その大きさと位置は陥没するまで判断できない。

6.3.4 移動のためのメカニズム

クローラロボットには，本体の前後左右に合計4本のメインクローラが装備され，左右はそれぞれ独立に制御される。4本のクローラは，筐体の中央付近を支点にモーターにより揺動可能である。この機構により，階段や段差の昇降を容易にしている。また，右側の2本，左側の2本のクローラは筐体に対しそれぞれ独立して昇降可能である。この機構は，登山道の一部が谷の斜面を斜めに横切る形で形成され，この部分を安定して走行するためのトラバース機構として運用される。図17におよそ30°の階段を昇降するロボット図18にトラバース機構の動作状況を示す。

図17 さがみロボット産業特区プレ実証実験フィールドを走行するクローラロボット

図18 トラバース機能により斜め走行でも車体の安定化を図る

第2編　新しいロボットによるプロセスイノベーション

6.3.5　火山活動調査のための計測機器

大涌谷の火山活動の推移を観測するための装備として，

① 　クローラロボットに装備されル計測器
② 　定点観測装置

の2つがある。

クローラロボットには，登山道近傍の調査を実施するため，

① 　通信機能付き火山性ガスセンサ（硫化水素，二酸化硫黄）
② 　サーモグラフィ
③ 　PTZ 付高精細ビデオカメラ
④ 　GPS

が装備される。

定点観測装置の重量はおよそ 30 kg であるが，クローラロボットにより運搬され必要とされる場所に設置される。定点観測装置には，硫化水素，二酸化硫黄，二酸化炭素をそれぞれ検知するガスセンサが内蔵され，1時間ごとに外気のサンプリングを行い，火山性ガス濃度を記録する。データの記録は連続して3週間可能である。実際の運用では，3週間ごとにバッテリの交換，データの回収，センサのためのフィルタ交換を行い，再び設置される。また，火山活動の推移を直接判断するデータには，噴気量の推定と噴気温度の測定が重要とされる。このため，噴気孔内部に

① 　ピトー管による流速測定
② 　熱電対による温度計測

も実施される。その他の機能として，噴気孔近傍の噴出物，堆積物のサンプリングが求められ，7自由度のマニピュレータも他の機器と排他的運用となるが搭載される。

7.　おわりに

災害対応ロボットの開発においてもっとも重要なことは，災害現場を想定しそこで運用可能なシステムを想像できることである。それには，実際の災害現場に足を踏み入れ，その過酷な条件でロボットの要素技術を個別に実験する必要がある。

災害対応ロボットは「人が立ち入ることが困難な災害現場において……」行う必要がある。ロボットは本質安全設計を基本に設計されるとして，非常停止装置，回路のブレーカやヒューズなどは，ロボットを帰還不能な事態を招く要因になる可能性もある。一方でそれらが機能しなければ，システム全体を失う可能性もある。これにはロボットの設計者の意図と，運用サイドの知見が融合した開発が求められる。

Quince 1 号機は2号建屋3階で通信ケーブルの断線により帰還不能となり，その状況はいまだに継続している。故障したロボットは通路の障害物となる。また使用していた通信ケーブルは階段や通路に敷設されたままとなった。その後の調査に使用された Quince 2 号機では，ロボットの先端から高さ 1.5 m の範囲には，放置されたケーブルを切断するためのカッター刃を装備したという苦い思いもある。しかしロボットシステムは使われなければ進化しない。災害現場で助けを求める人たちのため研鑽が求められる。

◆ 第2編　新しいロボットによるプロセスイノベーション～ロボット概要とその用途～

◆ 第4章　屋外で作業する

第2節 親子型運用を可能とする クローラー式災害無人調査ロボット開発

国立研究開発法人産業技術総合研究所　加藤　晋

1. はじめに

　日本では，台風やゲリラ豪雨などによる土砂災害が頻発し，さらに火山や地震などの大規模な災害が発生しており，災害への備えや迅速な対応が課題となっている。また，このような自然災害だけでなく，社会インフラとしての橋梁やトンネル，ダムや河川施設等の老朽化への対応が喫緊の課題となっているが，特にトンネルでは崩落事故が起こっており，さまざまな災害を想定した対応が求められてきている。災害対応では，まず現場の状況把握が重要であるが，過酷な環境であり二次災害の危険性がある場合には人の立入りが困難な場合が多くある。このような環境や現場の要求に合わせて，調査や作業を遠隔操作によって行うロボット技術が期待されている。たとえば，マルチコプタ等のドローンを遠隔操作や自律飛行をさせて，災害現場を上空から撮影することや，バックホウなどの重機を無線操縦化して，無人で施工することなどがすでに行われている。しかし，災害現場の環境は，多種多様であるため，新たな現場へのアクセス技術を備えたロボットの開発が行われている。

　本節では，土砂災害や地震等による倒壊家屋やトンネル崩落等の災害現場における初動調査を想定した，遠隔操作によるクローラ式の災害無人調査ロボットを親子型の2台で協調して運用することを含めた，国立研究開発法人産業技術総合研究所（以下，産総研）における災害対応ロボットの開発[1]を紹介する。

2. 災害対応ロボットの開発

　先に述べたように，近年日本では，土砂災害が頻発している。直近では，2014年8月豪雨による広島市の土砂災害において，死者74名，重傷者8名となっている。また，火山災害では，2014年9月の御嶽山の噴火で死者57名を出している。さらに，社会インフラに関連したものとしては，2012年12月には，笹子トンネル天井板落下事故が起き9名の死者を出している。社会インフラの老朽化への対応という課題と共に，災害への対応にロボット技術を活用することの期待が高まってきている。そこで，経済産業省および国土交通省では，「維持管理・災害対応（調査）・災害対応（施工）」の3つの重要な場面におけるロボットについて，その開発・導入分野を明確化するなど実用化に向けた方策を検討するため，2013年7月に「次世代社会インフラ用ロボット開発・導入検討会」を設置している[2]。そして，2013年12月に社会インフラ用ロボット開発・導入の重点分野として，橋梁，トンネル，河川およびダムの水中箇所などと共に，土砂崩落や火山噴火における災害調査や応急復旧の分野を策定し，各省で研究開発事業，現場検証事業を2014年度から開始している。このうち，研究開発事業は，国立研究開発法人新エネルギー・産業技術総合開発機構（NEDO）の委託事業として，「インフラ維持管理・更新等の社

図1　災害調査用地上／空中複合型ロボットシステムを用いた災害調査のイメージ

会課題対応システム開発プロジェクト」[3]が実施されている。この他にも内閣府のSIP（戦略的イノベーション創造プログラム）において，「インフラ維持管理・更新・マネジメント技術」の課題が取り上げられ，災害対応に関連研究した研究開発が行われている。

産総研では，このプロジェクトにおいて，㈱日立製作所，㈱エンルート，八千代エンジニアリング㈱と共同で，地上移動型と空中飛行型のロボットの利点や特徴を活かした複合的な形態で運用をめざした「災害調査用地上／空中複合型ロボットシステム」の開発を行っている。

この開発では，図1に示すように，災害時の初動の現場調査を想定している。まず無人調査ヘリによる現場上空から撮像を行い，オルソ画像や三次元処理画像として可視化することで，状況把握を早期に行い，対応計画などを迅速に進めようとするものである。さらに，これらの情報や計画を基に，無人調査車両を用いて詳細な現場状況や土壌サンプルなどの採取を行い，二次災害への対応や復旧計画のための情報を収集しようとしている。災害時の現地状況に合わせ，長時間の監視が必要な現場では，有線給電を用いた係留型ヘリを無人車両に搭載して現場投入することや，無線中継させることなどを想定した開発を進めている。

3. 親子型災害調査ロボットの開発

災害現場の中で，図2に示すような地震による倒壊家屋やトンネル崩壊の災害現場での初動の状況調査では，二次災害の危険性の中で，倒壊現場にいかにアクセスするかが重要となる。現場周辺も含めて，段差や傾斜，狭隘部などさまざまな移動の障害が想定され，それらを踏破する必要がある。また，災害の初動調査では，アクセスにかかる時間も重要であり，高い移動速度が求められる。このような災害現場の初動調査では，内部における人の存在が不明の場合，大型重機は使用できず，人手や災害救助犬などに頼っているのが現状である。二次災害の危険性からも，遠隔から無人で調査できるロボットの利用が期待されている。しかし，狭隘部など

第4章 屋外で作業する

図2 倒壊家屋例（阪神淡路大震災）[4]

上部センサやコントローラ，前後のアームには災害現場に合わせて搭載機器を変更可能である。右が前方アーム

図3 CRoSDIの外観

表1 CRoSDIの諸元

全幅	約100 cm
全高	約126 cm（赤外センサ搭載時。搭載センサにより変化）
全長	アーム収縮時：約130 cm，アーム伸張時：約225 cm
重量	約230 kg
走行速度	最高：8 km/h
稼働時間	約1時間半
走行距離	約12.8 km
探索範囲	約1 km^2（Wi-Fi通信範囲による）
防水性	雨天運用可（防滴），25 cm程度の水没可
段差乗り越え	最大33 cm程度
登坂傾斜	30°程度

の調査を目的とした小型ロボットでは，移動速度や探索範囲，不整地の踏破性に限界があり，より移動速度や不整地踏破性の高い中型ロボットでは，狭隘部などの調査に限界がある。そこで，産総研では，災害調査ロボットとして，これらの2つのロボットを組み合わせた，中型ロボットに小型ロボットを搭載する形の親子型ロボットでの運用を提案している。

中型ロボットとして開発しているのは，図3に示す無人調査プラットフォーム車両の「CRoSDI：Crawler Robot System for Disaster Investigation（災害調査用クローラロボットシステム）」である。基本的な諸元を表1に示す。

図3に示すように前後に車体をもち上げられる強力アームを装備しており，約30 cmの段差を乗り越えることが可能である。図4に30 cmの段差乗り越え時の一連の動きを示す。前後アームには電動シリンダが装着されており，それらの伸縮によりアームを地面に設置させ，さらに車体をもち上げることを可能としている。

第2編　新しいロボットによるプロセスイノベーション

(a) 前方アームを段差に接地　　(b) 車体もち上げと前進　　(c) 後方アームによる車体もち上げと前進

図4　CRoSDIの段差乗り越え時（30 cm）の一連の動き

(a) 外観　　　　　　　　　(b) 各種センサ

図5　DIR-3の外観と各種センサ

　また，この前後のアームには，調査する現場での要求に合わせて，土壌や火山灰などのサンプリングを可能とするバケットの搭載や土壌の水分を計測する水分計を搭載することが可能となっている。ロボットの上部にも，調査する現場での要求に合わせて，センサ等を配置，変更が可能となっており，赤外センサによる人検知，測量センサによる精密測定，三次元センサによる地形把握などが可能である。さらに，別途，ガスセンサを搭載してガス検知も可能である。

　このCRoSDIに搭載する小型ロボットは，図5に示す産総研の神村明哉主任研究員が主に床下等の検査用途で開発した「DIR-3：Dexterous Inspection Robot 3（小型探索ロボット）」である[5]。基本的な諸元を表2に示す。

　アームを利用して自分の高さの1.5倍の段差（18 cm）を越えられ，転倒から自動で復帰するなど，小型ロボットとしては高い走破性能をもっている。また，遠隔で高解像度映像，サーモグラフィ機能，距離計測，温度，湿度，気圧，照度，3軸姿勢，3軸ジャイロ，3軸磁気方位を

表2　DIR-3の諸元

全幅	29 cm
全高	12 cm
全長	37 cm（アーム含まず）
重量	7.5 kg
稼働時間	3時間程度
探索範囲	約100 m^2（Wi-Fi通信範囲による）
防水性	防水仕様ではないが，水深15 mm程度可
段差乗り換え	15 cm程度

(a) 前方アームの降車面への接地　　(b) DIR-3のアームを上げ前進して降車

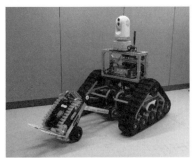 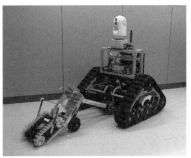

図6　DIR-3のCRoSDIの前方アームからの乗り降り

取得でき，GPS，線量計，ガスセンサ（一酸化炭素，メタン，LPガス）も搭載可能である。アームを傾けることで，真上や真下の観察も可能である。人が入ることが困難な狭い場所や危険な場所を遠隔で調査するためのロボットとして開発されたもので，床下・天井裏の検査，工場・プラント内検査など狭隘部点検へ応用が可能である。

この小型探索ロボット「DIR-3」を，災害調査用クローラロボット「CRoSDI」の前方アームに搭載することで，親子型の災害調査ロボットとして運用する。これにより，倒壊近辺までCRoSDIで高速に障害を乗り越えて移動接近し，DIR-3で狭隘部を探索することで，アクセス速度短縮，作業範囲拡大を図ることができる。また，CRoSDIはDIR-3への無線の中継機能も有しており，センサ等の変更による現場に適応した情報取得と共に調査範囲，対象の拡大も可能である。図6に示すように，CRoSDIの前方アームを降ろし，DIR-3のアームを回転させて，スロープを降りることが可能である。また，反対に，DIR-3のカメラ映像からCRoSDIの前方アーム先のスロープの中心をめざして移動し，スロープを登ってDIR-3のアームを，CRoSDIの前方アームの固定部分に引っかかるように下げれば，遠隔操作でも乗り込むことが可能となっている。

4. 現場検証

先に述べた，「次世代社会インフラ用ロボット開発・導入重点分野」の策定を受け，国土交通省では，開発・導入を促進するロボットの現場検証および評価を行うことを目的に「次世代社会インフラ用ロボット現場検証委員会」を2014年2月に設置している。2014年4月から「次世代社会インフラ用ロボット技術・ロボットシステム」について民間企業等への公募を開始し，実現場を利用したロボットの評価を行っており，2015年にもロボット技術・ロボットシステムの公募を行い，国土交通省の直轄現場等における現場検証を実施している[6]。ここで紹介している「災害調査用地上／空中複合型ロボットシステム」についても，災害調査技術として応募し，土砂崩落やトンネル崩落についての現場検証を受けている。

親子型ロボットの運用に関しては，2015年10月，11月につくばの国土交通省国土技術政策総合研究所の実大トンネルで行われたトンネル崩落などを想定したトンネル災害調査についての現場検証に参加している。トンネル災害調査に用いたロボットは，図7に示すように無線中継機としての「RCPV：Remote Control Platform Vehicle（遠隔操作プラットフォーム車両）」を

第2編　新しいロボットによるプロセスイノベーション

合わせて，3台を用いた。トンネル入り口付近には，ロボットの操作のための基地局として，操作卓，アンテナ（平面，指向）と，各ロボットの操作用ノートパソコン：3台，コントローラや無線機などを配置して，トンネル内部の調査を行った。この時に使用した無線の仕様は，操作・画像系統共にIEEE 802.11n，2.4 GHz帯で，中継自動切り替え，RCPVの中継車両操作系統のみ2.4 GHz帯プロポ使用した。調査は映像記録を主とし，カメラ映像ビ

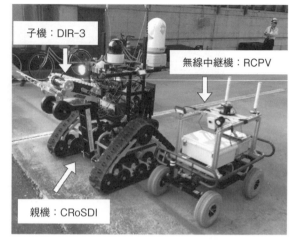

図7　トンネル災害調査の現場検証に使用したロボット

(a) 通信遮蔽用ゲージ　　(b) トラック　　(c) 軽自動車

(d) 天井崩落模擬板　　(e) ひび割れ模擬板　　(f) 水滴落下等の櫓

図8　トンネル災害の現場検証時の取得画像

(a) 遠隔操作によるDIR-3の降車　　(b) 狭隘部の連携調査（DIR-3の操作者は，CRoSDI等のカメラ映像も利用して操作）

 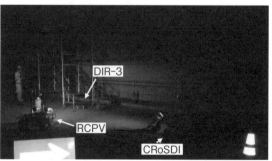

図9　トンネル内の櫓付近におけるDIR-3の調査（人は検証の記録員）

- 176 -

デオ / 写真，制御画面等を取得し，ガス検知機の数値や警報情報も取得可能とした。

　トンネル内には通信の遮断を意図したアルミカバーのゲージなどがあったが，RCPV による無線中継を行いながら，抗口から 700 m の終端部まで CRoSDI で調査することが可能であった。**図8**にトンネル災害の現場検証時の取得画像の一部を示す。内部の状況を遠隔から確認し，トラックや軽自動車のナンバープレートの映像記録や，天井崩落模擬板やひび割れ模擬板の状況，水滴落下等の槽を調査することが可能であった。また，**図9**に示すように，トンネル内の槽付近では，DIR-3 を降ろし，槽の下に入るなどの調査を行うことも可能であった。この現場検証においては，あまり出番はなかったものの親子型ロボットの運用による災害調査の有用性が確認できたと考える。

5. おわりに

　本節では，産総研における土砂や火山，トンネル崩落等の災害調査に対し，調査範囲の拡大などを図るための親子型による協調した運用を可能とした災害調査用ロボットの開発などについて紹介した。このような調査対象へのロボットによるアクセス技術は，人による調査や作業が，危険や困難，または苦渋となるさまざまな現場において求められており，それぞれに合った移動機構や移動制御の研究開発が必要である。さらに開発においては，運用を考慮したシステムの高信頼化とリスク対応策の検討が，ロボットの可用性，安全性の向上には不可欠である。これらに配慮しつつ，今後も，喫緊の課題となっている老朽化する社会インフラや産業インフラの点検維持の現場や，過酷な災害現場で活躍できる頑健性，信頼性の高いロボットシステムを開発し，導入判断に資する評価や基準策定などにも取り組んで行く予定である。

文　献

1 ）加藤晋ほか：インフラ維持管理・災害対応のためのロボット技術の開発，日本機械学会 第 23 回交通・物流部門大会 講演論文集，2101，No.14-65（2014）.

2 ）国土交通省総合政策局公共事業企画調整課：次世代社会インフラ用ロボット開発・導入検討会，https://www.mlit.go.jp/sogoseisaku/constplan/sosei_constplan_fr_000022.html（2013）.

3 ）国立研究開発法人新エネルギー・産業技術総合開発機構：インフラ維持管理・更新等の社会課題対応システム開発プロジェクト 基本計画（2014）.

4 ）財団法人消防科学総合センター：倒壊家屋（阪神淡路大震災），災害写真データベース（2016）.

5 ）神村明哉：小型移動検査ロボット DIR-3 ―遠隔操作で狭い場所や危険な場所を調査―，産総研一般公開 2012，https://unit.aist.go.jp/chugoku/even/2012/20121025-26_program/I-15.pdf（2012）.

6 ）国土交通省総合政策局公共事業企画調整課：平成 27 年度 次世代社会インフラ用ロボット現場検証（総括），http://www.mlit.go.jp/report/press/sogo15_hh_000145.html（2015）.

◆ 第2編　新しいロボットによるプロセスイノベーション～ロボット概要とその用途～
◆ 第4章　屋外で作業する

第3節　無人トラクタ開発

北海道大学　野口　伸

1. はじめに

　わが国の食料生産基盤は脆弱で食料供給の安全保障体制を強化するためには多大な努力が必要である。食料自給率（熱量ベース）は39％（2013年）に過ぎず先進諸国の中で最低である。農業就業人口は1990年には482万戸であったのに対して，2014年には227万戸と過去24年間で47％にまで激減した。加えて，農村地域では，若年層の流出により，2013年の基幹的農業従事者の平均年齢は66.5歳になり，労働力不足は深刻な状況にある。コメを含む農産物の輸入自由化が進む中で，国際競争力を確保するために，いままで以上の品質の向上や生産コストの削減が求められており，国内農業の構造改革とあわせて革新的な技術開発により，一層の品質の向上や生産コストの削減を図ることが喫緊な課題となっている[1]。また，1戸あたりの耕地面積は増加しながらも耕作放棄地は増加の一途をたどり，2010年で40万haに達した。今後も農業の労働力不足は進むことが予想されており，今後無人化を含めた超省力技術の開発が，日本農業を持続させる上で必須である。

　他方，世界に目を転じると世界の人口は2010年で70億人となり，2030年には84億人，食料の需要は現在の50％増との推計があり，今後世界の食料需給バランスは崩れ，食料不足になる（世界食糧サミット，2008年6月）。さらに日本農業が抱えている労働力不足は先進諸国・新興国でも共通である。農業従事者の減少は進み，特に技術を有した人材の不足は課題になっており，国際的に車両系農業機械の無人化は高いニーズがある。現在無人トラクタはアメリカ・ヨーロッパ・中国・韓国・ブラジルなどで開発中である。本節では無人トラクタ開発の現状と課題について論じる。

2. 無人トラクタ開発の現状

2.1　無人トラクタの構造，機能

　無人トラクタは一般の農用トラクタを改造したもので，制御用パソコンから自動車などに使用されている車内通信システムのCAN-BUSを介して操舵，変速，機関回転数設定，作業機昇降，PTOのオン・オフを行う。位置計測には誤差2cmのRTK-GPS（Real Time Kinematic GPS）を，また慣性航法装置（IMU：Inertial Measurement Unit）を姿勢角センサとして使用している（図1）。IMUは3軸の光ファイバジャイロスコープと3軸の加速度計で構成されている。IMUから出力される傾斜角はGPSアンテナの傾斜補正にも利用している。また，作業計画に基づいた無人作業システムを構築するために，経路情報とトラクタへの動作指示を含んだナビゲーションマップを使用している。

－179－

2.2 目標経路への追従制御法

農業の場合，トラクタの目標経路は直線とはかぎらず曲線の場合もある。このような曲線経路を含め，目標経路の生成自由度を高める上で経路を点群によって記述する。本項では点群で目標経路を記述した場合の追従制御系の設計法について論じる[2]。地上座標系の元で目標経路の要素データをナビゲーションポイントとよび $\omega_i^* = (x_i, y_i)$ として，二次元ユークリッド空間 E^2 の部分集合である作業経路 Ω^* を式(1)で定義する。

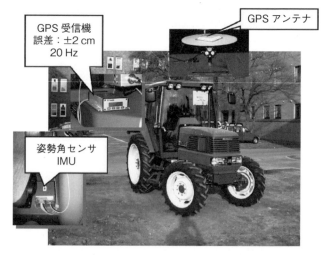

図1 無人トラクタと航法センサ（北海道大学）

$$\Omega^* = \left\{ \omega_i^* \middle| \omega^* \in E^2, 0 < i \leq N \right\} \tag{1}$$

図2に点群経路に対する操舵制御系のアルゴリズムを示す。ϕ は Y 軸に対するトラクタの絶対方位，ϕ_d は目標方位，そして ε，$\Delta \phi$ をそれぞれ横方向偏差と方位偏差と定義する。

2.2.1 横方向偏差

現在のトラクタの位置ベクトルを $\eta \in E^2$ とすると，η から Ω^* の中の最も近い点 ω^*_{C1} と次に近い点 ω^*_{C2} は以下のように求められる。

$$\omega^*_{C1} = \left\{ \omega_i^* \middle| \min_{i=1}^{N} \| \omega_i^* - \eta \|, \omega_i^* \in \Omega^* \right\} \tag{2}$$

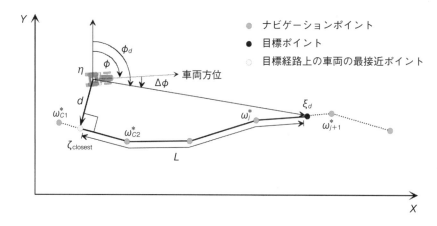

図2 点群経路への追従制御法

$$\omega^*_{C2} = \left\{ \omega_i^* \left| \min_{i=1}^{N} \left\| \omega_i^* - \eta \right\|, \omega_i^* \in \Omega^*, \omega_i^* \neq \omega^*_{C1} \right. \right\} \tag{3}$$

ただし‖‖はベクトルのノルムを表す。

閉空間は $[\omega^*_{C1}, \omega^*_{C2}]$ は式(4)で表される。

$$\left[\omega^*_{C1}, \omega^*_{C2} \right] = \left\{ \zeta \left| \zeta = \lambda\,\omega^*_{C1} + (1-\lambda)\,\omega^*_{C2}, 0 \leq \lambda \leq 1, \zeta \in E^2 \right. \right\} \tag{4}$$

ここで ζ は ω^*_{C1} と ω^*_{C2} 間の内分点を表わす。以上から横方向偏差 ε は式(5)で求められる。

$$\varepsilon = \min_{[\omega^*_{C1}, \omega^*_{C2}]} \left\| \zeta - \eta \right\| \tag{5}$$

2.2.2 方位偏差

方位偏差 $\Delta\phi$ は目標方位とトラクタの絶対方位の差である。

$$\Delta\phi = \phi - \phi_d \tag{6}$$

したがって，$\Delta\phi$ を得るためにはまずトラクタの目標方位 ϕ_d を求めなくてはならない。走行方向が $\omega^*_{C1} \to \omega^*_{C2}$ にあると仮定する。式(5)を満たす ζ を ζ_{closest} とし，さらに制御パラメータとなる前方注視距離 L を導入して，以下の2つの式を満たすナビゲーションポイント ω^*_j を Ω^* から検索する。

$$L_1 = \left\| \omega^*_{C2} - \zeta_{\text{closest}} \right\| + \sum_{i=C2+1}^{j} \left\| \omega_i^* - \omega^*_{i-1} \right\| \leq L \tag{7}$$

$$L_2 = \left\| \omega^*_{C2} - \zeta_{\text{closest}} \right\| + \sum_{i=C2+1}^{j+1} \left\| \omega_i^* - \omega^*_{i-1} \right\| \geq L \tag{8}$$

2点 ω^*_j と ω^*_{j+1} を結ぶ線分上の位置ベクトル ζ の動く範囲は，以下の式で表わされる E^2 の部分空間 Z となる。

$$Z = \left\{ \zeta \left| \zeta \in E^2, \zeta = \lambda\,\omega_i^* + (1-\lambda)\,\omega^*_{i+1}, 0 \leq \lambda \leq 1 \right. \right\} \tag{9}$$

ここで $\Delta L = L - L_1$ とおくと，以下の式を満たすベクトル $\zeta_d \in \Xi$ が，前方注視距離 L を考慮した目標点である。

$$\left\| \zeta_d - \omega^*_j \right\| = \Delta L \tag{10}$$

したがって，目標方位 ϕ_d は，$(\zeta_d - \eta)$ と Y 軸方向ベクトルの内積により計算され，

$$\cos\phi_d = \frac{(\zeta_d - \eta) \cdot d_y}{\left\| \zeta_d - \eta \right\|} \tag{11}$$

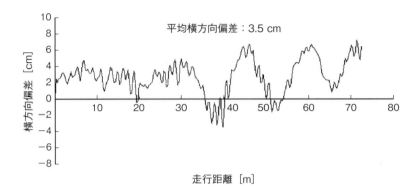

図3 無人トラクタの走行精度

$$\phi_d = \cos^{-1}\left\{\frac{(\zeta_d - \eta) \cdot d_y}{\|\zeta_d - \eta\|}\right\} \quad (12)$$

ただし d_y は Y 軸方向の単位ベクトルである。

以上から方位偏差 $\Delta\phi$ は式(6)によって求めることができる。

2.3 作業走行結果

　無人トラクタが走行すべき経路を地図としてもっていると耕うん，播種，中耕，防除，そして収穫までのすべての農作業を無人化できる[3]。さらに，無人トラクタ自身で格納庫から農道を通って作業すべき圃場に移動して作業を行い，作業終了後に自ら格納庫に戻るといった一連の作業の完全無人化も可能である。中耕・除草作業，防除作業などの条間管理作業は特に走行精度が要求されるが，その精度も達成している。図3に無人トラクタ作業時の目標経路に対する横方向偏差（走行誤差）を示したが，最大±8 cm，平均 3.5 cm であり，人間の運転能力を超える作業精度を有している。農業は天候に左右されるので，次の日が雨の予報の時は夜を徹して作業することがある。無人トラクタの場合，安全に 24 時間体制で作業させられるメリットは大きい。

3. 無人トラクタ技術の実用事例

3.1 GPS ガイダンス・オートステアリングシステム

　無人で動く機械はいまだ世界的に実用化していない。その理由は無人機の安全性にある。現状では無人で作業する前段階としてトラクタなどの農機の操縦を楽にする GPS ガイダンスシステムや GPS オートステアリングシステムが普及している。図4はガイダンスシステム，オートステアリングシステムの基本パーツである。ガイダンスシステムはカーナビのトラクタ版といえるもので，直進作業を行う上でライトバーの指示通りにハンドル操作すればトラクタ作業の経験が浅いオペレータでも精度の高い直進走行ができる。日本国内でもガイダンスシステムは近年急速に普及が進んでいる。

　一方，運転操作を自動化したものがオートステアリングシステムである。図4は既存のトラクタに後付けできるオートステアリングシステムである。ハンドルを電動モーターで操作する

第 4 章　屋外で作業する

(a)　ガイダンスシステム　　　　(b)　オートステアリングシステム

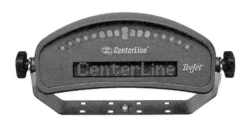

図 4　GPS ガイダンスシステムと GPS オートステアリングシステム

ことで自動走行を行う。ただしオートステアリングシステムは，米国では約 40 ％の農家が使用しているが，日本ではまだ普及が十分に進んでいない。これはオートステアリングシステムがいまだ高価であることも一因であるが，いつでも，どこでも安定して使用できないことも理由である。これは GPS 自体の限界であるが，GPS 衛星数が限られているため防風林や建物のそばでは測位精度が上がらない，もしくは使用できないことがある。

図 5　有人・無人協調作業システム

3.2　有人・無人協調作業システム

　無人トラクタを安全に使用できる方法として人間との協調作業があり，国内大手農機メーカーが 2018 年をめどに商品化する予定である。この協調作業システムは人手不足から無人トラクタを 1 日でも早く農業生産に使用したい農家の提案から生まれた。図 5 のように前方に無人トラクタが無人で整地作業を行い，有人トラクタが無人トラクタを追従して施肥・播種作業を行う[4]。無人トラクタはあらかじめ決められた経路を 3 cm 程度の誤差で走行できる。後方トラクタのオペレータは無人トラクタが残したマーカー軌跡を追従すれば精度よく作業できる特色を有している。

　また無人トラクタの走行停止・再開，走行速度の変更，耕深の調節などは後方の有人トラクタから遠隔操作できるので圃場の状態に応じた適切な作業設定ができる。この協調作業システムによって慣行作業と比較して作業時間を 42 ％節減できる。加えて，整地と播種を同時にすることで，①降雨後の作業再開が円滑にできる，②雑草の発芽が均一になり雑草管理が容易になる，また無人トラクタが先行することで③不整形の圃場における作業経路が最適化できるなど，数多くの特長を有している。今後，無人トラクタと有人トラクタによる協調作業システムの他作業への拡大を進めていく予定である。

　他方，無人で動く機械がオープンフィールドで使用されるので，有人トラクタとの協調といえでも安全性の確保には配慮が必要である。この協調作業システムの場合，前方の無人トラク

タに障害物検出センサを搭載し，さらに無人トラクタの前後左右にカメラを取り付けて無人トラクタの周辺状況を有人トラクタで監視できるようにしている。しかし，この無人トラクタ使用の安全性の問題は技術だけで解決できるものでない。現在，農林水産省はこの協調作業システムの安全確保ガイドラインを策定中で，2，3年以内には整備される見通しである。

4. 今後の展望
4.1 完全無人作業システム

　無人トラクタ，無人田植機，無人コンバイン，そして無人機用各種作業機が開発されており，次世代は図6のように地域内で複数の無人農機に同時作業させられる遠隔監視システムが望まれる。管制室にいる1人のオペレータが複数台の無人機を管理できるシステムである[5]。さらに大区画圃場においては耕うん，整地，代かきの夜間作業も可能とある。ただし現状では無人機の遠隔監視用の電波がないため完全無人作業システムの実現には，まだ4〜5年かかる見込みである。無人トラクタの将来展望が図7である。

　1つ目は1人が無人トラクタに搭乗して複数の無人機を監視するシステムである。前述した[3.2]の有人・無人協調作業システムは無人トラクタ1台と通常のトラクタによるシステムであったが，図7のシステムは3台以上の無人トラクタによる協調作業であり，人間は自動運転のトラクタに搭乗し，無人トラクタ群の監視と作業速度や耕深などの設定・調整が任務となる。このシステムの場合，複数の無人機を同時に使用するので作業能率は格段に向上するのはいうまでもない。また，運転操作が必要でないため高齢者，女性，初心者などでもオペレータの役

図6　完全無人作業システム

図7　無人トラクタの将来展望

割を果たすことができる。

　もう一つの将来像は無人トラクタが生育状態を認識して最適な作業を行うことができるスマート無人トラクタである。無人トラクタが篤農家に匹敵する農作業の知識を有する。インターネットに接続してさまざまな情報を収集・解析して的確な作業を自律的に行う。最近話題の「モノのインターネット」（IoT：Internet of Things）の農業利用であるが，拡張性が高く，低コストに実現できる生産システムである。いわばスマート無人トラクタは「単純作業用無人トラクタ」から農業を知った「インテリジェント無人トラクタ」への進化を意味する。

4.2　準天頂衛星システム

　準天頂衛星システム（QZSS：Quasi Zenith Satellite System）は，常に日本の天頂付近に衛星1機が見えるように軌道設計された衛星測位システムであり，現在1機のみの運用であるが，2018年には4機体制になり，その後は米国のGPS衛星に依存しない衛星測位システムが確立できる7機体制まで拡充する計画である。

　準天頂衛星システムの機能は高仰角から航法信号（軌道情報および時刻情報）を提供する「補完機能」と測位精度を向上させる補強信号を送信する「補強機能」があり，前者は山間部やビル陰など十分に可視衛星数が確保できない場所において測位が可能になり，後者は準天頂衛星から放送される補強信号（L6）を使用することでセンチメートル級の測位精度を実現する。現在複数の補強信号が検討されているが，国内で整備される補強信号でセンチメートル級の測位精度が達成できるものはCLAS（Centimeter Level Augmentation Service）とよばれる補強信号である。このCLAS信号の受信は無料になる予定で，ユーザーは2～3cmの高精度測位サービスを基地局なしで自由に使用できることになる。

5．おわりに

　今後，日本農業へのICT・ロボット技術の導入は急速に進むことになるであろう。無人トラクタも有人・無人協調作業システムが3年後には実用化，普及する見込みである。農業の無人化も準天頂衛星が4機体制に整備される2018年を機に大きく進展することが予想される。他方，無人で動く機械がオープンフィールドで使用されるので，安全性の確保には特段の配慮が必要である。この無人機使用の安全性の問題は技術だけで解決できるものでない。その対応と

して重要な製造者−使用者−行政など関係機関による無人農機の安全性に関する議論が官主導で
ようやくはじまったところである。

文　献

1) 日本学術会議：IT・ロボット技術による持続可能な食料生産システムのあり方，日本学術会議提言（2008）.
2) 野口伸：ビークルオートメーション，近藤・門田・野口編，農業ロボット（I），コロナ社，143-205（2004）.
3) N. Noguchi：Agricultural vehicle robot, Agricultural Automation-Fundamentals and practices, CRC Press, 15-39（2013）.
4) C.Zhang et al.：Development of a cooperative working system of a robot tractor with a human-driven tractor, Engineering in Agriculture, Environment and Food, 7-12（2015）.
5) 野口伸：車両系農作業ロボットの開発動向，農林水産技術研究ジャール，**35**（2），10-15（2012）.

◆ 第2編　新しいロボットによるプロセスイノベーション～ロボット概要とその用途～

◆ 第4章　屋外で作業する

第4節　産業用ドローン開発

株式会社プロドローン　**市原　和雄**

1.　産業用ドローンの現状

　2015年2月，アメリカの連邦航空局（FAA：Federal Aviation Administration）がドローンの商業利用について大幅な規制緩和を行い，熱気を帯びはじめた市場のさまざまなニュースが飛びこんできたことは記憶にまだ新しい。同年9月にアメリカで開催された「インタードローン展」でもそれまでの機体や部品を中心とした展示に加え，さまざまなアプリケーションやサービスの展示が増え，有人航空機なみのトラフィック管理を目指した官民一体の実験もはじまり，産業用ドローン（Commercial drone）の市場は盛り上がりを見せている。

　日本でも同年9月に航空法の一部改正をはじめとし，無人航空機の飛行ルールが同年12月10日から導入されることとなり，ドローンメーカーやサービスプロバイダが対応を急いでいるが，実際にどのようなシーンでドローンを活用しているのだろうか。

　たとえば映像作品における表現手段としては，高画質なカメラを搭載したドローンが放送や映画などに活用されている。こうしたシーンにおいては，設計者としてのディレクターや映像作家がその表現の可能性を理解し，自らの作品に取り入れており，また，実務においても専門のオペレータが現れ，1つのツールとして定着したといえる。

　しかしながら，こうした映像作品への利用以外では，その話題性と日々伝えられるニュースの量から見れば，普及速度が鈍く感じられてしまう。

　現在，国内でもさまざまな用途で多くのフィジビリティスタディ（可能性の検討や検証）が行われ，実際の運用も視野に入れた検証結果も揃いつつあるが，新しいサービスとして安定したビジネスモデルを構築できたサービスはほとんどないといってもよい。

　こうした傾向は国内のみならず，アメリカでもやはり同様であり，さまざまな展示会では機体そのものの展示だけでなく，サービスを主体とした展示が増えつつあるが，やはりまだ先進的な事例の紹介というフェーズから脱し切れてはいない。

　原因としてはつまるところ，信頼性と安全性，そしてユーザビリティとアプリケーションの4点がそれぞれ抱えている課題にあり，これらが完全に解決されていないためと考えることができる。しかしながら逆の表現をするならば，現状はドローンという手段がさまざまなサービスに対して検討され，こうした課題がようやく明らかとなり，非常に早いペースで解決されつつあるフェーズであると表現することもできる。すなわち，過去にあった携帯電話や，インターネットという幾多のパラダイムシフトと比較するならば，まさしくその夜明け前の状態に他ならない。

　本節では，夜明け前のドローン市場について，前述の課題をそれぞれ検証してみたい。

第2編　新しいロボットによるプロセスイノベーション

1.1　信頼性についての課題

まず信頼性の課題について考える。

一般に業務用製品は，民生用に比較して格段に高い信頼性を有しているが，現状の産業用ドローンは，ホビー用に比較して圧倒的に信頼性が高いとはいいにくい。

多くの産業用ドローンで信頼性の高いモーターやESC（モーターの速度制御装置），バッテリを搭載しており，ドローンの基本的なコントロールを行う制御装置では二重化，三重化を実現している製品もあるが，他の業務用製品のように，明確に用途を分け，厳しい製品基準を満たした製品が提供されておらず，また，経験に裏打ちされ，定量化された指標も一般化されていない。

ドローンのメーカーでは，経験的に信頼性が高い部品や構造を採用し，全体の信頼性を向上させているが，それでも基準となりうる指標がないため，設計者の技量の差により，産業用ドローンの中にも疑問のある構造や，不適切な部品の採用が散見される。

また近年は特にコンピュータシステムにおいて，故障しない「リライアビリティ～信頼性」に加え，一部が故障しても全体の機能に影響を与えないディペンダビリティを考慮するようになりつつある。前述のような制御装置の多重化はディペンダビリティを向上させる取り組みであるが，ドローンにおいては一部の故障が危機的な状況に至る部分が多く，ソフトウェアの対応も不十分かつ未成熟である。

まとめると，ものづくりで行われる体系的で定量化されたプロセスがまだドローンの現場では普及しつつある段階であり，ドローンのコモディティ化と共に成熟することが期待される状況である。

1.2　安全性についての課題

次に安全性の課題については，自動車と比較してみよう。

大成功した初の量産車であるT型フォードからはじまり，自律走行，自動走行をもう少しで実現できるまでになった最近の自動車を例にとれば，現状のドローンはT型フォードにいくつかの高度なセンサをつけたアンバランスな状態にあるといえるだろう。衝突や墜落を回避するためのアクティブセーフティについてはようやく各メーカーが手段を揃えはじめたばかりであり，衝突後，墜落後の自機と周囲の損害を最小限にするためのパッシブセーフティについては，動作要件が不十分なままのパラシュートや墜落の衝撃緩衝装置が細々と提案されている程度である。

また特に操作系や，メンテナンスにおいて誤操作をさせない仕組みや，失敗させない仕組みとして，ドローンの飛行エリアを制限するジオフェンスといった機能や，一部の制御装置に機体傾斜の角度制限などが装備されつつあるが，いまだ操作者がドローンを不安定にし，墜落させる事は容易である。

1.3　ユーザビリティについての課題

3つ目にユーザビリティの課題について考える。

現在主流の操作方法は古くからある，プロポとよばれる装置による微妙なスティックの操作

であり，空間の中で方向を間違わず上下左右，および水平方向の向きを制御するには，シミュレータを使ったとしても短い期間で習熟することは難しい。

指と感覚で操作できるレベルとならなくては，想定外の現象や動作に対して的確に対応することも難しい。

たとえばクレーンの操作や，電気工事士のように免許制として，限られた操作者のみに限定することも1つの運用方法であるが，ドローンを活用するシーンは，そうした作業よりも格段に多くの用途にわたっており，旧来の操作方法とは異なる，より簡便で安全なユーザインタフェースを用意する必要があるだろう。

もちろん習熟した操作者による繊細な操作が，映像作品の製作現場で，作品の質に大きく寄与していることなどは間違いないが，より多くのサービスにおいて普及をめざすために，簡便で安全なユーザインタフェースの用意と標準化は必要なプロセスであろう。

1.4 アプリケーションについての課題

最後にアプリケーションの課題を考える際には，普及したパーソナルコンピュータ（PC）を例とするのが適切であろう。

各社が作成した異なったハードウェア（PC）は，Windows や，MacOS，Linux といったオペレーティングシステム（OS）とよばれる基本ソフトウェアで抽象化され，アプリケーションからはそうした差異を意識せずに使うことができるようになっている。

最近のドローンも，ハードウェアとしての機体の違いを，制御装置であるフライトコントローラが吸収し，上位から抽象的な操作が可能となるような仕組みをもつようになった。PC 用の OS でも，Mac や Windows があるように，ドローンの制御装置も，大別すると，DJI 系，DroneCode 系，それ以外に分けることができる。

DroneCode は 3D Robotics（以下，3DR）社が中心となり，オープンソースの制御装置を進めたもので，現在は Linux Foundation の管理下で世界中の開発者が協同して機能と性能の向上を行っている。オープンソースプロジェクトであり，ユーザーは基本的な制御部も含めて自由に変更することができるが，やはり高度なロジックとノウハウで洗練されてきた基本部分をいじることは難しく，外部からドローンを制御するための API を用意し，基本制御と追加機能を明確に分離する構成を推奨している。

中国広東省の DJI 社はホビーや，エントリーレベルの業務用途で年間数十万台の規模で機体を販売しており，圧倒的なシェアを有している。DroneCode と異なり，基本的な制御部はブラックボックスとしているが，DroneCode と同様，制御装置の機能を API から制御できるようにし，機能追加を容易にしている。

それら以外の制御装置も基本的に同様で，外部から制御可能なインタフェースを有し，責任分界点を明確とし，開発の難易度を下げる構成をとっている。

こうしたモデルが確立したのは 2015 年になってからであり，ようやくドローンという道具をサービスが要請する機能実現のためのプラットホームとして利用する素地ができたといえるだろう。

さて，こうしてサービスをアプリケーションとしてドローンに搭載することができる素地が

第2編　新しいロボットによるプロセスイノベーション

整ってきたが，現在の課題はサービスの要件定義がなかなか定まらないことであろう。

　たとえば従来は主に無人ヘリコプターで実現していた農薬散布の作業などについては，その
ビジネスモデルをそのままドローンで実現することもできるが，こうした問い合わせを行って
くる多くのユーザーは廉価で容易であることを期待するのみで，ビジネスモデルが変わること
によるメリットとデメリットを理解した上で，新しい要求仕様を許容できる場合が多くはない。

　また，たとえば橋梁点検であれば，どのような点検をどのようなツールでどのように取得す
るかが確定しておらず，すなわち要件定義が確定していない状況であり，解決されていない技
術的な課題も多い中，制限と夢のような実現形態が交錯している状況である。

　そうした中でも先進的なユーザーは自ら要件定義を行い，ドローンメーカーと一つひとつ地
道に課題を解決しつつあるが，ドローンメーカーに求められることは，コンセプトと要望を確
実に動作させることができる技術力であり，ドローンメーカー全体の技術力向上も課題として
挙げてよいだろう。

2.　産業用ドローンのアプリケーション／サービス事例

2.1　空　撮

　事例としてもっとも初期から運用できたものとしては，本節冒頭で記したように，映像作品
としての空撮が挙げられるだろう。

　有人飛行機や有人ヘリコプターの利用に比べて低いコストでありながら，有人機ではなしえ
なかった高度からの俯瞰映像も可能となるため，クレーンを用いた映像とも異なる，新たな映
像表現として先進的なクリエータたちが着目し，これがドローン空撮を1つの市場に育てた大
きな理由と考えられる。

　近年デジタルカメラが高精細となり，高画質な動画も撮影可能となったため，比較的小さな
ドローンでも一般的には十分な画質の画像や映像を撮影することが可能となった。

　たとえばGoPro社の製品群はもともとドローン用ではなかったが，その大きさと画質のバラ
ンスがドローンに適しており，多くのユースケースを生み出した。

　しかし放送品質，映像作品としての品質を考えると，さらに高画質な，重量では1kgを超え
るデジタルカメラやさらに重い業務用ムービーなどの利用が求められるようになっており，特
に業務用，産業用としてはドローンの大型化が進みつつある。

　下記の事例は㈱プロドローン（PRODRONE，以下，当社）のもつペイロード30kgのドロー
ンに，キヤノン㈱の新製品であるEOS C300 MarKⅡを搭載し，プロモーションビデオを撮影
したシーンである。

　EOS C300 MarKⅡは撮影時のレンズを合わせると2.5kgを超え，カメラを装備して前後左
右のゆれをキャンセルするジンバルとよばれる装置を含めると総重量5kgを超えるカメラユ
ニットであり，こうした装備で撮影を行うには，他の用途よりも格段の安定性が要求され，ま
た，緻密な動作が実現できる大型ドローンが必要となる。

2.2　点　検

　次に事例として挙げるのは，まだフィジビリティスタディの域を出ていないが，橋梁や構造

物の点検用途への応用である。国土交通省が2015年に義務付けた道路橋やトンネルの近接目視の点検義務は，従来のやり方を改善するのみでは実現が難しく，新しく効率的な点検手法の提案が必要となった。

道路橋のみを対象としても，橋長2m以上の橋は全国で約70万ヵ所に上り，2015年度のデータでは，国土交通省が管理する橋梁約2万8,000カ所については約20%の点検が実施され，5年間で一度の基準を満たすことができたものの，市区町村が管理する橋梁約48万ヵ所については点検実施率が6%程度であり，単純換算ではすべての橋梁を検査するのに15年以上かかってしまう。

そこで従来より可能性が検討されてきたドローンを用いる近接目視の点検業務がクローズアップされてきた。

2015年6月に国土交通省が公開した「橋梁定期点検要項」では，点検におけるさまざまな条件を示しているが，特に着目すべきは，コンクリート表面での0.1mmのひびわれを検出しなくてはならない条件である。

最近の高い解像度のデジタルカメラであっても，たとえば水平画素が5,000程度であれば，1画素が0.1mmとすれば横方向に50cmごとの撮影が必要となる。実際にはひび割れは点ではなく，ある長さと変化した周辺領域をもつため，もう少し低い解像度でも画像上で認識可能であるが，デジカメの映像センサの性能やベイヤー配列による影響，およびレンズの性能の影響も勘案し，余裕を持ったサイズで撮影することが望ましい。

たとえば40cmごとに撮影する場合，画角45°のレンズで撮影するならば，壁面とカメラの距離は48cm程度となる。

この距離はドローンの構造を考えれば，ロータの先端が壁面にかなり接近することになるため，熟練した操作者を必要とする距離であり，可能であれば避けるべき飛行環境に相当する。

高い解像度をもつカメラとレンズはやはりある程度の重量があるため，ドローンのペイロードとして1〜1.5kg以上を想定すべきであり，ドローンのサイズを考えればこうした撮影が現在の撮影方法そのままでは実現できないのがわかる。

実際2015年度に，次世代社会インフラ用ロボット現場検証委員会が実施したさまざまな検証では，ドローンを用いたほとんどの事例で調査精度の不足が指摘されている。

さらに複雑な構造で，風の流れも複雑である環境においては，安定した飛行にも課題が指摘されており，これらの課題，すなわち安定した飛行としっかりと近接した撮影についての早急な対応が必要である。

2.3 測量

次の事例は，三次元測量である。

三次元測量は高精細なカメラ，もしくは3Dレーザスキャナをドローンに搭載し，移動しながら鉛直下方を連続して撮影，計測したデータを，ソフトウェアで処理し，3Dデータとして生成するものである。

写真を用いる場合は，それぞれの撮影範囲がオーバーラップするようにドローンを移動させながら連続して撮影を行う。撮影したデータにはGNSSによる位置情報と，撮影時刻が紐づけ

第２編　新しいロボットによるプロセスイノベーション

られており，これらの情報を基として視差情報を演算して立体写真を作り出している。

　3Dレーザースキャナは，レーザーを照射し距離を測定する仕組みを回転させ，周囲の距離を連続して測定することにより，その結果である点群データから立体データを生成するものである。電波を用いて距離を測定するレーダーと区別し，レーザーを用いた同様な仕組みをLiDAR（ライダー）とよぶ。

　高価なものは毎秒数十万回の測定を行うため，写真に近いデータ（点群データ）を得ることができるが，装置の重量が重く，また非常に高価なため，広く普及しているとはいいにくい。

　一方前述した二次元写真を組み合わせる3Dマッピングはソフトウェアも増え，データから容積を計算したりするなど付加機能も充実してきており，精度はそこそこであるが簡便な測量ツールとして定着しつつある。

　なお撮影したデータをインターネット経由でサーバーに送り，データ解析後の結果を受け取るクラウドサービスもはじまっており，多くは月額での課金であることから，初期投資を抑えて新しい技術を利用することができるようになりつつある。

　さらに可視光カメラを赤外線カメラに換装することにより，測量と同じ仕組みでアプリケーションの広がりが期待できる。

　たとえばメガソーラーにおける太陽光パネルの検査では，撮影により異常があるパネルを検出することができ，また農地の解析などに利用すれば，発育度合いの測定や圃場の状態のリアルタイムな可視化が可能となる。これらの結果は農地での作業を効率化するだけでなく，管理工数の削減も可能となる。

2.4　農　業

　また農薬散布も古くからあるアプリケーションであるが，ドローンを用いることで新たな市場が見えてきている。

　従来農薬散布は大型の無人ヘリコプターを用いて行われてきた。

　ドローンを用いる場合との比較ではいくつかのメリットやデメリットが存在するが，もっとも大きなポイントは，ドローンを用いることでより小規模な農家で導入が可能となる点である。

　機体の価格が廉価になることだけでなく，システムの維持費用を低減でき，また操作の難易度も低くなり，より小型の機体で実現できるようになることから，小規模な圃場での活用が十分成立するようになりつつある。

　これら以外にもさまざまなアプリケーションが提案されている。

　たとえばドローンに搭載したカメラの映像をリアルタイムで閲覧する，監視システムは汎用性の高いアプリケーションである。

　最近では箱根山の噴火の調査にも利用され，危険なエリアを上空から確認したり，被災地の状況の確認に用いたりするなど，成果を挙げている。

　さらにいくつかの警備会社では，人的警備の補助としてドローンの活用を模索しており，警備員がかけつける前にドローンが現場を確認する未来はそう遠くないかも知れない。

2.5 物 流

最後に 2015 年の後半にもっとも注目度が高まったサービスとして物流サービスに言及する。

日本では通販サイトとして知名度が高い Amazon.com 社が発表した Amazon Prime Air は顧客が発注した商品を 30 分で届けるというもので，配送にドローンを用いる革新的なサービスである。

この試みが成功するのであれば，物流サービスにあたえる影響の大きさは計り知れない。

Amazon Prime Air が提示する，"sense and avoid（検知して避ける）"技術や，高度な自動化技術が，想定されるさまざまな障害に対して有効であり，ビジネスモデルを成立させることができるかどうか，世界中が見守っている。

3. 産業用ドローンに求められる技術要素と今後の技術

制御の中心となるドローンの頭脳であるフライトコントローラ，モーターの速度制御を行う ESC，そしてモーターやプロペラ，そして機体構造など，それぞれにホビーとは異なった技術的な要素が求められる。

しかしながら本節では，それらの差異を語るにはページが少なく，もう少しマクロな視点で要素をまとめたほうがよいだろう。

3.1 信頼性にかかわる技術要素

そうした観点で，まず最初に挙げられる要素は，信頼性にかかわる技術要素である。

信頼できるドローンとは何か？　突き詰めれば制御が正確で，墜落しないドローンである。

操作者やプログラムの指示通りに動作しないドローンは，墜落しなくても脅威であり，安心して運用することはできない。またあらゆるケースで墜落した際にさまざまな問題，人身事故や物損，データの漏洩や機体の損傷が発生する。こうした状況を回避できるのが信頼性の高いドローンと定義でき，そのための技術開発が喫緊である。

なお，近年情報通信においては，従来からの信頼性にかわり，ディペンダビリティという言葉が使われつつある。障害を起こさない信頼性に対し，障害があってもなお動作を継続することができるような，より柔軟な信頼性がディペンダビリティである。

障害を起こさないことがもっとも安心できる状況であるが，どのように対策しても実体のある機械であれば故障率をゼロとすることはできない。そこに多大なコストをかけ，究極の信頼性を求めるのではなく，コストや工数のバランスを勘案し，障害があっても全体機能を継続可能な仕組みを作ることで，普及に適したコストのシステムを構築することができる。

ドローンのハードウェア，ソフトウェア，運用システムについても，こうしたディペンダビリティを考慮した技術開発が進んでいる。

もっともわかりやすい例としては，ハードウェア，機器の多重化である。ドローンの姿勢制御と移動を制御するフライトコントローラや，GNSS 情報を取得するアンテナ，その他各種センサを複数搭載し，一部が故障しても全体動作に影響のない構成とするものである。こうしたアプローチはいくつかのドローンメーカーやデバイスメーカーによって実現されつつあり，今後特に産業用ドローンにおいては主流となってくるだろう。

第２編　新しいロボットによるプロセスイノベーション

　また運用システムにおいても，地上局とドローン間の通信経路を二重化したり，GNSS 情報の信頼性が低い場合に別の位置制御方法が選択できるなど，蓄積されてきたさまざまな障害事例や故障モードに対して，仕組みとしてのディペンダビリティも構築されつつある。

　なお，機体の制御が不可能となった場合，機体を離陸点に帰還させたり，強制定期に着陸させることは，消極的なディペンダビリティであるが，こうした機能も普及しつつある。高価な機体やカメラを落とさないようにするのが基本であるが，操作者のミスや機体の故障などで安全に帰還させることができず，また安全に着陸させることができない場合，安全な場所に落とすことも検討すべきである。なぜならば，現場でドローンを用いた事例において，多くの操作者がもっとも恐れることは制御不能になった結果の飛去（fly away）であり，管理されたフィールドでの墜落よりも，はるか彼方の状況も判らない場所への墜落は身震いするほど恐ろしいという意見を多く聞くためである。

　こうした事例や情報をまとめ，最適なディペンダビリティの実現は今後ドローンを用いた業務サービスにおいて重要な要素となるだろう。

　なお，自動車や航空機がそうであったように，備えていても必ず障害は発生してしまう。そうした事例を反映し，二度と同じ障害を起こさぬよう対策することは非常に重要であり，そのためのフライトレコーダの仕組みも広い意味で信頼性に含めてよい技術要素であろう。

3.2　安全性にかかわる技術要素

　次に２つ目の要素として安全性にかかわる技術要素である。

　前述した信頼性やディペンダビリティと多少重なる部分があるが，たとえばアクティブセーフティとしては，始業前点検の徹底や，人や障害物を検知して自動的に回避行動を起こす仕組みなどがあり，パッシブセーフティとしては堅牢なプロペラガードや，発火しないバッテリ，パラシュートやエアバッグといった仕組みがこれに相当する。以下に代表的な安全性対策における現状と課題を提示してみる。

　まず人や障害物を検知して自動的に回避行動を起こす仕組みは，衝突回避装置（システム）とよばれ，代表的なものでは DJI 社が開発者向けツールとして販売している機体，Matrice 100 用のオプションとして，超音波センサとステレオカメラを組合せた Guidance という装置がある。2015 年の年末の時点で，DJI 社の業務用の機体やフライトコントローラにはまだ搭載されていないが，早晩標準的に装備されてくるだろう。

　また当社でも廉価な LiDAR（レーザーによる周囲距離検知の仕組み）と映像処理を組合わせた衝突回避デバイスを用意している。超音波を用いないメリットとしては音速に制限されないため，測定速度が高速であることや，長距離かつ距離と方位の正確性に優れる点が挙げられるが，一方でコスト的に高額で，上下方向の検出範囲が狭いといったデメリットもある。今後機体のコストに見合った最適な衝突回避装置が提案され，デファクトスタンダードとなるだろう。

　次の技術要素としてはパラシュートとエアバッグを挙げる。

　2015 年後半におけるアメリカの展示会などでは，落下を検知して自動的に射出されるパラシュートを散見することができた。

　後付けで容易に設置するためには，トリガーとして自由落下の検知がもっとも妥当であると

考えられ，多くのパラシュートメーカーがそうした仕組みで展示を行っていた。

しかしながら，ドローンが墜落に至るさまざまな故障モードを想定するに，自由落下とならない場合も少なくなく，またパラシュート放出後はプロペラを確実に停止しなければ，パラシュートの動作や仕組みに悪影響を与えたり，地表到達時に被害を拡大させることも想定され，今後はフライトコントローラや機体制御の仕組みと連携した仕組みが求められるようになっていくと考えられる。

エアバッグについてはいまだ購入可能な後付け商品を見つけることができないが，機体や特に高価なペイロードを守るために必要であり，インターネット上ではいくつかの実験的な映像を見ることができる。

いくつかの事例ではエアバッグが膨張したまま，単なる緩衝材として機能している例が見られたが，自動車に搭載されているものと同様，展開と特に収縮のタイミングを適切に設計しないと，より被害を拡大する可能性がある。すなわち，地表到達時の望ましい動作は機体が塑性変形し，可能な限りショックを吸収してそのまま地表に張り付くような形であり，われわれが実施したパラシュートを用いた墜落実験では，地表到達後のバウンドが機体各部やペイロードに大きな被害をもたらすことがわかっている。またこうしたバウンドは，地表に人や構造物があった場合，さらに被害を拡大してしまう原因となる。

このため，エアバッグもしくは風船が展開して機体やペイロードを守るだけでは不十分であり，地表到達と同時に衝撃を吸収し，即時に収縮して反発する力を押さえ込む必要がある。上記のような動作は非常に短い時間で空気の制御を行う必要があるため，ドローンに搭載可能な簡素な仕組みで電気的に制御することが難しく，単純な機構で効率的な衝撃吸収を実現するにはエアバッグに特殊な構造が必要となるだろう。

3.3 操作の容易性にかかわる技術要素

最後の要素として，操作の容易性にかかわる技術を挙げたい。

現在主流の操作方法は，プロポとよばれるスティックで操作を行う送信機を用いている。モードとよばれるいくつかの組合せがあるが，現在国内で主流のモード1では，左側スティックの上下が機体の前後移動（ピッチ）で，左右が機体の向き（ヨー），右側スティックの上下が機体の上下移動（スロットル）で，左右が機体の左右移動（ロール）を制御するようになっている。

手のひらサイズのホビーや，シミュレータで練習することである程度の熟練が可能であるが，実際にさまざまな風がダイナミックに変動する自然環境で自在に，かつ安全に離陸し，飛行し，着陸させることは相当の熟練を必要とする。

ホビーとしてであれば，多少難易度の高いユーザーインタフェースも，操作する楽しさの1つとして熟練のモチベーションとなるが，業務用であれば，この難易度は課題として認識しなくてはならない。

究極の操作性は，「サービス開始」と「サービス終了」ボタン，および「中断」といったボタンをもつパネルが操作者の前に存在することであるが，そこに至るまでにはさまざまな試行があるだろう。現時点で操作性に関するパラダイムシフトはまだ見られないが，ドローン本体のフェールセーフ機能の充実に伴い，オートパイロットの安全性が高まり，それらの技術要素が

ユーザの操作性にフィードバックされてくるのはそう遠い未来ではないと思われ，すなわち徐々に開始／終了のシンプルな操作性に収斂していくと思われる。

また実際に現場で自動化を一時的に止め，微妙な操作を行うような事例も想定されるが，こうした場合でもプロポに頼った操作ではなく，「15 cm 右」や「20 cm 上」といったマクロ的な指示が可能な操作インタフェースになると考えられる。

なおその際，重要な技術要素はドローンの自律性であり，前述した衝突回避装置は当然として，撮影したり測定したり，物品を運搬したりする行為の検証をも自動化する必要があり，こうした機能をフライトコントローラに付加していくことはあまり望ましい構造ではない。

そこでフライトコントローラと協同して機能を付加する仕組みを，コンパニオン PC として分けて搭載する構造が主流になりつつあるが，これらコンパニオン PC は今後，より高性能化し，サービスに応じて特化していくと考えられる。

4. 今後のドローン技術

前述の通り，早晩特殊な用途を除きコモディティ化が進むドローン本体に対して，付加価値の源泉はコンパニオン PC に移っていくだろう。そこで重要なポイントは 2 つあり，1 つ目はインターネットとクラウドとの連携である。

コンパニオン PC とそのソフトウェアがサービスを左右するキーパーツとなるのであれば，近年品質が向上し廉価となったインターネットおよびクラウドサービスにも言及する必要がある。

2015 年の 9 月に開催されたインタードローン展における 3DR 社の CEO，Chris Anderson 氏のキーノートでもオープンソース化したドローンと，オープンなアーキテクチャでサービスを提供するクラウドサービスとの連携が語られている。車を作り，人や物を運ぼうとするならば道路が必要であり，ドローンにとって飛行経路というリアルな道だけでなく，インターネットというバーチャルな道を利用することは特別に不思議なことではない。そして近年最大の成功の 1 つといえるビジネスモデルとして語られるクラウドとインターネットの市場にはポテンシャルをもつ多くの創造者たちがおり，その可能性は計り知れないものがある。

次に重要なポイントはハードウェアをきっちり作る技術力である。

前項までで信頼性やディペンダビリティに言及したが，ハードウェアとしてのドローンをコモディティ化するには，職人レベルの高度な技術と，またこの職人技を定量化し，見える化できる組織が必要であり，これをおろそかにすれば夢のようなアプリケーションもたやすく悪夢へと変わる。産業用ドローンを広大なバーチャルサービスとリンクさせ，予想もできないサービスを期待するために，現在必要なことは，信頼性高く，安全で操作が容易なドローンをきっちりと作ることであり，ドローン黎明期に戻るようだが，一巡してこうした技術をもつファクトリーやメーカーが改めて重要となり，そしてここ暫くの間はそうしたプレーヤが鍵を握ることになるだろう。

◆ 第2編　新しいロボットによるプロセスイノベーション～ロボット概要とその用途～
◆ 第5章　つながる

第1節　ロボットとインダストリー 4.0

国立研究開発法人科学技術振興機構　澤田　朋子

1. インダストリー 4.0 とは

　製造プロセスにおけるハードウェアとソフトウェアの統合，およびサイバーフィジカルシステム（CPS）による生産の柔軟性，エネルギー高効率化，および労働環境の改良，改善を目的に 2012 年からドイツ連邦政府の政策として実施されているイニシアティブ。第四次産業革命を意味するインダストリー 4.0 は，そのネーミングも一役買って世界的に注目されている。

1.1　政策的な背景

　ドイツの技術力を維持し，産業拠点としての地位を確固たるものにするためドイツではじめて策定された科学技術イノベーション基本政策「ハイテク戦略（2006 年）」は，第二期となる「ハイテク戦略 2020（2010 年）」，第三期「新ハイテク戦略（2014 年）」と継続し，さらなるアカデミア，産業界，政府の連携強化推進の拠り所になっている。第二期の戦略では，環境・エネルギー，健康・食糧，輸送，安全，通信の 5 つの重点分野が特定され，各分野のさまざまな課題解決のために 10 項目の「未来プロジェクト」というアクションプランが 2011 年までに順次発表された。そのうちの 1 つがインダストリー 4.0 である。このアクションプラン草案のために 2011 年 1 月に連邦教育研究相の諮問機関である「研究連盟 経済・科学（Forschungsunion Wirtschaft und Wissenschaft）」に作業部会が発足。その後アクションプランの策定を受けて，研究連盟とドイツ工学アカデミー（acatech）が合同の検討部会を作り，2011 年末に発表された施策である。2013 年 4 月の産業見本市ハノーファーメッセにおいて Industrie 4.0 プラットフォーム実施勧告提言書（Recommendations for implementing the strategic initiative INDUSTRIE 4.0）が出され，2030 年ごろの達成を目標とした具体的な研究開発テーマや実現のためのシナリオが示された。

1.2　インダストリー 4.0 の定義

　情報通信技術と生産技術を統合するのがインダストリー 4.0 の主たるコンセプトであり，ドイツの強みである機械，設備に関する技術とシステム開発や埋め込みソフト開発の能力を活かし，生産のデジタル化でスマートファクトリーを実現しようというものである。狭義には，この強みを活かし，新しい世代のものづくりを先導するための施策をインダストリー 4.0 とよんでいる。しかし現在は，情報系，製造系，通信系の他，輸送，材料などさまざまな産業分野や，大学，研究機関および連邦・州政府や欧州の一部へとコンセプトが広がり，参加者が増えてきていることから単なる政策の枠を超え，バリューチェーンを包括したデジタル化コンセプトとして定義する場合が多い。

生産拠点としての成功の鍵は，複数の製造拠点や工場内の各部門をネットワーク化し，企業の境界を越えた協力体制を構築することであるとしている。さらに，生産だけではなく，デザイン，部品や素材の調達，プログラム，輸送，メンテナンスまで価値創造ネットワークやプロダクトライフサイクル（PLC）までを網羅した，論理的で一貫したデジタル化が必須であり，新たに形成される価値創造ネットワークに，今日すでに地球規模で活躍しているグローバル企業とドイツ国内でニッチな市場を支えている中小企業[※1]を統合することが，産業構造にバランスをもたらし，世界第3位の機械輸出力と，情報工学，ソフトウェア開発力を連携させることで，製造業で革新的な飛躍が可能であるとし，本質的な強さにつながっていくとしている。

1.3　中小企業支援と産業構造

ドイツ国内の全企業における中小企業の割合は日本と同様99％を超え，被雇用者数も60％超で国内の雇用を支えているといっても過言ではない。EU加盟国であるドイツと，日本を単純に比較することは意味がないが，ドイツ中小企業の特長は何より輸出率が高いことである。全輸出額に占める中小企業の割合は，日本3％に対し，ドイツは約20％となっている（2012年）。さらに日本と違うのは，ドイツには系列が存在せず中小企業は常に競争原理の中におかれ，技術革新とコスト削減努力によってしたたかに生き残った企業が現在残っているということだ。

しかし，グローバル化，デジタル化の時代は製造業分野の中小企業にとってはチャンスであるだけでなく，リスクも決して小さくはない。デバイスや装置がおしなべてインターネットにつながるようになると通信プロトコルの違いや，搭載されたOSのバージョンが異なれば単に機械をつないだだけでは生産不可能な状態が生まれてしまう。こうした問題を個々の中小企業が解決することは人材や資金のハードルも高く困難であることは間違いない。そこで，国家として雇用を支え，輸出大国ドイツに大きな貢献をしている中小企業を支援するという政策設計になっている。

加えて先進国が抱える問題に人口の高齢化がある。特に優秀な技術者が高齢化し，若い世代に後継者が育たない状況は，マイスターの国ドイツでも同じく大きな影響を及ぼしている。連邦教育研究省と連邦経済エネルギー省が助成するプログラムには，労働アシスタントシステムの開発や工場内の無人配送・自動走行研究が含まれており，労働力の低下減少を補うための研究開発が実施されている。

1.4　インダストリー4.0の研究領域

インダストリー4.0の推進において，研究開発対象とする技術分野は図1の通り。

とりわけ，組込みシステムCPSとスマートファクトリーの2分野の研究開発が優先されており，上記の各プロジェクトでは，この分野のイノベーションが期待されている。CPSはすでに航空電子工学や鉄道技術の分野での運行支援や交通管制システムに応用されている。これを製造業の現場で実現しようというのがインダストリー4.0の主要テーマの1つである。工場にお

※1　製造業における中小企業の定義（ドイツ）：従業員500人未満または年間売上高500万ユーロ未満。

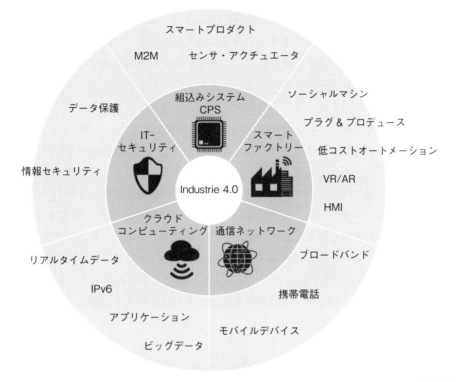

（出典：Fraunhofer IAO/BITKOM　Industrie 4.0-Volkswirtschaftliches Potenzial für Deutschland より筆者作図）

図1　インダストリー4.0研究開発領域

けるCPSの実装はビジネスモデルや競争のバランスを破壊的に変える可能性をもっているとし，CPSに基づいた新しいサービスの提供は，革命的なアプリケーション，新たなバリューチェーンを作り出し，自動車，エネルギーや機械などのドイツの強みである産業の大変革をもたらすと考えられている。CPSの技術的な要件は，モバイルインターネットアクセスとアクセシビリティであり，自律的な生産システムを結合するためのネットワークと，最適なセンサや高度なアクチュエータ技術の革新のために研究開発がなされている。CPSと両輪をなすのがスマートファクトリ領域の研究である。操作性，機器のインターフェースを改善し，人と機械のインターフェースに関する技術，機械と機械が自律的に強調し特別なプログラムを必要としない連携を可能にする技術，プラグ＆プロデュース（plug & produce）の研究推進である。[2]項ではスマートファクトリにおける垂直方向の統合，[3]項ではプラグ＆プロデュースについて詳述する。

2.　個別化生産の実現

インダストリー4.0のゴールの1つが，ロット数1からの個別生産に量産と変わらないコストとリードタイムで対応することにある。工場のフィールドデバイス同士だけでなく，企業の基幹システムをつなぎ消費者のリクエストに限りなく添った形での生産を実現しようとしている。

2.1　リアルタイム性と垂直統合

　前述の提言書でインダストリー4.0が実装されると可能になるとされているのが，ダイナミックなセル生産方式である。第三次産業革命までの大量生産は一部混流生産が可能だとしても，原則としてライン生産方式が主流である。これを，生産を実施するデバイスやロボットが工場内のネットワークでリアルタイムにつながりデータを交換することで，データに応じて自由に生産のプロセスや生産するアイテムを組替えることができるようにする。リアルタイムにあらゆるデータを交換することで，顧客のリクエストに生産がしかかった後でも対応可能になる他，生産計画やロジスティックまでをむだなく最適に行うことで，個別化生産だけでなく省エネも期待されている。ライン生産方式では，製品仕様を変更することや多様化することは容易ではなく，実際の現場では人間のすり合わせ能力で補っている場合が多い（図2）。

　実際は，上位システムである企業の基幹システムERP，生産実行と管理を行うMES，デバイスやロボットの制御機器と工場内のデバイス，ロボット，各センサ，アクチュエータをリアルタイムにつなげるのは容易ではなく，インダストリー4.0においても大きな課題である。とりわけ1ms以下の速度が求められるフィールドバスでは多くの通信方式が乱立し，統一的な規格がないことが構造的なコスト高を生み出し，中小規模製造業の負担になっている。

2.2　標準化

　提言書に基づいて設置されたインダストリー4.0プラットフォームでは，「情報ネットワークの標準化と参照アーキテクチャ」に優先的に取り組むことで，工場内の通信規格の標準化を急ぎ，生産工程で異なる機械をつなぐ際のむだを排除することを目的としている。その狙いの1つは，国際競争に打ち勝つためにドイツ国内の中小企業が参加しやすい条件を整えることであるといえる。

　工場の設備や，人材の確保にあたっては，次世代＝つまり現時点で存在しない製造方法に先

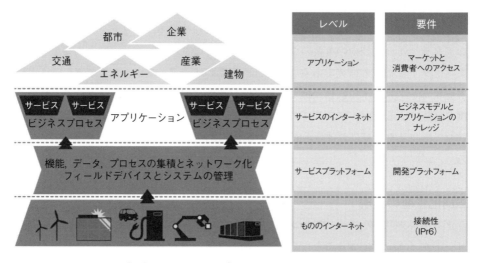

（出典：Industrie 4.0 プラットフォーム実施勧告提言書2013より筆者作図）

図2　階層別参照モデル

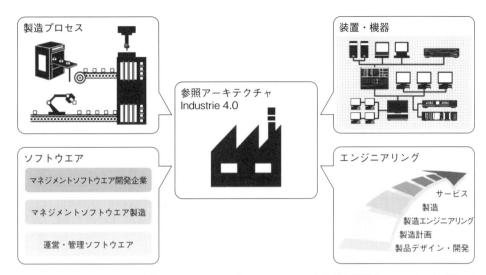

(出典:Industrie 4.0 プラットフォーム実施勧告提言書 2013 より筆者作図)

図3 参照アーキテクチャ概念図

行的に投資するにはリスクが大きい。国内の総企業数の99％以上を占める中小企業をよび込み，参加を促すためにも規格の統一が急務である。また，今後ドイツの次世代ものづくりのコンセプトをEU諸国に拡大していくためにも，標準を作っておくという戦略は重要であり，ドイツがイニシアティブをとる形で，自動化技術の標準化に向けて，2014年7月に国際電気標準会議（IEC）19に，インダストリー4.0の戦略グループを設置するなどしている。

ドイツ電気技術委員会（DKE）20が2013年末にロードマップVer.1.0を発表した。国際標準（IEC，ISO），欧州標準（CENELEC）との連携を重視国内業界団体の専門知識を生かし，積極的に国際標準団体へ働きかけるとし，システム関連の手順と領域をまたがるコンセプトに重点を置いている。このほか，DKEはドイツ標準協会（DIN）と協力して，情報技術にと電気工学分野について調整委員会を設置し，協力して標準化を進めている。

一方，参照アーキテクチャとは，工場内の製造プロセスの統合，装置や機器の連携，デザインからサービスに至る各レベルのエンジニアリングにおける互換性，マネジメントと工場管理のシステムのインテグレーションを指す。技術的な表現や実用段階の規則を総称して参照アーキテクチャとよび，ソフトウェアおよび関連するサービスに搭載し利用可能とするものを示す（図3）。

3. プラグ＆プロデュース

パソコンに周辺デバイスを接続した際にハードウェア，ドライバ，OS，アプリケーションが自動的に互いを認識し，OSが異なる場合でも問題なく使えるプラグ＆プレイ方式のように，工場内の機械や設備をモジュール化して，つないだだけで生産可能にすることをプラグ＆プロデュース方式という。インダストリー4.0の成果として先駆けて研究されている領域である（図4）。

3.1 集中管理から分散システムへ

製品の複雑化，多様化し，PLCの短縮で，製品とプロセスの設計，デザインにさまざまな課題が生まれている。ITによる生産制御を実現したインダストリー3.0の世界では，製品ごとに生産ライン設計されている必要があり，プラントの設計やプロトタイプ製作段階での仕様は，実際の本生産では変更される場合が多い。これらは現場のすりあわせで対応しているのが現状で，自動生産ラインを中央

異なるメーカーの機械をプラグ＆プロデュース方式でつないで生産ラインを構築

図4　ハノーバー産業見本市 2015 SmartFactoryKL のデモ機

制御するコンピュータでは変更や突然の状況変化に対応するのが難しい。したがって，ライン上の機械はしばしば時間とコストをかけて組直す必要が生じる。

インダストリー4.0では製造プロセスの汎用性を高めコストを抑えるために，パーツのモジュール化を図る一方で，コントロール機能は生産ラインを構成するデバイスや機械に分散的に配置することで柔軟な生産が可能になるとしている。分散型自動化技術の要件が決まると，これに基づきセンサやアクチュエータと，データ交換のための通信プロトコルや産業用イーサネットなど生産プロセスの要素が革新的にモデル化される。こうしてソフトウェアとコンポーネントはその自動相互作用をシミュレートし，多品種少量生産を可能にする自動化システムを設計するためのソフトウェアとして実装される。この結果，エネルギー伝送技術やビルディングオートメーション，放送などの製造業以外の分野にも適用することが期待されている。

3.2 スマートファクトリーからスマートネットワークへ

提言書には抽象的な表現ではあるが，未来シナリオとしてスマートファクトリーを定義している。それによると，スマートファクトリーは自律的で，状況に応じた制御，構成が可能なネットワークであり，そのネットワーク上にはセンサを搭載し，工場内に分散した機械，ロボット，ストレージシステム，そのほかの生産設備が接続している。こうして定義された個々のスマートファクトリが企業の枠を超えてシームレスにサイバーとフィジカルな世界をつないだバリューチェーンを構成するスマートネットワークとなるとしている。

最適な生産制御，とりわけ生産の分散化，アドホックなネットワーク構成を実現するためには新しい戦略とアルゴリズムが必要である。一工場，一企業に閉じたネットワークではなく，最終的には全工程のバリューチェーンにおける end to end のデジタルな統合をめざしている。ここでは，個々の生産プロセスの複雑性，ダイナミクス，自律性，認知力，自習力や異なる安定性，堅牢性，再現性，安全性への要求の解決が大きな課題となってくる（図5）。

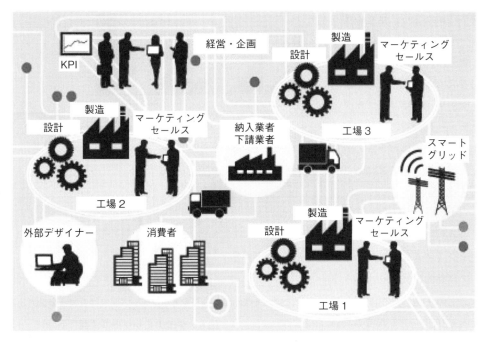

(出典：Industrie 4.0 プラットフォーム実施勧告提言書 2013 より筆者作図)

図5　参照アーキテクチャ概念図

　つまりロボットメーカーに依存しないソフトとハードウェアのインタフェース標準化が急がれている。ロボットによる生産の自動化は，ますます複雑になっており，プログラミング，統合，保守，調整に必要なコストと時間が設備費用を上回ることもしばしばである。こうしたコストの負担が中小企業をバリューチェーンに組入れることを事実上不可能にしている以上，スマートな工場をネットワークでつなぐのは夢でしかない。製造業の現場では，ロボット端末と全体システムの間で異なっているプログラムをつなぐアーキテクチャは信頼性の基準をいまだ満たしていない。機能ロボット，アルゴリズムと制御パラダイムのほぼ全範囲をカバーする多数の部品があるが，これらは通常，特定のアプリケーションやハードウェア構成に合されている。ロボットオペレーティングシステム（ROS）を適合させるためにROSの部品の品質およびインターフェースの標準を確立し，要件化すると同時に，オープンソフトウェアアーキテクチャの研究開発が進められている（図6）。

　連邦経済エネルギー省が助成する研究開発プロジェクト，AUTONOMICS for Industry 4.0（2013～2016年／総助成金額391億ユーロ）の1プロジェクトの例では，中小企業の生産自動化の研究開発が実施されている。自動車業界では車種数が増加，自動車部品サプライヤーはますます需要の変動と品質と納期を維持する問題に直面している。自動化が一部にとどまり，完成部品のピッキングや組立て，パッケージングは，主に，手作業で行われている。現在，少ロット生産は現在，主に中小企業によって行われているが，高いハードウェア，ソフトウェアなどのコストのため既存の自動化ソリューションを適用することは期待できない。大規模な生産ラインの組換えではなく，製品アイテムに応じてロボットに簡単かつ迅速に異なるアームとセンサを装着，特に単調な作業，計測，および各種部品の配置をロボットが担い生産の効率化を図

る取り組み，さらに個々のデバイスを基幹システムと統合することで迅速に新規発注対応が可能になるほか，プログラミング・ウィザードでは，プラグ＆プロデュース機能によって現場の作業員が直接ロボットの動作を容易にカスタマイズすることをめざしている。

3.3 自律生産

生産システムは計画外のイベントに自動的に反応し，ネットワーク上の生産パーツや製品は工場内でリアルタイムモニタされる。現在の状態，位置，生産

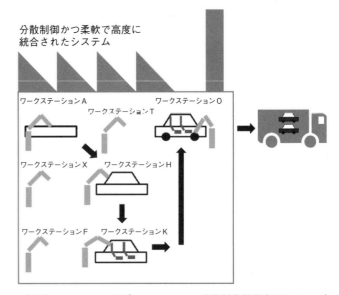

（出典：Industrie 4.0 プラットフォーム実施勧告提言書 2013 より）

図6 ダイナミックセル生産

キャパシティなどの情報に加えて，電源ネットワークなど外部の環境にも対応することが期待されている。機器の故障，計画的な生産と予定外の生産の識別，製品の仕様変更などに対応するスマートな制御システムは，自律して再スケジュールされる。生産される製品とそのアイテムにも RFID が装着され，アドホックネットワーク機能によってだけでなく，自律して生産を制御することが可能になるとしている。

自動化技術のコンポーネントの中心には，プラグやスイッチング素子として電気的に接続する制御技術がある。小さな金属部品に配置され，材料特性や温度といった動作条件の変化に最適に対応，機械や装置が材料特性の変化を自動的に調整することを可能にする研究が実施されている。技術的な要件は，材料特性，成形プロセスのパラメータ分析，自動補正するための制御戦略とアルゴリズム，さらに次のステップでは，革新的なセンサやアクチュエータの設計が必要となる。人工知能（AI）の分野でのさらなる発展を通じ，これらのプロセスが強化されることが期待されている。また，ソフトウェア側で情報をフィルタリングし処理するスマートアルゴリズムおよび方法は標準化されたフレームワークで設計されなければならない。産業オートメーション技術における人工知能利活用は，複雑なセンサや連結の多様性を評価するために特に必要で，ロボットと人間の共同作業では，人間の労働サポート支援に焦点を当てている（**図7**）。

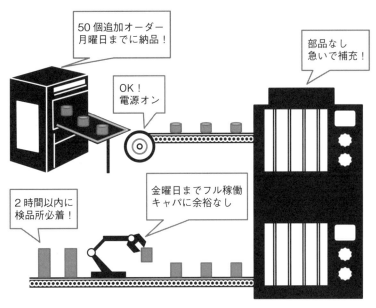

図7　考える工場—自律的生産のイメージ

4. インダストリー 4.0 で産業用ロボットに期待されること

　ドイツ機械工業連盟（VDMA）のロボティクス＋オートメーション部会とマッキンジーの実施した調査[※2]によると，インダストリー 4.0 の達成でもっとも恩恵を受けることが期待されている業界セグメントは，エレクトロニクス，材料（ゴム，プラスチック，医薬品や化粧品），自動車業界とされている。最大のチャンスは，カスタマイズされたシステム／統合ソリューションとアフター／サービスの需要の増加であると考えられている。人件費やエネルギーコスト上昇によるコスト削減圧力を考えると，当該の業界ではますます自動化とエネルギー効率の高い製造プロセスを必要としている。将来の工作機械，設備メーカーは機械を製造して売ることがビジネスの成功ではなく，今後はその機械で何をするかの「何」の部分を包含したサービスを売ることが目的になる。たとえば，ドリル装置メーカーはドリルを売るのではなく，「穴を開ける」機械と付随するサービスをまとめて売ることがインダストリー 4.0 時代の製造業になるということだ。新しいビジネスモデルの鍵は CPS であるが，多くのメーカーは，CPS ベースサービスのための準備がされているとはいいにくい。同調査の回答者は予想通り，最先端ロボットとヒューマン・マシンインタラクションがインダストリー 4.0 の達成に向けてキーになる技術開発となるとしている。もう 1 つのキーワードは，包括的なマン＝マシン・インターアクションの研究開発である。スマートファクトリーは人間を排除した全自動化をめざすのではなく，ロボットが人間の感情的および物理的な条件や意図が認識，共生することがゴールである。機器の故障や生産プロセス，システムにおける重大な障害などのストレスの多い状況では，ロボットが人間の判断を助け，選択肢を減らし，最適な解を提供することができるとしている。

※2　ドイツロボティックと FA 分野の成功例とトレンド　http://www.mckinsey.de/sites/mck_files/files/robotikautomation_detailanalyse_deutscher_maschinenbau.pdf

第2編　新しいロボットによるプロセスイノベーション

　たとえばフラウンホーファー労働経済・組織研究所（Fraunhofer IAO）による調査[3]によると，ドイツ国内機械メーカの1/4しかインターネットベースのサービスへの明示的な戦略をもっている回答していない。さらにわずか1/5程度が，適切なビジネスモデルをもっているとしている。

　ドイツのインダストリー4.0はスタートしたばかりで，今後コンセプト通りに発展するかどうかを見守る必要がある。スマート工場に閉じたままでは大きな脅威ではないが，ネットワーク化が達成された場合は製造業のパラダイムが変わる可能性は大きい。

※3　未来の生産労働　https：//www.iao.fraunhofer.de/images/iao-news/produktionsarbeit-der-zukunft.pdf

◆ 第2編　新しいロボットによるプロセスイノベーション～ロボット概要とその用途～
◆ 第5章　つながる

第2節　スマートデバイス連動型ロボット開発

首都大学東京　久保田　直行　　首都大学東京　大保　武慶　　首都大学東京　武田　隆宏

1.　はじめに

　近年，スマートフォンやタブレットパソコンなどのスマートデバイスの低価格化に伴い，ス
マートデバイスをさまざまな組込みシステムの一部として活用する試みがなされており，計測
や制御などに利用されている。実際，スマートデバイスには，家電製品などに用いられる組込
みシステムと同等以上のCPUが実装されるとともに，GPUなども内蔵されており，さまざま
な並列計算を行うこともできる。また，無線LANやBluetoothなどの近距離通信システム，ス
ピーカーやマイクロフォン，タッチスクリーンなどのヒューマンインタフェースの他，加速度
センサやジャイロ，GPS，光センサなどの計測システムが内蔵されているため，単体として，
さまざまなアプリケーションを開発することができる。さらに，スマートデバイスは，日常生
活での使用を想定したさまざまな試験が行われているため，耐故障性も高い。本節では，この
ようなスマートデバイスの特徴を生かしたロボットの開発について紹介する。

　一般的に，従来型のロボットは，センサやアクチュエータ，CPU，通信システムなどさまざ
まなデバイスが内蔵されたメカトロニクスシステムとして開発されてきた。しかしながら，用
途の変化などに合せてソフトウェアのアップデートなどを定期的に行う必要があるとともに，
時代の流れに伴い，CPUなどのデバイスを交換することがしばしば要求される。このような背
景のもと，ロボットハードウェアのユニット化が行われるようになった。たとえば，スマート
デバイスをロボットの一部として用いることにより，スマートデバイスに内蔵されているセン
サやCPU，通信システムを用いることができるようになる。その結果，ロボット本体のハード
ウェアは，アクチュエータなどを含む駆動系と，無線LANやBluetoothなど，スマートデバイ
スとの通信システムの他，スマートデバイスに内蔵されていない測距センサなど，与えられた
タスクを遂行するために必要なセンサなどにより構成すればよい。つまり，スマートデバイス
と相補的なハードウェア構成を考慮することにより，ロボットを開発することができる。本節
では，このようなロボットを，スマートデバイス連動型ロボット（Smart Device Interlocked
Robots）とよぶこととする。

　スマートデバイス連動型ロボットの長所として，
　①　内蔵するアプリケーションの開発環境が整っており，サンプルのソースコードなどが豊
　　　富であること
　②　内蔵するアプリケーションの更新が，容易に行えること
　③　新しいスマートデバイスを用いることにより，最新のシステム構成が実現できること
　④　スマートデバイスに保存されている個人情報などが容易に参照できること
などがあげられる。スマートデバイスとロボットハードウェアの相互依存的な構成の背景には，

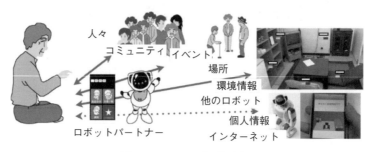

図1 ライフハブの概念図

従来型の「すり合せ技術」による開発から「組合せ技術」への転換，さらには，ユビキタスコンピューティングやIoTに関する研究の進展があり，さまざまなレベルでのモジュール化がなされてきたことに起因する。また，スマートデバイスに保存されている個人情報やコンテンツは，ロボットとユーザーの自然なコミュニケーションを実現するために不可欠であるとともに，見守りサービスや情報推薦サービスなどにも役立つ。

さらに，クラウド化が進み，個人情報，環境情報，インターネット情報の他，ソーシャルネットワーク，場所，モノ，イベントなど，実に多くの情報を扱うことができるようになった。これらの情報をロボットが利用できるようになれば，人間との巧みなコミュニケーションを実現できるようになるであろう。したがって，スマートデバイス連動型ロボットが，これらの情報を巧みに活用するために，情報の構造化が必要になる。このような背景のもと，筆者らは，デジタルハブの概念を拡張したライフハブ（Life Hub）の概念を提案してきた。

ライフハブは，人がさまざまな情報とつながるためのインタフェース的な存在である（図1）。環境に取り付けられたセンサから計測される膨大なデータやロボットの計測データの他，人間のライフログなど，その環境内の利用可能な情報をデータベースサーバに集約する。ここで，このような膨大なデータから，情報抽出，情報解析，情報変換，情報の蓄積，情報転送などを容易に行うために，情報構造化空間という概念が提案されてきた。筆者らは，ライフハブや情報構造化空間の概念に基づき，スマートデバイス連動型ロボットを開発するとともに，実用化をめざしたさまざまな開発を行ってきた[1)-7)]。本節では，情報構造化空間に基づくシステム開発，スマートデバイスとの有機的な融合をめざしたロボットのハードウェア開発，さらには，適用する問題に合せたシステム構成方法について述べる。次に，具体的な適用事例として，高齢者への見守り支援や観光地活性化のための情報支援などについて紹介する。

2. スマートデバイス連動型ロボットのシステム構成

2.1 ライフハブと情報構造化空間

ここでは，情報構造化空間に基づくシステム開発の基本方針について説明する。基本的な設計指針や情報がもつべき性質として，

① 情報の共有方法
② 情報の表現方法
③ 情報の変換方法

④　情報の運用方法

などを考慮する必要がある。

2.1.1　情報の共有方法（情報の共有性）

　情報構造化空間に関するデータベースで利用可能な情報は，センサやロボットの種類や開発環境に依存せず，利用可能であることが要求される。また，容易に情報構造化空間との接続，切断ができることなど，クラウドコンピューティングなどを考慮した仕様が必要である。

2.1.2　情報の表現方法（人間との親和性）

　情報構造化空間に集約される情報は，人間の解釈可能な粒度で記述された内容であることが望ましく，人間とロボット間で情報を共有することを前提として，できる限り，自然言語などで表現すべきである。

2.1.3　情報の変換方法（変換の双方向性）

　情報構造化空間に登録する情報は，各種センサの特性に合わせた変換が事前に行われており，参照された情報に対しても，そのセンサに合せた逆変換が行えることが重要である。このように，できる限り，情報変換の双方向性を考慮して，可逆的な変換が行えるように設計すべきである。

2.1.4　情報の運用方法（システムの汎用性）

　ロボットが情報構造化空間を活用するためには，パッケージ化された対話コンテンツにあわせた知覚モジュール，意思決定モジュール，学習モジュール，行為モジュールなどの構成が容易に変更可能なモジュール化が必要である。図2に，情報構造化空間に基づくパッケージ化の例を示す。ここでは，基本対話パッケージに，サービスを容易に追加可能な構成となっている。

2.2　スマートデバイス連動型ロボットのシステム構成

　スマートデバイス連動型ロボットの最小構成は，人間との対話などのコミュニケーションが行えることが最低限の機能として必要であるため，センサやアクチュエータをもたないロボッ

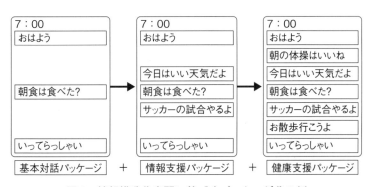

図2　情報構造化空間に基づくパッケージ化の例

第2編　新しいロボットによるプロセスイノベーション

トの筐体とスマートデバイスから構成できる（Case 0）。つまり，ロボットは，スマートデバイスの充電台的な存在となる。

　ここに，タスクにあわせて，
　①　センサモジュール
　②　アクチュエータモジュール
　③　データベースサーバ
を追加することにより，さまざまな組合せで全体システムを構成するこ

表1　タスクにあわせたシステム構元

Case	センサ モジュール	アクチュエータ モジュール	データベース サーバ
1	○		
2		○	
3			○
4	○	○	
5	○		○
6		○	○
7	○	○	○

とを考える。表1を用いて，これらの組合せについて，実現可能な機能について概観する。ここで考える機能として，計測コミュニケーション方法，意思決定方法と内部情報処理，通信と情報アクセス，情報構造化空間に基づくデータベースに分類して検討する。

2.2.1　Case 0（最小構成）

　スマートデバイスのみを用いた最低限の基本構成であり，すべての組合せに共通となる基本的な機能が含まれる。ユーザーは，スマートデバイスを取り外したり，もち歩くため，計測機能としてスマートデバイスの状態推定の他，人間の状態推定や人間識別，行動推定，音声認識などの機能が必要となる。また，音声対話，顔画像によるノンバーバルコミュニケーション，タッチインタフェースに関する機能を伴い，意思決定に関して，個性モデル，情動モデル，言語モードなどを考慮した対話コンテンツのパッケージを実装する。さらに，通信機能として，デバイス内コンテンツへのアクセスや，インターネットを介したウェブ情報へのアクセス，他のスマートデバイスなどとのすれ違い通信などが挙げられる。

2.2.2　Case 3（情報構造化空間との連携）

　スマートデバイスと情報構造化空間を用いることができるようになると，データベースサーバへのアクセスやライフログ収集，ライフログ解析，ペルソナ分析，嗜好情報抽出・個人情報分析，人間関係推定，情報推薦などの機能が追加できる。

2.2.3　Case 4（ロボットハードウェアの追加）

　ロボットハードウェアとしては，iPhonoidやiPadroneなどの卓上型ロボットパートナー（情報支援用据え置き型），シニアカー（搭乗型移動ロボット），コンシェルジュロボット（案内型移動ロボット），ペットロボット（多足型移動ロボットなど）などに分類して検討することができる。

　ここで，ロボット本体の状態計測，ロボットによる環境状態計測，ロボットによる人間状態計測などの計測機能，ロボットの行動・動作制御，ジェスチャによるノンバーバルコミュニケーション，ロボットの遠隔操作などのコミュニケーション機能が追加できる。また，意思決定のしくみとして行動モデルや，ロボットハードウェアとスマートデバイス間のBluetooth通信などを実装する必要がある。

－210－

2.2.4 Case 5（センサノードの追加）

ロボット本体に内蔵するセンサモジュールの他に，環境内（ロボットの外部）に設置するセンサノードとして，Sun SPOT，センサータグ，Kinectセンサ（三次元測域センサ，赤外線），レーザーレンジファインダ（二次元測域センサ）などを併用することにより，さまざまな計測データをデータベースサーバを介して利用することができる。

このようなセンサノードの使用により，ロボットの死角となるとなるような屋内の状態に関する情報を取得することができるようになる。また，情報構造化空間と併用することにより，スマートデバイスをもち出したオフラインの状況であったとしても，屋内の情報を利用したコミュニケーションを行うことができる。ここでは，センサノード本体の位置計測や状態推定，異常検出機能の他に，センサノードとのBluetooth通信や情報構造化空間との接続によるセンサノードの自動設定機能が必要となる。また，センサノードによる環境情報計測，人間の状態計測などの計測機能，家電制御などの通信機能，環境状態ログ収集・分析などの機能が実装可能となる。

2.3 スマートデバイス連動型ロボットのシステムアーキテクチャ

上述のように，情報構造化空間に基づくスマートデバイス連動型ロボットは，さまざまな組合せで使用することを前提としているため，スマートデバイスを用いた開発を行う上で，物理層（Physical Layer），ドライバなどを含むミドルウェア層（Middleware Layer），アルゴリズム層（Algorithm Layer），アプリケーション層（Application Layer）に分けて考える（図3）。

物理層では，センサノードとして用いられるセンサやロボットのアクチュエータなどに関する開発が含まれる。ミドルウェア層では，各種デバイスを使用するためのドライバや，計測や制御を行うためのインタフェースを含み，さまざまなライブラリを利用するためのコンポーネントを含む。アルゴリズム層では，人間検出，音声認識，ジェスチャ認識などの知覚モジュール，音声発話や行動制御などの行為モジュールなどの他，感情辞書などのデータベースも含め，ヒューマンコミュニケーションを行うために必要な基本的なライブラリが含まれる。アプリケーション層では，ヒューマンコミュニケーションに関するモジュール群を使用して，タスクに合せたヒューマンインタラクションや情報支援など行う。

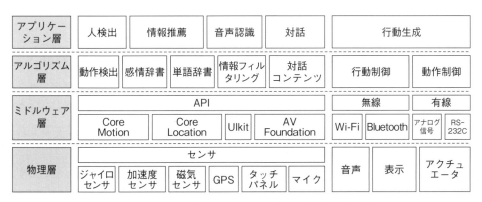

図3　スマートデバイスを用いた開発に関する階層化

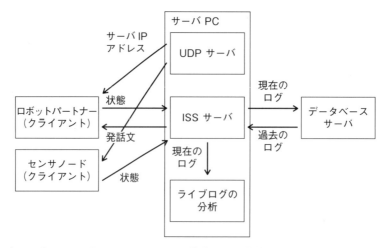

図4 ロボットパートナーとセンサノードから構成される全体システムのための情報構造化空間

次に，全体的な処理の流れについて説明する（図4）。情報構造化空間のデータベースサーバの電源投入時は，サーバIPアドレスをUDP通信にて送信開始し，TCP/IP通信，もしくは，SQLによる通信を開始する。スマートデバイス，ロボットパートナー，センサノードがサーバIPアドレスを受信できれば，TCP/IP通信などでアクセスされるため，利用可能と確認できる。ロボットパートナーは，スマートデバイス内部に保存されている情報の他に，情報構造化空間が利用可能であれば，情報構造化空間から設定や各種コンテンツを読み込み，コミュニケーションを開始する。

2.4 ロボットハードウェア

スマートデバイス連動型ロボットは，スマートデバイスと情報構造化空間用データベースサーバのコンテンツを利用することを前提に設計される。また，できる限り，スマートデバイスに内蔵されているセンサや通信モジュールなどを活用することを前提に設計する。本研究で開発してきたスマートデバイス連動型ロボットを図5に示す。

初代iPhonoidは，プロトタイプとして，移動機構と双腕によるジェスチャ演出を考慮して設計された（図5(a)）。予備実験を行った結果，家庭用のホームロボットでは，移動機構を重視せず，卓上での使用を前提としたコミュニケーションを行うこととした。

2代目のiPhonoidは，低価格化を考慮し，最小限の自由度でのジェスチャコミュニケーションを行うことに特化し，身近なものをロボットの筐体として用いて開発された（図5(b)）。これは，ハンガーラックなどにぶら下げて，おやつなどを入れ，子どもとのインタラクションを行い，子どもの見守りなどへの適用を考えている。他にも，異なる筐体を用いたiPhonoidを開発するとともに，Bluetoothを用いたデータの送受信による制御システムを構築すると共に，Internetへのアクセスに無線LANを用いることとした。

3世代目のiPhonoidは，3Dプリンタを用いて，さまざまな筐体の設計を行っているが，卓上に据え置くことを前提に，左右に旋回するために腰部に1自由度，追加されている（図5(c)）。この自由度を用いることにより，旋回することによる人間検出の他，パノラマビューの写真撮

第 5 章　つながる

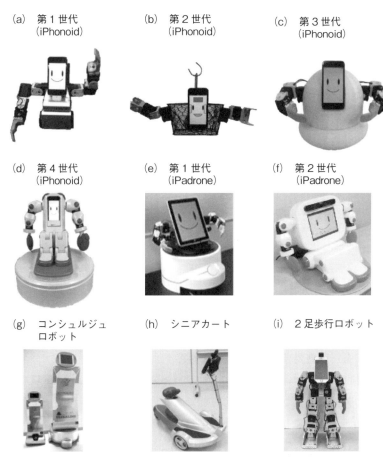

図 5　スマートデバイス連動型ロボットの開発例

影機能などを実装する。

　第 4 世代の iPhonoid は，高齢者向けに，座位での足を動かす体操などを考慮して，足が前後に動く機構を取り入れている。また，ハンド部は，生体情報などを計測することができるセンサを埋め込むことができるアタッチメントである。また，ロボット本体に，スマートフォンを内蔵し，プッシュすることにより，スマートデバイスをロック，アンロックできる仕組みを実装している (図 5 (d))。

　また，タブレットパソコンを用いたロボットとして，iPadrone を開発してきた (図 5 (e)，(f))。タブレットパソコンは，画面に多くの情報を表示することができ，また，少し離れた場所からでも，顔画像や画面に表示された内容を認識することができる。2 世代目の iPadrone は，筐体内のタブレットパソコンの上部に，三次元測域センサを埋め込むことにより，タブレットパソコンだけでは計測できない距離情報を取得することができる (図 5 (f))。また，アプリケーションとしては，レストランやオフィスでの案内や，施設でのクイズなどを想定したインタラクションを実現する。

　また，案内用として，コンシェルジュロボットを開発した (図 5 (g))。このロボットの特徴は，筐体部分にポスターを入れ替えることができるガイドロボットとして，利用できる。最後に，

-213-

ロボットから取り外したスマートデバイスをシニアカートに取り付けることにより，屋内での情報支援と屋外での情報支援をシームレスにつなげる（図5(h)）。その他に，2足歩行ロボットに取り付け，スマートデバイスに内蔵されている加速度センサやジャイロを用いた姿勢制御，カメラを用いた外界の認識などに適用することができる（図5(i)）。

表2　ロボットの仕様

	iPhonoid-B
可動部	腕・腰
自由度	3自由度（腕）×2 1自由度（腰）
寸法 [cm]	（高さ）24.5×（幅）32.0×（奥行き）23.0
重量	約1.6 kg
機能	音声認識・発話・画像処理

　ここでは，一例として，iPhonoid-Bのハードウェア構成を紹介する（図5(c)）。**表2**にiPhonoid-Bの仕様を示す。iPhonoid-Bは，片腕3自由度と腰部1自由度の合計7自由度の構成である。ロボットの可動部の動作制御は小型（68.6×53.4 mm，25 g）のマイコンボードのArduino UNOを使用しており，デジタルIOピンを利用したシリアル通信によって可動部に使用しているサーボモーター（Dynamixel AX-12）の制御を行っている。スマートデバイスとArduino間の通信はBluetoothを採用しており，ConnectBlue社製OLP-425を利用しロボットからマイコンボードへ制御要求情報を送信している。

　3Dプリンタで筐体を作製することにより，ロボットの形状を変更し，設置環境や，利用者の好みにより，その外観を変化させることも可能である。このように，ロボットのBTO（Build To Order）化を行うことにより，さまざまなニーズにあわせた柔軟性の高いシステムを提供することができる。各種センサの有無やそれを利用した機能，ロボット本体の関節数や自由度の数，ロボットのモーションの拡張など，さまざまな組合せを実現できる。

3.　スマートデバイス連動型ロボットのためのコミュニケーションシステム

　目的に合わせたサービスを行うためには，各サービスに適したコミュニケーション機能をロボットパートナーに実装する必要がある。コミュニケーション自体は，大きくバーバルコミュニケーション，ノンバーバルコミュニケーションの他，遠隔操作などに分類でき，また，コミュニケーションの形態として，1対1，1対多，多対1，多対多に分類できる。

　情報構造化空間におけるロボットは，複数のセンサをもつセンサノードの1つとして考慮することができ，分散センシングを実現するとともに，個々のロボットの動作や発話を，情報構造化空間を通して，集中管理的に制御することもできる。つまり，ロボット間のコミュニケーションは，個々のロボットが思考し，発話するのではなく，1つの演劇のように，集中管理的なシナリオ会話を実現することもできる。

　自然なコミュニケーションを行うためには，人間の身振りや行動の認識を行う必要がある。**図6**に，画像処理，音声認識から，発話やジェスチャ表出に至るまでの処理の流れを示す。

　以下では，まず，スマートデバイスを中心とするロボットの知覚システムについて説明し，次に，コミュニケーションシステムについて説明する。

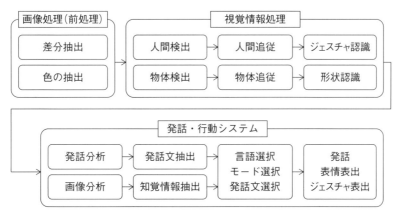

図6 カメラ画像処理と音声対話

3.1 知覚システム

スマートデバイス連動型ロボットの知覚システムとして，大きく分けて，ロボット自身の置かれている状況の認識と，人間の状況認識の2種類を考える必要がある。

3.1.1 ロボットの状況推定

実用化を考える上で，ロボット（あるいは，スマートデバイス）の置かれている状況を認識した上で，人間とのコミュニケーションを行う必要がある。たとえば，スマートデバイスは，ユーザーである人間がロボットから取り外して，もち運んでいる場合などがある。したがって，スマートデバイスに内蔵されている加速度センサやGPSの計測データを用いて，スマートデバイスが，(1-1) 机の上に置かれている，(1-2) ポケット，あるいは，カバンの中に入れている，(1-3) ロボットパートナーに取り付けられている，(1-4) 歩行中である，(1-5) 自転車に乗っている，(1-6) バスや車での移動中である，(1-7) 電車に乗っている，(1-8) その他（不定）に分類する。

3.1.2 人間の状況推定

人間の状況推定を行うために，時系列画像データに対し，逐次的に探索を行うことができる進化的ロボットビジョンを適用する。この手法は，スマートデバイスの性能に合わせて，計算コストを調整することができる。進化的ロボットビジョンは，進化的計算を用いた方法論であり，複数の解候補から構成される解集合（個体群とよぶ）に対し，交叉や突然変異などの遺伝的操作を行うことにより，新しい解候補を生成する。次に，選択により，次世代の解集合を構成する。解候補は，多角形テンプレートを用いて，中心座

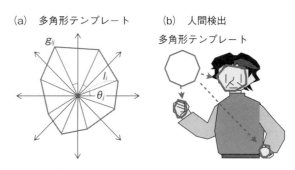

図7 人間検出

標，中心から各点への距離，各角に対する角度を変数として与え，人間の肌に対応する肌色と髪の毛の領域に相当する黒色（グレー）の画素数を用いて，探索を行う（図7）。これらを繰り返すことにより，人間領域を特定する。人間検出の前処理として，差分抽出を用いて，変化が大きい領域を中心に探索を行う。人間検出の例を図8に示す。

次に，スパイキングニューラルネットワークを用いた行動推定手法について説明する。本研究では，人間の基本動作を，特徴的行為分節として扱い，基本点な動作に対応づける（図9）基本的には，人間の手の動作の抽出や身体全体の移動の抽出の他，人の接近，遠ざかりなどの検出があり，その他にカメラ画像上の占有領域（上，中，下）を人間の動作として推定する。また，これらの状態から，人間の行動を推定する。

音声認識と音声合成は，用途に合せて，オープンソース，もしくは，市販されているライブラリを利用する。

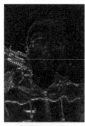

図8　人間検出の例

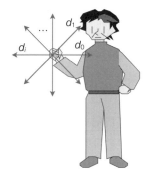

図9　スパイキングニューロンを用いた人間の動作検出方法

3.2　コミュニケーションシステム

ロボットの発話は，大きく分けて，独話，対話，会話から構成される。ここで，独話を他者からの発話を期待しない単方向の発話，対話を異なる価値観などをすり合せるための価値や情報の交換による発話，会話を価値観や生活習慣などが近い親しい者同士のおしゃべりとして捉える。

ここでは，人間とロボットのコミュニケーションの形について具体的に考えてみる。ロボットの対話システムは，対話の目的の観点から，大きく分けて，タスク指向型対話システムと非タスク指向型対話システムに分類される。タスク指向型対話システムは，情報支援や案内など，タスクの目的に沿った会話の実現を目的とする。一方，非タスク指向型対話システムは，日常生活のストレスなどを軽減し，癒しや楽しみをもたらすような会話で，日々の話し相手などを対象とした雑談などを含む。以下，会話の流れを，全体的な傾向，会話のモード，発話方法にわけることにより，コミュニケーションのデザインを考える。

会話の傾向として，話し上手フェーズと聞き上手フェーズに分類して考える。話し上手フェー

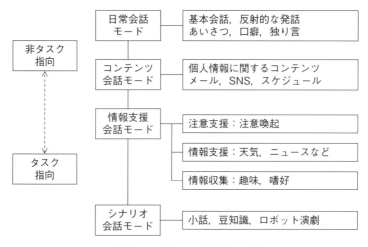

図10　ロボットの対話モード

ズでは，ロボットが積極的に発話を行い，情報支援などを行う．聞き上手フェーズは，うなずきなどを伴いながら，高齢者などに昔話や趣味などの内容を積極的に話してもらうために用いることができる．

次に，具体的な会話のモードと会話を行うための手段について考える．ここでは，情報構造化空間の概念に基づき，会話モードを日常会話，コンテンツ会話，情報支援会話，シナリオ会話に分類する（**図10**）．日常会話は，日々のライフログから抽出された生活スタイルに基づく会話である．コンテンツ会話はカレンダーやメールなどのスマートデバイス内の情報を利用した発話である．予定のリマインダなども兼ねているため，情報支援会話とも一部重複する．情報支援会話モードでは，コンテンツではない，インターネットなどの外部から取得するニュースや天気予報に基づく発話の他，スケジュール管理，興味のあるトピックに関する情報収集などを行う．シナリオ会話モードでは，話し上手フェーズのように，多くの情報を対話形式で提供する．シナリオ会話モードでは，ある目的にあわせた会話パッケージが用意され，「健康づくり支援会話パッケージ」や「見守り会話パッケージ」，「外出支援会話パッケージ」などとして展開する．

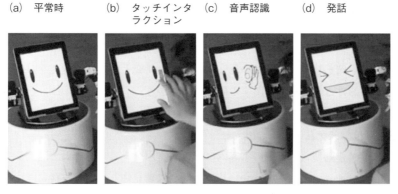

図11　顔を用いたタッチインタフェース

発話の方法には，ランダム発話，イベントドリブン発話，時間依存発話などがある。ランダム発話は，長期的な沈黙が続かないようにランダムに発話を行う手段である。主に日常会話モードやコンテンツ会話モードと連動して用いられる。また，イベントドリブン発話はタッチインタフェースや内部センサの閾値処理など，センサなどに関するイベントが発生した際に行う。

最後に，ノンバーバルコミュニケーションについて考える。本研究では，顔を模倣したタッチインタフェースを実装している（図11）。基本的に，顔の各パーツは，何らかの機能を実装することができる。また，通常は，情動モデルに基づき，喜怒哀楽の表情を演出する。

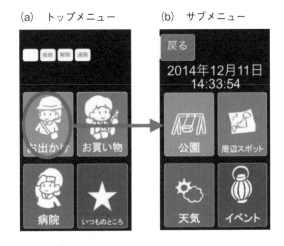

図12　情報支援のためのタッチインタフェース

3.3　スマートデバイス上のインタフェース

スマートデバイス連動型ロボットでは，高齢者や子どもの他，観光客など，タスクに合せて，多岐にわたるユーザーを想定した開発を行う必要がある。[3.2]では，人間とのコミュニケーションを想定した顔画像によるタッチインタフェースを紹介したが，その他にも，情報構造化空間を利用した，わかりやすいインタフェースを実装する必要がある。

たとえば，高齢者の日常生活における外出時情報支援用のインタフェースの例を図12に示す。高齢者にとって，スマートデバイスは，多くのアプリケーションがあり，何をどのように使ってよいのか戸惑う場合が多い。したがって，日常生活を想定し，トップメニューに「おでかけ」，「お買い物」，「病院」など，主目的の項目を配置し，その項目をタップすると，関連情報などが表示される目的別階層構造を用いる。この例では，「お出かけ」を選択すると，散歩のための「公園」の他，「天気」や「イベント」など，外出を促すための情報支援を行う。また，ICカードなどで購入した物品の情報などが利用できれば，情報構造化空間を通して，お買い物の支援などを行うこともできる。

4.　応用事例

本項では，応用事例として，高齢者の見守りに関する研究と観光地活性化を目的としたレンタサイクル事業における情報推薦に関する研究を紹介する。

4.1　高齢者見守りシステム

スマートデバイス連動型ロボットの家庭内における実用化をめざし，計算論的システムケア（Computational Systems Care）の概念に基づいた高齢者見守り・情報支援に関するロボットパートナーについて開発を行ってきた（図13）。ロボットパートナーは，人の尊厳を大切にす

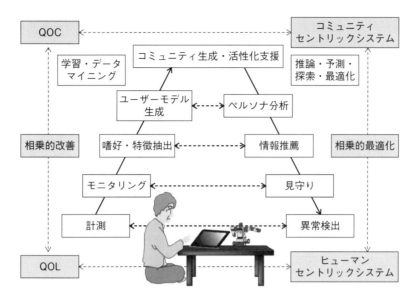

図 13　計算論的システムケア

るコミュニティを構築するために，地域に住む人々の Quality Of Life（QOL）と Quality Of Community（QOC）を相乗的に向上する「ケア」を行うことを目的としており，情報構造化空間を通じたセンサノードを使用した転倒検出や深夜の徘徊の検出などを行う「見守り」や健康寿命の延伸のための「健康づくり支援」を行う。

家庭内にスマートフォン連動型ロボットを導入した事例として，2011 年 7 月 18～23 日の 6 日間にわたって介護施設の高齢者住居にロボットパートナーを設置した事例を示す。図 14 に導入の様子を示す。対象者

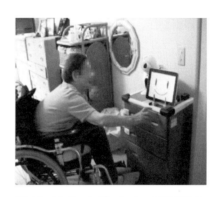

図 14　ロボットパートナーの高齢者介護施設への導入事例

は疾患のため発話が困難であり，周囲とのコミュニケーションに不安を感じていたが，ロボットとの 6 日間のインタラクションを通じ，ロボットとの会話やタッチ操作によるローカルコミュニティの情報の獲得を積極的に行うなど，その振る舞いに変化が見られた。この事例では，期間中を通じ，対象者とロボットとの会話は毎日，非常に活発に行われていた。

また，2014 年 9 月 15～19 日の 5 日間にわたり，高齢者向けケア・マンションにロボットパートナーを導入した事例では，マンション内のイベント案内や体操支援プログラムへの参加促しを通じた，コミュニティの活性化をめざした取り組みを行った。導入期間終了後の使用感の調査では，ロボットとの会話に楽しみを見出していることが聞き取れた。また，ロボットへの「名付け」を通じ，ロボットへの愛着が高まることが確認された。

4.2　観光地活性化のための情報支援

スマートデバイス連動型ロボットパートナーの商店街や観光地への導入事例として，レンタ

サイクル事業にロボットパートナーを導入した事例について紹介する．このロボットパートナーはレンタサイクル店舗に設置されており，地域の観光スポットやレストラン，店舗の推薦を行うことで，地域のコミュニティの活性化を図っている．また，スマートデバイス内の店舗やイベントの情報は，情報構造化空間を通じ容易にアップデートが可能である．観光客にとっては，現地での情報を，あたかも，現地住民に尋ねるように，ロボットとコミュニケーションを行うことで，それぞれの嗜好情報に応じた推薦結果として得ることが可能となる．

ここでは，2013年7月17〜19日にレンタサイクルショップ；TREKKLING（東京都）にて開催されたイベントにおいて，スマートフォン連動型ロボットを使用した事例を紹介する．まず，利用者が入店をセンサノードのKinectセンサが計測を行い，情報構造化空間を通じてロボットに発信する．店内には人型ロボットのPalro（図15(a)）とスマートデバイスを頭部に設置したコンシェルジュロボット（図15(b)）が設置されており，それぞれ，会話機能，情報推薦を行う．コンシェルジュロボットではタッチインタフェースを使用し，顔の部分のスマートデバイスを操作し，体力や嗜好情報の入力を行う（図15(c)）．ロボットは，入力された情報に応じルート推薦を行い，地図情報として提示する（図15(d)）．この際，地図内の対応したレストランや店舗の詳細情報を確認することが可能である．さらに，スマートデバイスの機能を使用し，地図の印刷を行い，利用者に提供した（図15(e)）．利用者はこの情報をもとに，推薦ルートに沿ってサイクリングを楽しんだ．観光客は，地域の人々との暖かいコミュニケーションを期待している半面，地域の手頃なレストランやデートスポットなどの情報は，地域の人々に尋ねにくい．そのような状況において，コンシェルジュロボットは，人には聞きにくい情報などを提供する．このように，観光客に対し，地域の人々とのコミュニケーションとロボットとのコミュニケーションを使い分けることにより，満足の高いサービスを実現することができる．

また，利用者が所持しているスマートデバイスと観光案内として設置されているロボットと

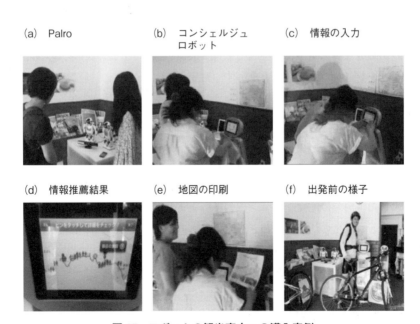

図15　ロボットの観光案内への導入事例

第5章 つながる

がすれ違い通信をはじめとする情報通信を行うことにより，地図情報の配信や，多言語対応などを行うことが可能であり，2020年の東京オリンピックに向けコンシェルジュロボットの発展が期待される。

5. おわりに

　本節では，スマートデバイスの特徴を生かしたロボットの開発について紹介した。ロボットの開発が従来型の「すり合せ技術」から「組合せ技術」へと転換し，さまざまなレベルでの要素技術のモジュール化と高度なシステム化により，スマートデバイス連動型ロボットの開発が容易になってきた。また，クラウド技術の進展により，ロボットのハードウェアを売る時代から，情報構造化空間やライフハブの概念に基づき，ロボットを用いたコンテンツサービスを展開する時代へとシフトしつつある。本研究におけるスマートデバイス連動型ロボットに関する今後の展開として，家庭用として情報支援を行うロボットに関する産業をゼロから創り上げるのではなく，スマートデバイスという既存の産業から拡張することを検討している。たとえば，スマートデバイスを販売する際，充電台という「オプション」として，スマートデバイス連動型ロボットを低価格で販売し，ロボットならではの自然なコミュニケーションを取り入れた持続可能なコンテンツサービスを展開することができれば，家庭用ロボットの1つのビジネスを切り開くことができるかもしれない。

　本研究では，主に情報支援を中心に，スマートデバイス連動型ロボットパートナーの開発について，紹介したが，スマートデバイスには，多くのセンサが内蔵されており，これらを活用した機能やサービスを実現することができる。ユーザーにとってのいままでにない新しいエクスペリエンスのためのデザインを考えていく必要があろう[7]。今後，スマートデバイスの機能を活用したさまざまなロボットが開発されることを期待する。

文　献

1）N. Kubota, Y. Toda：Multi-modal Communication for Human-friendly Robot Partners in Informationally Structured Space, *IEEE Transaction on Systems, Man, and Cybernetics*-Part C, **42**(6), 1142-1151 (2012).

2）D. Tang, B. Yusuf, J. Botzheim and N. Kubota：Chee Seng Chan, A novel multimodal communication framework using robot partner for aging population, *Expert Systems with Applications*, **42**(9), 4540-4555 (2015).

3）J. Woo, J. Botzheim and N. Kubota：Facial and Gestural Expression Generation for Robot Partners, Proc. of the 25th 2014 International Symposium on Micro-Nano Mechatronics and Human Science, 218-223, Nagoya, Japan (2014).

4）J. Woo, J. Botzheim and N. Kubota：Verbal Conversation System for a Socially Embedded Robot Partner using Emotional Model, Proc. of the 24th IEEE International Symposium on Robot and Human Interactive Communication, 37-42, Kobe, Japan (2015).

5）J. Woo, C. Kasuya and N. Kubota：Content-based Conversation for Robot Partners Based on Life Hub, Proc. of 2015 International Symposium on Micro-Nano Mechatronics and Human Science, Nagoya, Japan (2015).

6）D. Tang, J. Botzheim and N. Kubota：Informationally Structured Space for Community-centric Systems, the International Conference on Universal Village, Boston, USA (2014).

7）久保田直行：人間共生システムにおけるコミュニケーションのデザインからエクスペリエンスのためのデザインへ，知能と情報，**27**(6), 182-192 (2015).

◆ 第2編　新しいロボットによるプロセスイノベーション～ロボット概要とその用途～
◆ 第5章　つながる

第3節 Bluetooth Low Energy（BLE）が作る新しい ネットワークロボットの新たな展開

株式会社国際電気通信基礎技術研究所　宮下　敬宏　karakuri products　松村　礼央

1. はじめに

　ネットワークロボットは，わが国のフラグシップ・テクノロジーである「ユビキタスネットワーク」と「ロボット」が融合した技術である。これによって，ロボットや関連する要素（環境に設置されたセンサ，スマートフォン，ソフトウェアエージェントなど）をネットワークにつないで協調・連携させ，それら単体ではできない高度なサービスが実現できるようになる。新たなライフスタイルの創出や，高齢化・医療介護等のさまざまな社会的問題に資する技術として期待が寄せられている[1]。このネットワークロボット技術の普及のためには，無線通信技術が不可欠である。特に，すでに普及しているスマートフォンを連携させたサービスを考えるとき，近距離無線通信技術がきわめて重要になる。

　近距離無線通信技術は，NFC，ZigBee，Bluetooth など，いろいろなものが研究開発，あるいは標準化されている。中でも，Bluetooth 4.0 から採用されている Bluetooth Low Energy（BLE）は，低消費電力である点と，技術者だけではなくサービス開発者の視点で開発環境が整備されている点から，Apple 社をはじめ，多くの企業が製品に取り入れはじめている。このBLE によって容易に実現されるスマートフォンを連携させたネットワークロボットサービスは，これから広く普及する可能性がある。

　本節では，近距離無線通信技術を俯瞰するとともに，近距離無線通信を使ったネットワークロボット技術によって実現される近未来のライフスタイルを予想してみる。

2. 近距離無線通信

　近距離通信は，図1，表1のように分類される。このうち，ネットワークにつながる人間のまわりの機器が存在する範囲として，10～20 m 程度をカバーするものを無線 PAN（Personal Area Network）とよぶ。近距離無線通信技術については，一般的には，短距離無線から無線PAN などの通信距離が数十 m くらいまでの近距離の無線通信技術を指しており，主な技術としては NFC，ZigBee，Bluetooth，WiGig，無線 LAN などがある[2]。

　BLE は，2006 年に Nokia 社が Wibree という名称で開発し，Bluetooth SIG, Inc. が 2010 年に発表した「Bluetooth 4.0」に採用され，2016 年現在，Bluetooth 4.2 が最新の仕様になっている。BLE は，これまでの Bluetooth（ここでは，クラシック BT とよぶ）に較べて小さい電力（数 mW ～数十 mW，クラシック BT の 1/10 程度）で駆動する機器に搭載されることを想定しており，コイン電池で年単位の長期間の動作ができる通信方式であること（低電力性）と，BLEのフレームワークの下でウェブサービス，アプリケーション，ハードウェアを連携させ，開発者がさまざまなサービスを創れること（サービス多様性）が特徴である[4]。これらの特徴のため，

-223-

第2編 新しいロボットによるプロセスイノベーション

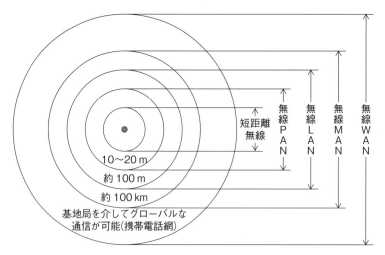

図1　通信距離から見た無線ネットワーク[2]

表1　通信距離から見た無線ネットワーク（標準化仕様，名称）[2]

ネットワーク	標準化機関	例	備考
短距離無線	・通信方式ごとに個別（特定小電力無線はARIB-STD-T67，センサ間のデバイスインタフェースはIEEE1451）	・RF-ID ・DSRC ・NFC ・特定小電力無線，微弱無線	・RF-ID（トレーサビリティ） ・DSRC（ITS） ・NFC（Suica，ICOCA）
無線PAN	・IEEE802.15	・Bluetooth（IEEE802.15.1） ・UWB（IEEE802.15.13a） ・ZigBee（IEEE802.15.4）	・業界団体 　Bluetooth SIG, 　WiMedia Alliance, 　UWBForum, ZigBee 　Alliance 等
無線LAN	・IEEE802.11	・IEEE802.11b/a/g ・IEEE802.11n（次世代高速版）	・業界団体 　Wi-Fi Alliance
無線MAN	・IEEE802.16（BWA） ・IEEE802.20（MBWA，高速移動体対応）	・Flash-OFDM ・iBurst	・業界団体 　WiMAX Forum
無線WAN	・3GPP，3GPP2	・第2世代（PDC，GSM等） ・第3世代（W-CDMA，cdma2000） ・第3.5世代（HSDPA，EVDO）	・現在は第2世代と第3世代が利用 ・2010年より第4世代

DSRC：Dedicated Short Range Communication　　NFC：Near Field Communication

パソコンの周辺機器，ヘルスケア機器，スマートウォッチなど，多くの製品にすでに搭載されている。

3. ネットワークロボット技術

　ネットワークロボット技術とは，従来のロボットが単一目的（生産手段，掃除，癒やし，エンタテインメントなど）において利用可能な単機能ロボットであるのに対し，これらをネットワークでつなげ，連携させることにより，多用途に利用可能にする技術である[5]。この技術は，利用者が複雑な操作やストレスを感じることなく，だれもが安心して安全に情報通信を利用できる環境を実現するため，ネットワーク・ヒューマン・インタフェース（人が情報通信ネットワークをより使いやすくするための技術）の基盤技術の1つとして2003年度から総務省が主導

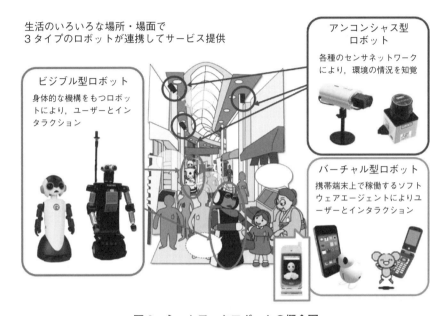

図2　ネットワークロボットの概念図

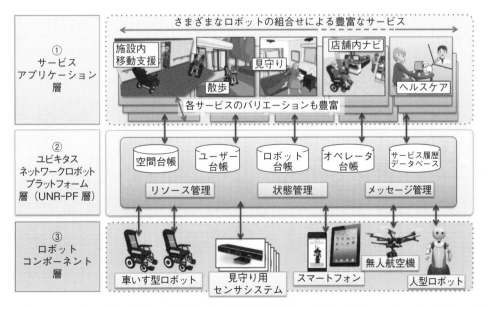

図3　ネットワークロボットのアーキテクチャ（ユビキタスネットワークロボットプラットフォーム）

で研究開発を進めたものであり，だれもがIT社会の恩恵を享受できる社会の早期実現に資することを目的としている。

具体的には，物理的に触ることができてなんらかのインタラクションが可能なロボット（ビジブル型ロボットとよぶ），サイバー空間に存在するたとえばソフトウェアエージェントのような仮想的なロボット（バーチャル型ロボットとよぶ），環境に設置されたセンサやRFIDタグなどのどちらかといえば存在感を消して見守るロボット（アンコンシャス型ロボットとよぶ），以上の3種類のロボットが協調・連携して，単体のロボットでは不可能であった高度なサービスを実現する技術であり，協調・連携のための通信プロトコルやシステムアーキテクチャ，人とロボットのインタラクション技術などが含まれている。図2にネットワークロボットの概念図を，図3にはネットワークロボットのアーキテクチャを示す[6]。

ネットワークロボット技術を使うと，たとえば，自動運転可能な電動車いす（ビジブル型ロボット）が，環境に設置されているセンサ（アンコンシャス型ロボット）が検出した人や買い物カートの位置情報をネットワークを介して共有して，安全・安心に搭乗者を目的地に移動させ

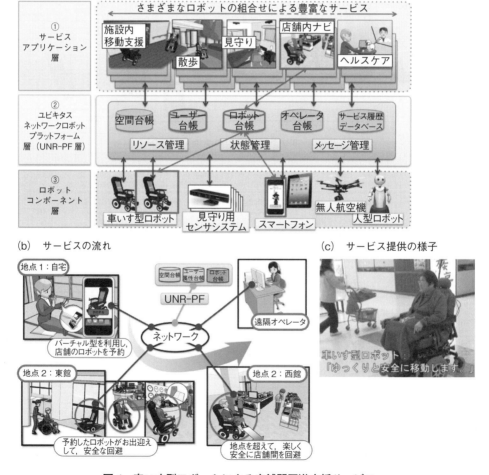

図4 車いす型ロボットによる店舗間回遊支援サービス

第5章　つながる

る（**図4**）というサービスを実現することができる[7]。もう少し大きなスケールで考えると，インテリジェントビルとスマートフォンなどの携帯デバイスが連携して提供してくれるサービスや，街中を走る自動運転車の連携サービスなども実現できる。逆に小さなスケールで考えると，スマートフォン上のソフトウェアエージェントがスマートフォンの加速度センサや GPS などから計測されるユーザーの行動履歴に合せて情報提供してくるサービスなども実現できる。

4. ネットワークロボット技術と近距離無線通信

　ネットワークロボット技術において，多くの実証実験が行われている[8)-10)]。実験では，機器間の通信は主に無線 LAN と LTE などの公衆無線回線が用いられていた。これは，例として挙げている実証実験が，施設内の移動に関するサービスの実験であり，機器間の距離が 10 m 以上であったためである。これがより日常生活の中に入り込んだデバイスによるサービス（いい方を変えると，もののインターネット（IoT：Internet of Things）によるサービス）になってくると，近距離無線通信技術，特に BLE の出番が多くなってくると考えられる。その理由は，スマートフォンにある。

　スマートフォンは，一般世帯への普及率が 6 割を超えている[11)]。IoT によるサービスを実現する際は，すでに普及しているデバイスとしてスマートフォンを利用するであろう。スマートフォンの OS である iOS，Android，Windows Phone，BlackBerry は，BLE に標準で対応しており，また，ノートパソコンやデスクトップパソコン側の OS である OS X，Linux，Windows 8，Windows 10 なども標準で対応していることから，日常生活の中のサービスで利用するちょっとしたデバイスを距離の近いスマートフォンに BLE で接続する仕様にすることで，ユーザーがそのサービスを利用する障壁を下げることができ，サービス普及の可能性を一気に広げることができる。

5. BLE によるサービス事例紹介

　ここでは，BLE を利用してすでにサービスインしている事例を 2 つ紹介する。これらのサービスは，ネットワークロボット的に考えると，バーチャル型ロボット（スマートフォン上のアプリケーション）とアンコンシャス型ロボットを連携させたサービスといえる。

5.1　事例 1：iBeacon

　iBeacon とは，iOS 7 以降と Android 4.3 以降の OS を搭載した端末で利用できる屋内測位システム，あるいはサービスの名称であり，2013 年に Apple 社が発表した（Apple 社の登録商標である）。具体的には，iBeacon の発信器が BLE を利用して ID 情報などを定期的に発信する。端末側は，ID 情報等に対応するアプリケーションをインストールすることにより，発信器の ID 情報と，その発信器の電波強度や大まかな距離（Far/Near/Immediate）を取得することができる。アプリケーションは，この情報に基づいて，たとえば発信器の側の商品の情報やクーポンなどを，iOS 端末を携帯するユーザーが発信器の側に近づいたときだけ表示するなどのサービスを提供することができる。

　iBeacon を利用したサービスは，日本国内でも立ち上がりはじめている。たとえば，日本写

真印刷コミュニケーションズ㈱の Store Beacon[12] や，GMO ペイメントゲートウェイ㈱の GMO Pallet などがすでにサービスインしている。

5.2 事例2：Estimote

Estimote とは，前述した iBeacon 発信器を複数活用し，3個以上の発信器の情報によって，相対位置を計測することができるシステムと，そのシステムを技術開発してサービスインしようとしているベンチャー企業の名称である[14]。類似の技術は，無線 LAN のアクセスポイントなどの電波強度を複数利用して，三角測量の原理でアクセスポイントに対する相対位置を計測するものがあるが，iBeacon の発信器はきわめて安価に作ることができるため，安価な屋内測位システムとしての利用が期待されている。

前述した2つの事例は，2015年に注目された事例として，いずれも iBeacon を活用したものを紹介したが，他にもスマートフォンと連携し，ブレスレットのように身につけるヘルスケアデバイス[15] や，メガネ型のデバイス[16] など，さまざまなものが出はじめている。

6. おわりに（今後の展望）

ネットワークロボットの研究開発は，2004年からスタートしているが，近距離無線通信技術，特に BLE によって，実用化の可能性が高まった。iBeacon，fitbit，JINS-MEME などに代表されるように，ブレスレット型，あるいは眼鏡型の身近なデバイスがネットワークにつながり，スマートフォンと連携したサービスが，従来と比較して容易に実現できるようになった。

このような流れを受けて，これからは，App Store や Google Play で流通しているスマートフォンで動くアプリケーションを作る開発者が，BLE などの技術を利用して，身近なデバイスをネットワークロボット化し，スマートフォンと連携させたネットワークロボットサービスをどんどん開発し，それらが流通する時代がやってくるであろう。何百万種類のロボットサービスが流通するようになれば，ユーザーはその日の体調や気分に応じて，自分の好みのサービスを選ぶことができるようになる。BLE がネットワークロボットと組合されることによって，これまで爆発的には立ち上がらなかったロボットによる日常的なサービスの市場が新たに創出されることを期待している。

文　献

1）総務省：日本発新 IT「ネットワークロボット」の実現に向けて〜「ネットワークロボット技術に関する調査研究会」報告書〜（2003）.

2）阪田史郎：無線 PAN/LAN/MAN/WAN の最新技術動向（2006）.

3）総務省北陸総合通信局：子供を見守る ICT 技術に関する調査検討会報告書（2007）.

4）堤修一，松村礼央：iOS×BLE Core Bluetooth プログラミング，ソシム（2015）.

5）総務省：ネットワーク・ヒューマン・インターフェースの総合的な研究開発〜ネットワークロ

ボット技術〜基本計画（2004）.

6）土井美和子，萩田紀博，小林正啓：ネットワークロボット―技術と法的問題―，ユビキタス技術，オーム社（2007）.

7）M. Shiomi, T. Iio, K. Kamei, C. Sharma and N. Hagita : User-friendly Autonomous Wheelchair for Elderly Care Using Ubiquitous Network Robot Platform, The 2nd Int. Conf. on Human Agent Interaction, 17-22（2014）.

8）㈱国際電気通信基礎技術研究所：報道発表資料「家やスーパーマーケットなどの多地点で様々な

タイプのロボットが連携する高齢者生活支援実験の開始〜ユビキタスネットワークロボット技術〜」（2009）.

9）㈱国際電気通信基礎技術研究所：報道発表資料「車いす利用者のショッピングをロボットがサポート！〜車いす型ロボットによる店舗間回遊支援サービス実験開始〜」（2011）.

10）㈱国際電気通信基礎技術研究所，株式会社東芝：報道発表資料「スマホ感覚で使えるロボットサービス登場—高齢者・障がい者の生活支援・社会参加を促進—」（2013）.

11）内閣府，消費動向調査，2015 年 3 月.

12）日本写真印刷コミュニケーションズ㈱：Store Beacon，http://smartphone-ec.net/ibeacon/

13）GMO ペイメントゲートウェイ㈱：http://www.gmo.jp/news/article/?id=4577

14）Estimote：http://estimote.com

15）Fitbit：http://www.fitbit.com/jp/home

16）㈱ジェイアイエヌ：https://jins-meme.com/ja/

◆ 第2編　新しいロボットによるプロセスイノベーション〜ロボット概要とその用途〜
◆ 第5章　つながる

第4節　つながる工場システム開発

株式会社富士通研究所　富田　順二

1. はじめに

　インターネットの普及に伴い，Internet of Things（IoT）が成長領域と目され，新たなビジネスサイクルの革新としてさまざまな分野での適用が試みられている。その中で，「ものづくり」の分野がIoTの適用先として有望視され，ドイツの産官学で取り組み提唱するIndustrie 4.0，米国における民間企業主体のIndustrial Internet Consortium（IIC），日本においては，日本政府主導の日本再興戦略におけるロボット革命実現会議やコンソーシアムのIndustrial Value Chain Initiative（IVI）等，このIoTを活用した情報連携と実証に向けた活動がはじまっている。

　今後，ものづくりでのIoTの普及により，工場の設備や機器が工場の垣根を越えて，製造現場と消費者がダイレクトにつながり，人々のライススタイルを大きく変わることも予見される。つながる工場のベースとして，ものづくりの現場にIoTが導入されると，生産物，生産設備，作業者のそれぞれの状態や状況が情報として集約される。ここで，現場とは製造の現場に限るものではなく，設計や開発の現場をも含む。デジタル化された情報を蓄積し，分析することで，新たな情報（たとえば，生産計画に無理，むだやムラがないかの確認）を生み出すことが可能となる。また，未来の状態をも予測し，それに対応した計画が立案できることによって，サプライチェーン全体が変化していくと期待されている。

　この活動は生産部門に止まることなく，設計・開発部門へも大きなインパクトを与えることになる。今日，製品サイクルの大幅な短縮が求められている中で，単に3D-CADを用いて設計するだけでなく，その図面を各種のシミュレーションによる設計検証や，生産ライン設計に活用することが必要となっている。

　富士通グループでは以前より「富士通生産方式」と名付けて，「ものを作らないものづくり」の実現や「設計と生産のコンカレント化」を推進しており，新たに「スマートなものづくり」として取り組みをまとめ，2015年3月に発表している。具体的には，設計の自動化，ロボットの知能化，および製造条件の自動チューニング等の実現をめざしている。当社では主に上述の要素技術レベルの開発に取り組んでいる。

2. 次世代ものづくりに向けた取り組み

　富士通㈱（以下，当社）はICTを活用した次世代ものづくりのソリューション提供によって，製造業がグローバル競争に勝ち抜くための支援を行っていくことを公表した。各種のシミュレーションツールによるバーチャルファクトリーを実際の工場に写像（図1）することで，遠隔地間でのコミュニケーション促進を図るツールなど，情報を活用した次世代ものづくりのための開発・生産の統合プラットフォームを提供していく[1]。

－ 231 －

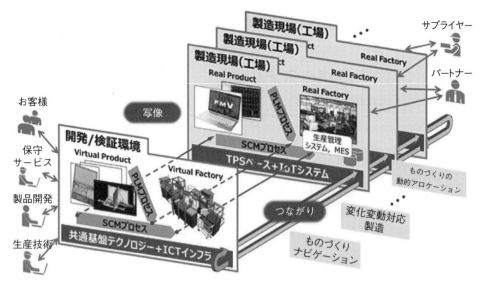

図1　スマートなものづくり実現のアプローチ

　ものづくりに関する生産活動などのあらゆるデータがつながり，かつ高次元で人とロボットなどの機械が協調生産する次世代ものづくりの環境構築実現に向けた取り組みを行い，部品のばらつきに柔軟に対応する自律制御や工程変更に迅速に対応するロボットの制御システム，IoTを活用した工場設備の監視，部品特性や湿度などさまざまな要因による製造品質の予測などを社内のものづくりでの実践を進めている。

3. 研究の取り組み

　当社では，将来のつながる工場をめざし，富士通グループの「スマートなものづくり」の実現に向けて，設計の自動化，ロボットの知能化，および製造条件の自動チューニング等を実現する自律的なものづくりの要素技術レベルの開発に取り組んでいる。

(1) 設計自動化

　設計者の依存度が大きいノウハウの伝承が急務であることは言を待たないが，そのノウハウの可視化，共有，伝承が難しいこともよく知られている。そこで過去の設計資産を分析して，その中に込められているノウハウを抽出し，再利用することを試みている。ノウハウ抽出には一般に用いられる機械学習等の統計的なデータ解析手法に加えて，抽出されたパラメータの真贋を判断する設計者の知見を加味することが重要である。

(2) ロボットの知能化

　各種のロボットが生産現場に導入されているが，ロボットが行うべき動作を教える教示作業や作業エラーを検知するためのコストは必ずしも少なくない。このため，サイバー環境でロボットの動作をあらかじめ生成し教示データにすると共に，現実の世界で発生する想定との誤差を，センシングと自律判断によってリアルタイムで補正していくことが必要である。なお，この手法は自動検査装置等にも適用可能と考えている。

(3) 製造条件の自動チューニング

製造現場においても，生産設備のログ，作業記録といった形でデータは多く存在しているが，必ずしも次の生産に活用されていない。製品の各種検査結果に加えてこれらの製造データを分析することにより有用な知見を抽出でき，製造条件をほぼリアルタイムでチューニングすることも可能であると考えている。また，生産設備の故障予知や保守時期の予測もできる可能性がある。

4. 開発技術—異常判断システム

多様化する顧客のニーズに合せ，変種変量生産への対応や生産準備期間の短縮化，品質向上を実現する生産システムが望まれ，部品のばらつきにも柔軟に対応する自律制御技術の開発が必要とされている。本項では，上述した(2)ロボットの知能化において，ロボットの自律化をめざす異常判断システムの開発技術について紹介する。

ロボットを活用した機器の製造工程において，人の手間を低減するとともに，品質や生産性を向上させることが重要である。そのため，ロボット自身が，自動的に異常を検知し，自律的に判断できるシステムが望まれる。われわれは，さまざまな状況の変化に対し，ロボット自身が感じ（計測・認識），考え（分析・判断），行動（計画・動き）することのできる自律的な製造システムの開発をめざし，作業状態の異常を判断して，失敗する前に停止することができる異常判断システム[2]を開発した。以下，その開発技術について紹介する。

図2に，異常判断システムのロボット作業の実験系を示す。ロボットのコネクタの把持，挿入作業を想定し，ロボットハンドに力覚センサ，周囲に視覚センサ（カメラ）を複数設置した系である。図3に実験システムと異常判断システムの構成を示す。力覚／視覚のセンサ群からセンサデータを異常判断システムのパソコンに取りこみ，センサ計測と状態認識を行う。そして，各々のデータから機械学習による状態の分析を行い，各異常検知から統合判断にて，作業レベルでの異常を判断し，ロ

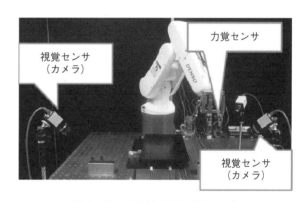

図2　異常判断システムの実験系

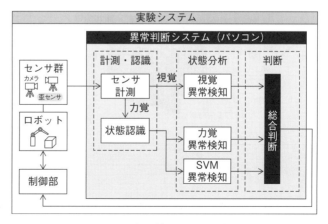

図3　異常判断システムの構成

ボットを停止させる技術を開発した。

　図3の異常判断システムは，計測・認識，分析，判断のモジュールからなる。計測・認識モジュールでは，事前準備の学習段階で，力覚センサの計測からデータの変動の大きな過渡域を抽出し，動作の状態を定常域／過渡域の2種類に分けて区間を定義する。過渡域はロボットが何らかの組立て動作を行っている区間であり，データが時間的に顕著な変動を示す。定常域では，ロボットは組立動作を行っておらず，停止または移動をしている区間のことで，データには時間的に顕著な変動はない。本研究ではセンサデータを定常域／過渡域の動作に弁別し，各動作の状態を認識して，状態ごとで適切な判断を実施している。

　状態分析モジュールでは，各動作に弁別したデータから機械学習を用いて，状態分析を行い，異常を検知する。力覚異常検知の状態分析において，定常域ではデータのばらつきが正規分布であることを仮定し，あらかじめ学習して得られたデータのばらつきを誤差範囲（3σ）とした異常検知の判定手法を用いた。SVM 異常検知の状態分析において，過渡域では，3σの手法に加え，データの分布を仮定しなくとも判別できる Support Vector Machine（SVM）識別器[5]による異常検知の判定手法を行った。データの変動が大きい過渡域では，データのばらつきが非常に大きく，3σ手法の誤差範囲で異常検知の判定を行うには，性能が劣るため，ばらつきを仮定しない SVM 識別器を利用することで，判定性能を向上させている。

　視覚センサによる異常検知では，図4に示す開発した動画学習による異常動作の検知技術[3,4]の手法を用いた。ロボット組立て作業シーンを視覚センサ（カメラ）により撮像した動画フレーム毎に正常空間を作成し，動き特徴として，異常検知に有効とされる立体高次局所自己相関特徴（Cubic Higher-order Local Auto Correlations：CHLAC 特徴[6,7]）を利用して異常の検知システムを構成している。CHLAC 特徴の算出は，組立作業シーンから，フレームごとに動いている領域を2値化したあと，時空間方向の動き成分を最大251次元に分類することにより行える[8,9]。

　CHLAC 特徴は，二次元画像の特徴量の1つである高次局所自己相関（Higher-order Local Auto Correlation：HLAC 特徴）を時間方向に拡張している。対象となる画像領域内の位置 $r=$

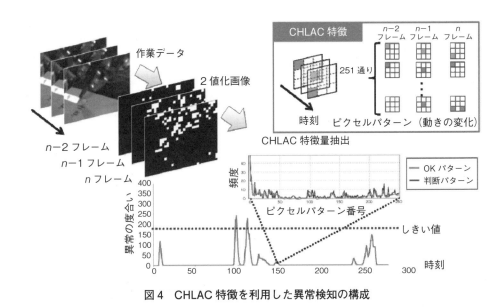

図4　CHLAC 特徴を利用した異常検知の構成

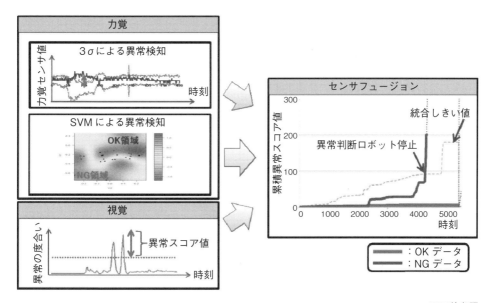

図5 統合判断の構成

※口絵参照

(x, y) における画素値を $f(r)$,r の周りの N 個の変位方向を $a_1 \sim a_N$ とすると,HLAC 特徴は,

$$H_r(a_1, \cdots, a_N) = \int f(r)f(r+a_1)\cdots f(r+a_N)dr \qquad (1)$$

で表される。ここで,高次局所自己相関の次数を二次までとし,a の変位方向 r を中心とした 3×3 画素の領域に限定した場合,2 値画像の HLAC 特徴の変位パターンは 25 通りとなる。この特徴量を時間方向にも拡張することで,時間方向に前後 3×3 画素領域を加えた 2 値画像の CHLAC 特徴の変位パターンは 251 通りとなる。CHLAC 特徴は時空間方向の動き成分の分布状態を表わしており,注目する物体の CHLAC 特徴を算出することで,その物体の瞬間的な動き特徴を抽出できる。学習させた正常作業(OK パターン)との比較から異常の度合いを抽出し,異常を検知する。

図3の判断部モジュールは,上述までの個々の異常検知から,作業レベルでの異常判断を行う統合判断のモジュールである。**図5**にその統合判断(センサフュージョン)の構成を示す。

力覚センサのばらつき 3σ による異常検知と,過渡域における SVM による異常検知,および視覚センサから異常検知の結果を異常スコア値として設定する。各異常スコア値を同等に扱えるように規格化し,各センサデータの特徴から異常スコア値に重みを自動的に付け,累積スコア値を取得する。機械学習から得られた時刻と共に変化する統合しきい値を設定し,累積スコア値の変化から,統合しきい値を越えた瞬間に,作業の異常と判断する。異常判断と同時にロボットの制御部に停止を命令することで,異常判断システムを構成した。

開発した異常判断システムの検証として,USB コネクタをロボットで把持・挿入する作業に対して異常判断を行う実験を行った。事前準備とし,作業の OK データ 20 個とコネクタを斜めにセットして挿入失敗させた NG データ 1 個をシステムに学習させ,さらに,OK データ 10 個

第2編　新しいロボットによるプロセスイノベーション

を用いて，統合しきい値と異常検知の重み付けの係数を自動計算させた。実験では，学習させたNGデータと類似のコネクタの斜めセットでの失敗させる作業①と部品不良を想定した挿入口に障害物（テープ）を貼付し挿入失敗させる作業②について，適正に異常判断できるか，実験を行った。その結果，作業①のトライアルでは，コネクタを把持する前に，コネクタと接触した段階で，力覚異常検知のスコア値が急増し，累積スコア値が統合しきい値を越え，適正に異常判断してロボットが停止した。作業②のトライアルでは，挿入動作前の段階で，視覚センサによる視覚異常検知で，部品の異常を検知し，異常検知のスコア値が急増して，累積スコア値が統合しきい値を越え，適正に異常判断し，ロボットが停止した。作業①②ともリアルタイムで異常判断を行い，作業が失敗する前に，ロボットを停止することができ，作業の異常内容に応じて，力覚センサと視覚センサとが相補的に異常判断し，コネクタ挿入失敗前に異常と判断できることを確認した。また，学習の段階で活用したNGデータは1個であり，少ないNGデータでシステムを稼働させることができることを確認した。本開発システムは，NGデータを収集する時間を短縮することができ，作業変更に対して，短時間で立上げできるシステムであって，多品種生産に向けた変化に柔軟に対応可能であると期待する。今後，製造ラインの適用をめざし，異常判断システムの実用評価を進めるとともに，異常と判断した原因の分析から自動的に動きを修正する技術の開発を進め，ロボットが自身で考え行動できる自律的な製造システムの開発に取り組む。

5.　まとめ

　当社では，自律型製造システムなどの自律的なものづくりの要素技術レベルの開発を進め，富士通グループの「スマートなものづくり」の実現に向けた取り組みを行っている。また，ITを活用した次世代ものづくりの環境構築のためのソリューション提供も進めている。本節では，自律型製造システムに向けた異常判断システムを紹介したが，Industrie 4.0等，世界が思い描くつながる工場実現には，AI，センシング技術，ビッグデータ活用技術，自動化のための設計技術，リアルとバーチャルをつなぐ技術等，多岐に亘る技術開発が待ち望まれている。世界中で開発が加速化している中，日本が先行できるつながる工場実現に向けた開発がいち早く進むことを期待したい。

文　献

1）ものづくり基盤技術の振興施策，200-201（2015）.
2）雨宮智ほか：2015年度精密工学会春季大会学術講演会講演論文集，精密工学会，953-954（2015）.
3）布施貴史ほか：動的画像処理実利用化ワークショップ講演論文集，精密工学会，OS1-1，（2015）.
4）布施貴史ほか：画像ラボ，26（9），日本工業出版，74-79，（2015）.
5）松野隆幸ほか：ロボットによるネジ締め作業における異常検出アルゴリズム，日本ロボット学会誌，30（8），804-812（2012）.
6）南里卓也，大津展之：複数人動画像からの異常動作

検出，情報処理学会論文誌，CVIM，46，No.SIG_15，43-50（2005）.
7）鈴木一史：3次元高次局所自己相関特徴マスクを用いたソリッドテクスチャの分類，情報処理学会論文誌，48（3），1524-1531（2007）.
8）佐藤竜太ほか：CHLAC特徴量と部分空間法による複数行動の分類，MIRU2009，1344-1349（2009）.
9）鈴木一史：3次元高次局所自己相関特徴マスクを用いたソリッドテクスチャの分類，情報処理学会論文誌，48（3），1524-1531（2007）.

◆ 第2編　新しいロボットによるプロセスイノベーション〜ロボット概要とその用途〜
◆ 第5章　つながる

第5節　ネットワークロボット国際標準化の動き

株式会社国際電気通信基礎技術研究所　亀井　剛次　　株式会社国際電気通信基礎技術研究所　萩田　紀博

1. はじめに

　本節では 2004〜2012 年度に総務省委託研究として実施されたネットワークロボット研究開発の成果を中心に，関連技術の国際標準化の最近の動向について紹介する。

2. ネットワークロボット

　ネットワークロボット技術は，日常生活を支援することを目的としたサービスロボットの実現に必要な基盤技術として研究開発が進められてきた。ここではまず，サービスロボットの位置付けと，ネットワークロボットに求められる要件についてまとめる。

　生産工程の自動化を目的とした産業用ロボット技術の実用化は，製造業分野の発展に大きく貢献し，われわれの生活の向上を支えてきた。製造の現場においては，より正確に効率よく，そして安全にロボットを活用するために，ロボットの機能および動作環境が注意深く設計されてきた。われわれの生活は，このような産業用ロボット技術の成果により支えられているが，産業用ロボットはわれわれの生活から離れたところで活躍している。われわれはその恩恵を間接的に受けているものの，ロボットの存在を直接に意識する機会は少ない。このような産業用ロボットに対し，われわれの日常生活を直接支援することを目的としたロボットはサービスロボットとよばれる。サービスの対象は多岐にわたるが，われわれにとって身近な成功例としては家庭向けの掃除ロボットが挙げられるだろう。

　国立研究開発法人新エネルギー・産業技術総合開発機構（NEDO）が 2014 年に発行したロボット白書においては，サービスロボットは，生活分野，介護福祉分野，医療分野，移動分野に分けられている。サービスロボットが対象とする課題としては，高齢者や障がい者の生活支援・社会参加の実現が挙げられており，身体機能の補助や商業施設などにおける案内支援・情報提供，家庭での生活支援，コミュニティ形成支援，介護者の負担軽減などが挙げられており，サービス産業へのロボットの将来市場（国内生産量）は 2035 年には約 4.9 兆円まで成長するとの予測が紹介されている。

　ロボットサービスの実現に向けた技術的課題は，個々のサービス内容以上に，われわれが生活する環境の中にロボットを導入することそのものが大きい。産業用ロボットのために注意深く設計された工場の環境とは異なり，われわれの生活する環境は場所によってさまざまに変化する。また，その中で出会う人々に対してサービスを提供するためには，ロボットと人の間の対話技術（HRI：Human Robot Interaction）が必要となる。安全性についても，産業用ロボットとは異なった基準が求められることとなる。

　ネットワークロボットの研究開発は，ロボットサービスの実現に向けた課題の解決をめざし

て進められてきた。ネットワーク技術とロボット技術を融合するネットワークロボットの考えは，ロボットと携帯電話，センサネットワークなどが互いに機能を補完して，単一のロボットではできない機能やサービスを実現することを狙ったものである[1]。

2004～2008年度に進められた第1期のネットワークロボット研究開発では，まず単地点に絞って，ロボットと携帯電話，センサネットワークなどがネットワークに接続でき，かつデータを共有できるロボットプラグアンドプレイ技術，親しみやすい会話で各人との対話履歴に応じた情報を提供するロボット対話技術などのコア技術を開発し，商店街・駅・科学館などの人が行き交う場所で，単一のロボットではできない対話サービス（道案内，来店誘導，展示物説明など）を実現した。2009～2012年度の第2期には，単地点でのサービスを多地点でも動くサービスに拡張することをめざした。「多地点」を協調するために，特にユビキタスネットワークロボット（UNR：Ubiquitous Network Robot）技術とよぶ。

多地点でのサービスが連携することは，単にサービスの空間が広がるだけでなく，それぞれの利用者が「あるとき，ある場所で，あるロボット（たち）から受けていたサービス」と「いまから，この場所で，このロボット（たち）から受けるサービス」とが協調することで，一連のサービスとして成立することを意味する。すなわち，複数の拠点において，複数のロボットが，複数のユーザーに対して提供するサービスが，時間を越えて連携する必要がある。このように連携するロボットとサービスを開発するための共通の技術基盤として，ユビキタスネットワークロボット・プラットフォーム（UNRプラットフォーム：UNR Platform）が提案された（図1）。

以下，本節ではUNRプラットフォームを中心として，ネットワークロボットのためのプラットフォーム技術とその標準化活動について紹介する。

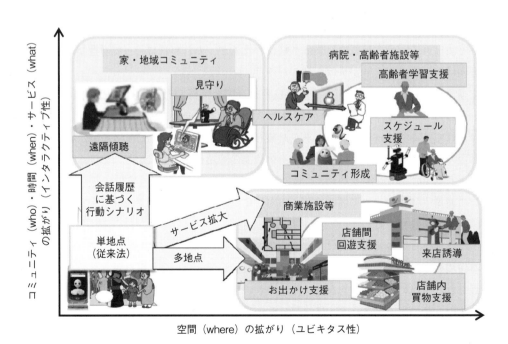

図1　ユビキタスネットワークロボット技術の拡がり

3. UNR プラットフォーム

　実世界におけるロボットサービスの開発においては，ロボットが利用される環境の変化が大きく，その中でさまざまなサービスを実現することが求められるため，開発者にはロボットとサービスの双方の知識が必要であった。サービスロボット技術がロボット技術の応用分野として開拓されている段階においては，ロボットサービスはロボット開発者の側から提案されてきたため，ロボットを自在に制御できる技術者がサービスの（アイデアの）提案を行ってきたといえる。その一方で，ロボットサービスが対象とするわれわれの日常生活はすでに，さまざまなシステムが連携することにより支えられている。このようなサービスシステムの設計，運用には，当然ながらロボット技術とは異なる専門性が求められる。

　例として「買物」を支援するロボットサービスを考えたとき，現時点では，店舗において顧客と接するロボットが必要とするインタラクション技術と，店舗が提供するサービスの背景にある知識およびシステムとを十分に結びつけることは難しい。ロボット開発者が，「店舗というサービス」の提供者の意図を十分に理解することは難しく，また店舗側のサービス提供者が独力でロボットを導入することも簡単ではない。

　実世界におけるロボットサービスの開発に，ロボットとサービスの双方の高度な知識が必要とされるようであれば，その開発の難しさはロボットサービス普及への妨げとなる。UNR プラットフォームは，ロボットサービスの実現に必要となるロボット機能を抽象化し，サービスの開発とロボットの開発を分離するための基盤技術であり，サービスシステムの開発者がロボット技術を導入してロボットサービスを開発することを容易にすることで，ロボットサービスが普及することをめざしている。

　UNR 技術の研究開発においては，複数地点にわたるロボットサービス間の連携を実現するために必要となる技術要件を，高齢者および障がい者の社会活動を支援するサービス事例の実証実験を通して抽出し，その技術要件を国際標準として提案するとともに，提案技術を実現するプラットフォームのプロトタイプ実装を進めた[2]。

　UNR プラットフォームを用いたロボットサービスは，図2に示すような3層に分離したアーキテクチャによるサービス開発を想定している。ロボット技術の開発においても，一般的なソフトウェア技術の開発と同様に，開発成果の再利用性の向上に向けたモジュール化が進められており，ロボット（およびその周辺のソフトウェア）が提供する機能のモジュール化を進めることで，その機能を利用してさまざまなサービスの開発が可能となる。

　UNR プラットフォームを用いたロボットサービスの開発では，サービス開発者に対してロボット機能を抽象化して提供することで，サービスの開発とロボットの開発を分離する。サービス開発者に対して，ロボットの機能は，具体的な実装を隠蔽した機能コンポーネントとして提供される。ロボット開発者は，その逆に，ロボットの実装を機能コンポーネントとして提供する（コンポーネント化のための技術については，標準化の項で後述する）。

　UNR プラットフォームは，サービス環境内に存在するロボットやセンサのような機能コンポーネントを管理し，サービスからの要求に応じて適切なコンポーネントを割り当て，サービスとコンポーネントとの間の命令やイベント通知を中継する機能を提供する。複数の地点において，複数のロボットを用いて，さまざまな利用者に対してサービスを提供するにあたり，

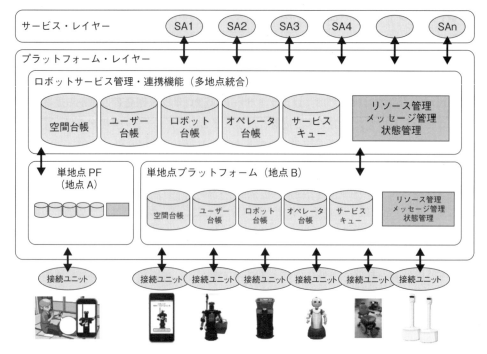

図2　UNRプラットフォームの3層アーキテクチャ

UNRプラットフォームはサービスに対して，利用者の要求に答えることができるロボットを割り当てる．サービスからの要求に対して適切なコンポーネントを割り当てるために必要となる情報は，UNRプラットフォーム内の各種台帳により管理されている．

　ロボット台帳には，サービスの提供にあたってロボットが提供することができる機能および能力が記述される．ロボットの種別，機種名，大きさや重量等の情報に加えて，たとえば移動能力に関してであれば移動可能な床の材質や傾き，乗り越えられる段差の高さといった情報，対話能力に関してであれば音声合成や音声認識の可否および対応可能な言語などが記述される．

　空間台帳には，ロボットや利用者の移動に必要となるサービス環境の空間情報が記述される．地形情報に重畳する複数のレイヤーとして，壁や障害物の有無に加えて，前述のロボットの移動能力の項目に対応する形で床の特性などの情報が記述される．

　ユーザー台帳には，サービスを受けるユーザーの特徴が記述されている．高齢者や障がい者の生活行動を支援するサービスを考慮した場合には，適切な支援方法でサービスを提供する必要があり，たとえば，ユーザーの視覚および聴覚に関する情報が記述されていれば，サービスからの情報提示に用いる手段として音声がよいのか映像がよいのかを選択することができる．移動支援サービスであれば，ユーザーの移動能力に応じて，案内する経路を調整することができる．

4. UNRプラットフォーム関連技術の国際標準化状況

　これまでに述べたネットワークロボットのためのプラットフォーム技術は，ロボットサービスの実現に必要となる要素技術の開発の分離と再利用を促すことで，サービスロボット分野へ

の新規参入の障壁を取り除き，サービス分野でのロボットの利用を拡大することをめざしている。再利用可能な技術を共有できる形で蓄積するためには，個々の要素技術の標準化が必要であり，ネットワークロボットの研究開発においても重点的に進めてきた。本項では UNR プラットフォームに関連する標準化活動の概要について紹介する。

UNR プラットフォームの要求機能と抽象アーキテクチャは，ITU-T SG16/Q25（USN Applications and Services；USN：Ubiquitous Sensor Network）にて標準化を進めた。多地点化，各種台帳に基づくロボットリソースの割り当てなどを含む勧告案を 2011 年 1 月に寄書として提出し，2013 年 3 月に勧告 F.747.3 として成立している[3]。

ロボットのサービス機能に関する標準は，OMG（Object Management Group）の Robotics DTF（Domain Task Force）にて標準化を進めた。Robotic Functional Service Working Group より，ロボット用位置情報（RLS：Robotic Localization Service）およびロボット対話サービスフレームワーク（RoIS：Robotic Interaction Service Framework）として仕様が提案され，発行されている。

RLS は，位置情報の表現形式やインタフェースを特定のデバイスやアルゴリズムとは独立した汎用的な形で規定するもので，2010 年 2 月に最初の国際標準仕様 RLS 1.0 が発行され，その後，姿勢情報の記述方法の追加，座標系記述の汎用化など，追加・修正した改訂仕様が，2012 年 9 月に RLS 1.1 として発行されている[4]。

RoIS は，サービスアプリケーションから HRI 機能（人検出，個人同定，音声認識等，さまざまなロボットが持つ機能）を使うためのインタフェースを共通化するための枠組みを規定し，この枠組みを使うことで，同じサービスアプリケーションが異なるロボットでも動作できるようにする。最初の標準仕様が 2013 年 2 月に RoIS 1.0 として発行され，2015 年 12 月には RoIS 1.1 への改訂案が採択され，2016 年に発行される見込みである[5]。

空間台帳の仕様は，地理空間情報に関する標準化団体 OGC（Open Geospatial Consortium）の 3D 都市空間データ交換形式（City GML：City Geography Markup Language）の一部として提案され CityGML 2.0 に含められている[6]。また，室内空間でのナビゲーションに必要な情報に特化した仕様として Indoor GML 1.0 が 2014 年 12 月に発行されている[7]。

5. 関連技術の国際標準化の動向

最後に関連する技術の国際標準化の動向について紹介する。

ロボットをコンポーネント指向で開発するためのフレームワーク技術の研究が盛んに行われている。海外では Open Source Robotics Foundation（OSRF）が推進する ROS（Robot Operating System）が大学を中心に研究開発用途で広く使われている。国内では，前述の ROS と共に，国立研究開発法人産業技術総合研究所が開発，配布している RT ミドルウェア（OpenRTM-aist）の利用も盛んである。RT ミドルウェアの仕様は OMG において Robotic Technology Component（RTC）として標準化が進められており，2008 年 4 月に RTC 1.0 が発行された後，2012 年 9 月に RTC 1.1 に改訂されている。RTC 仕様に基づいた実装は OpenRTM-aist 以外にも提供され，相互接続性が確認されている[8]。

ROS および RTC のコンポーネント仕様が主にロボットを構築するための機能要素のコンポー

ネント化と管理を指向しているのに対して，UNR プラットフォームおよび RoIS は構築された
ロボットおよび機能コンポーネントをサービスで利用するための共通インタフェースの定義を
指向している。コンポーネントの機能を定義する他の仕様としては，組込み用途のデバイス仕
様の標準化をめざすものとして，Hardware Abstraction Layer For Robotic Technology
（HAL4RT）の標準化が OMG で開始された。この仕様は日本の組込みシステム技術協会
（JASA：Japan Embedded Systems Technology Associations）が策定した OpenEL（Open
Embedded Library）を基に国際標準化を進めているものである。

　ISO においては，ロボット技術の標準化は 1982 年設立された ISO TC184（Automation
Systems and Integration）で進められてきた。サービスロボットに関する標準化は，TC184/
SC2（Robots and Robotics Devices）内の複数のワーキンググループで進められてきた。ISO
TC184/SC2 からは，生活支援ロボットの安全性に関して，2013 年 2 月に生活支援ロボットの
国際安全規格 ISO 13482 が発行され，日本国内でも安全検証試験と認証の取得が可能な状況が
確立されている。TC184/SC2 内に立ち上げられた WG10 Modularity for service robots におい
ては，サービスロボット技術のモジュールを狙い，ハードウェアとソフトウェアの両面から標
準化作業が進められている（2016 年 1 月より TC184/SC2 は TC184 から独立し，TC299
（Robots and Robotics Devices）が設立されることとなっている）。

文　献

1 ）萩田紀博：クラウドネットワークロボット関連技
術の動向，電子情報通信学会誌，**95**（12），1052-
1056（2012）.

2 ）Kamei et al.：Cloud Networked Robot，*IEEE
Network*，**26**（3），28-34（2012）.

3 ）ITU-T：Requirements and functional model for
a ubiquitous network robot platform that
supports ubiquitous sensor network applications
and services（Recommendation ITU-T F.747.3）
（2013）.

4 ）OMG：Robotic Localization Service（RLS），

version 1.1（formal/2012-08-01）（2012）.

5 ）OMG：Robotic Interaction Service（RoIS）
Framework，version 1.0（formal/2013-02-02）
（2013）.

6 ）OGC：City Geography Markup Language
（CityGML）Encording Standard，version 2.0
（12-019）（2012）.

7 ）OGC：Indoor GML，version 1.0（14-005r3）
（2014）.

8 ）OMG：Robotic Technology Component（RTC），
version 1.1（formal/2012-09-01）（2012）.

◆ 第2編　新しいロボットによるプロセスイノベーション〜ロボット概要とその用途〜
◆ 第6章　見守る/警備する

第1節　中小企業が取り組む介護支援ロボット開発

新世代ロボット研究会　鬼頭　明孝　　株式会社ブイ・アール・テクノセンター　横山　考弘

1. はじめに―背　景

　日本の65歳以上の高齢者人口の総人口に占める割合は25.0％で4人に1人が高齢者であり，人口・割合共に過去最高である。さらに国立社会保障・人口問題研究所の推計によると，今後も上昇を続け，2035年には33.4％となり，3人に1人が高齢者になると見込まれる。これに伴い，日常生活においてもの忘れや徘徊による転倒が高い認知症高齢者の割合も増えていくことが想定される。さらに経済面では社会保障給付費のうち，高齢者関係給付費について，2011年度は72兆1,940億円，社会保障給付費に占める割合は67.2％となっている。これに対し，家族や介護従事者の負担増は避けられない状況である。また，就職を希望しながら「介護・看護のため」との理由であきらめる人口も増加している状況である（図1）。

		非労働力人口	うち就業希望者	適当な仕事がありそうにない	出産・育児のため	介護・看護のため	健康上の理由のため	その他
2012年	実数	4,537	417	142	—	—	66	92
2013年	実数	4,500	428	137	105	20	64	83
2014年	実数	4,483	419	124	101	21	64	89
	対前年増減	−17	−9	−13	−4	1	0	6

『就職希望をしながら「介護・看護のため」との理由からあきらめた人口』が2014年において21万人（前年比較1万人増）。

出典：2015年2月　総務省統計局「労働力調査」より抜粋

図1　非求職理由別非労働力人口のうち就職希望者の推移［万人］

　特にアンケート調査の結果，ロボットによる見守りの要望が54％あり，思わないが15％であり，要望が高いことがいえる。しかしながら，実際にどのような具体的な機能や形状，動作などユーザー自身もわからずトライ＆キャッチを進めながら新たなニーズの掘り起しが必要な状況である（図2）。

あなたのかわりにロボットが高齢者の見守りをしてくれるとよいと思いますか？

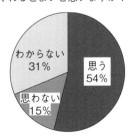

図2　岐阜県総合福祉相談センター80名
　　　アンケート結果（2015年7月）

2. 見守りロボットの開発経緯

　見守りロボットは岐阜県の第三セクターである㈱ブイ・アール・テクノセンター（以下，VRテクノセンター）が12年前からサービスロボットの研究開発を進め，4年前より介護向け見守りロボットの研究開発をしてきた。その後3年前に中小基盤機構が主催した展示会でのビジネスマッチングにより，当研究会が，VRテクノセンターより技術供与を受け，製品化開発を進めており，その開発状況を紹介する（図3）。

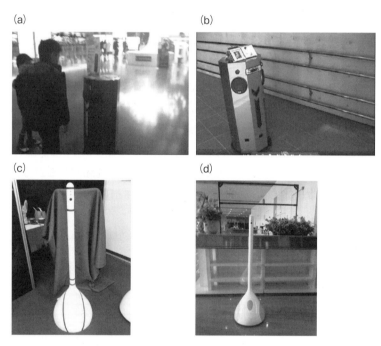

図3　VRテクノセンターのロボット紹介

3. 見守りロボットのシステム構成，外観

　無線通信環境下において，ロボット本体と操作管理パソコン，携帯端末によるシステム構成で運用する（図4～8）。

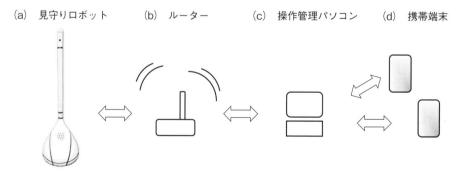

図4　見守りロボットシステム構成イメージ図

第6章 見守る／警備する

図5 見守りロボット

図6 夜間巡回実験

図7 操作管理端末

図8 携帯端末

見守りロボットの諸元は以下の通りである（2015年12月15日時点）。
- 寸法：1,250×φ350 mm
- 重量：約8 kg
- 映像：CMOSイメージセンサー30万画素，夜間赤外線対応，映像送信画素数320×240，映像形式：M-JPEG/MPEG4，フレームレート：最大10 fps
- 音声：マイク，スピーカー
- 記録：スナップショット，動画記録・再生機能
- 移動速度：0.5～1 km/h
- バッテリ：24 V 8 Ah（自動充電もしくは交換式）
- 通信：Wifi，SIMモバイル通信
- センサ：床下落下，衝突防止，照度センサ，（方位，加速度センサ）
- その他：温度，湿度，ガス等のセンサ搭載も可能
- 管理ソフト：施設MAP登録，ロボット位置情報表示，ロボット映像表示，通話，自動巡回経路指示（図4），各種警告表示，他

ここで，自動巡回をさせる際のロボットの経路指示方法を図9に示す。

－245－

第2編　新しいロボットによるプロセスイノベーション

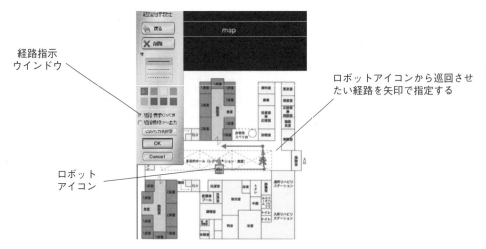

図9　ロボットへの経路指示のしかた

4. 見守り機能について

　見守りロボットは介護施設内の廊下やラウンジ等広い範囲を人がいないことを確認しながら自動巡回する。もし人がいた場合はサービスステーションや介護士がもつ携帯端末へ通知し，モニタや音声会話で状況確認ができるようになっている。特に夜間は個別業務（排泄支援や服薬支援等）で追われており十分な見守りができないことから介護士が不安や負担が大きいことや経営者も介護士の負担軽減により介護離職を減らし安定した介護事業経営を進める一助となる。

5. 安全性

5.1　床面走行実験

　介護施設現場においては，床面の多くはフローリングであるが，場所によってはカーペットが敷いてある場所がある。移動のためにはさまざまな環境下の状況に対し移動ができるよう，床面がフローリング状態やカーペット，人口大理石等さまざまな床面環境下試験を実施している（図10～13）。

図10　カーペット走行実験写真

図11　フローリング走行実験写真

第6章 見守る／警備する

図12 カーペット自律走行軌跡

図13 フローリング自律走行軌跡

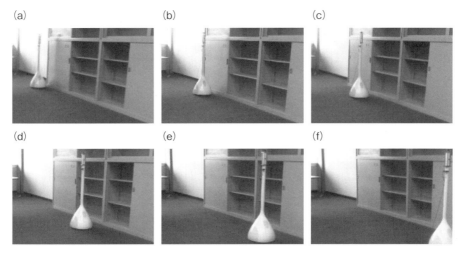

図14 ロボットの移動走行実験

当初はカーペットの摩擦が高く，フローリングは低い状態から移動走行制御においてふらつきが見られたが，タイヤ形状や駆動デバイス，制御の改良から床面の環境状態に左右されずに安定化が見られるようになった（図14）。

5.2 無線通信による遠隔操作試験

無線通信によるロボットの遠隔移動操作が難しいといわれているが，障害物や壁面に接触せずにふらつきなく正確に直進移動操作を可能としている。

5.3 床下センシング実験

床下転倒防止センサの反応試験にて停止することを確認した。また前方衝突防止センサの反応試験にて停止することを確認した（図15）。

(a) 床下転倒防止センサ実験の様子　(b) 前方衝突防止センサ実験の様子

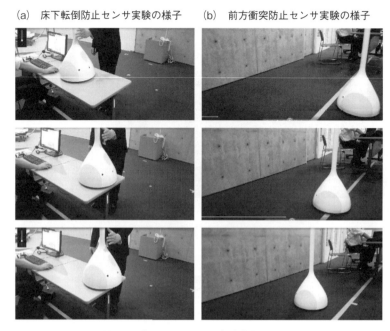

図15　床下センサ，前方障害物センサ

6. 無線通信による映像音声試験

　無線通信環境下における，映像と音声がスムーズに動作するか，映像，音声ノイズや遅延が起きていないかを検証した。その結果，無線環境下においてもロボットの映像を操作端末で表示した際にはスムーズな映像と音声のやり取り（双方向）において遅延なく会話ができることを確認できた。ロボットの前にスタッフを立たせ，映像や音声ノイズの検証およびロボットを介した会話を検証し，問題ないことを確認した（図16）。

　さらに動きながらパンフレットを読み上げて映像と音声の遅延状況を検証し，遅延やノイズがないことを確認。指を折りながら声を出して1秒間隔でカウントダウンし，映像と音声の同期状態を検証し，遅延がないことを確認した（図17）。

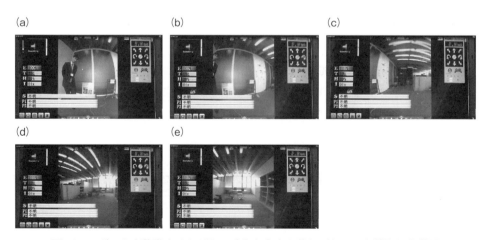

図16　ロボットを移動させながら，映像や音声の乱れがないかを検証した様子

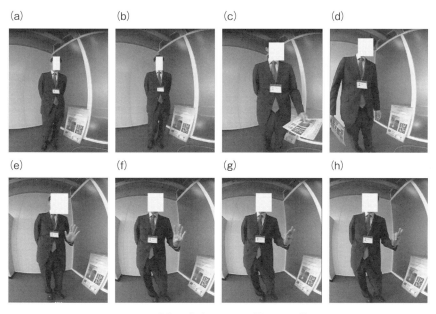

図17　映像と音声の遅延を検証した様子

7. おわりに

　新世代ロボット研究会では現在製品化に向けた機能性の改良や製造手法の検討，マーケット調査，事業化計画を研究会メンバーおよび行政，大学による支援およびコンサルティングのアドバイスにより推進している．今後さらに問題点を抽出し実証試験を経て早期製品化販売をめざすものとする．また，これらの事業に協力いただいている多くの方々にこの場をお借りして感謝の意を述べる．

文　献

1) 総務省統計局：「労働力調査」(平成27年2月).

◆ 第2編　新しいロボットによるプロセスイノベーション〜ロボット概要とその用途〜
◆ 第6章　見守る／警備する

第2節　警備サービスのためのロボット開発

セコム株式会社　篠田　佳和

1. セキュリティサービスとサービスイノベーション

　1962年に日本で初めて民間企業によるセキュリティサービスが誕生してから半世紀以上が経過した。常駐警備や巡回警備など，人的警備からはじまったセキュリティサービスは世の中の進歩と歩調をあわせて進化し，現在ではロボットを活用したセキュリティサービスにまで発展している。

　セキュリティサービスの歴史を振り返ることで，人中心のサービスイノベーションを実現してきたプロセスを紹介する。

1.1　セキュリティサービスの歴史
1.1.1　常駐警備
　常駐警備サービスは，契約先に安全のプロフェッショナルである警備員を派遣し，常駐体制で立哨，巡回，出入管理，設備管理，防災機器監視，緊急対処などの一連の業務を行うサービスである。

　厳しい教育，訓練を受けた警備員が警備を担当するため，いかなる事態が発生しても，的確に対処することが可能である。現在でも，空港，デパート，オフィスビル，金融機関など，さまざまな施設で常駐警備が利用されている。

1.1.2　巡回警備
　巡回警備とは，警備員が契約いただいた建物を夜間に数回，不定時に車両で訪れ，建物内を点検するサービスである。巡回警備サービスを取り入れることで，一人の警備員が複数の施設を警備することが可能となった。

1.1.3　オンライン・セキュリティシステム
　オンライン・セキュリティシステムとは，契約先の施設に設置したセンサが，侵入，火災，非常通報，設備監視などの異常を検知すると，通信回線を経由して警備会社へ信号を自動送信し，その契約先に緊急対処員が急行するサービスである（図1）。

　1966年に日本初のオンライン・セキュリティシステムが開始されており，現在でもさまざまな業種・業態のオフィスビルや工場，店舗，ATMコーナーなどで利用されている。1981年には家庭向けのホームセキュリティシステムが登場した。

−251−

第2編 新しいロボットによるプロセスイノベーション

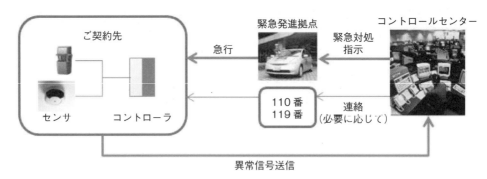

図1 オンライン・セキュリティシステムの流れ

1.2 サービスイノベーション

オンラインセキュリティサービスの特筆すべき点は，異常監視，情報伝達，情報管理といったプロセスを機械に置き換えることで，判断力，機動力，応用力といった人間でなければできないことに人間が存分に注力できるようになったことである。これにより，同等のサービスを提供するのにかかわる人が10倍，100倍の力を発揮することが可能となり，より多くのお客様に適切な価格でセキュリティサービスを提供することが可能となった。

この一人ひとりの「力」の増幅が，まさに「サービスイノベーション」である。

2. セキュリティ目的のロボットシステム

サービスイノベーションを実現するためには高度な技術開発が不可欠である。オンラインセキュリティシステムは，センシング技術，通信技術，サービスエンジニアリング技術によりサービスイノベーションを実現してきた。これらの技術に加えて，機械に機動力を与えるロボット技術は，より高度なサービスイノベーション実現のための重要な要素になる。

セコム㈱（以下，当社）では，ロボット技術を活用した2つのセキュリティを目的としたサービスを提供している。

2.1 屋外巡回監視ロボット「セコムロボットX」

「セコムロボットX」は，ロボットならではの移動技術と高精度な周囲のセンシング技術を活用した屋外巡回監視ロボットである。この強みに合わせて，異常が発生した場所を正確に人に通知したり，記録動画との比較を容易に行うようにすることで，人ならではの判断力と融合したサービスイノベーションを実現した。

2.1.1 巡回警備ロボットサービスの目的

巡回警備ロボットは，契約先の施設に設置され，あらかじめ契約先と事前に取り決めた巡回スケジュールとコースを自律で巡回することで異常の未然防止および早期発見を行う。巡回警備ロボットは，巡回中にカメラによる映像記録をはじめ，不審者や不審車両，盗難，火災検知などを行う。異常を検出した場合，その異常の内容を正確にオペレータに通知し，オペレータは人ならではの処理能力を発揮して対処を行う。

第6章 見守る／警備する

(a) ロボットボックスと自律充電機　(b) ロボットX本体　(c) ロボット管制装置

図2　セコムロボットXのシステム構成

2.1.2 システム構成

「セコムロボットX」は，屋外に設置されるロボット本体（図2(b)）とロボットボックス（図2(a)），契約先の守衛室などの屋内に設置されるロボット管制装置（図2(c)），で構成される。ロボット本体は特殊な無線を利用して，常にステータス情報をロボット管制装置に送信する。ロボット管制装置の画面を確認することで，ロボットの状態，現在地，カメラ映像を把握でき，さらに異常を検出した場合には異常情報および異常が発生した場所を確認できる。

ロボットボックス内には自律充電器が搭載され，本体がロボットボックス内で待機中は次の巡回に備えて常に充電している。本体は巡回開始と同時にロボットボックスから出発し，巡回が終了するとロボットボックスに戻り，人の手を介さずに自律充電器に接続して次の巡回のために充電を開始する。

表1　セコムロボットXのスペック

外形寸法	長さ1,225 mm × 幅840 mm × 高さ1,120 mm
質量	約230 kg
最高速度	時速約10 km
連続走行距離	約7 km
電源	内蔵バッテリ（自律充電・充電時間約1時間）
駆動方法	電動モーター（駆動輪2個，キャスター輪2個）
カメラ	パンチルトズーム（1台），全方位用カメラ（6台）

図3　セコムロボットXのコンポーネント

ロボットX本体（表1）は4輪で走行するロボットで，前輪2個が独立電動モーターによって駆動するため，その場旋回を行って細かな隙間までも監視することができる。合計30個以上のセンサが搭載されている。図3に代表的なセンサを示す。

各種異常の検出には前方・後方の平面レーザーセンサ，全方位監視カメラとパンチルトズー

-253-

第2編　新しいロボットによるプロセスイノベーション

ムカメラが利用されている。平面レーザーセンサは高精度で周囲の環境をセンシングすることが可能で，昼夜問わずセンシングを行う。6台の全方位監視カメラの動画はリアルタイムで画像処理を行い，監視エリア内の人物を検出する。暗くなると赤外線照明を照射することで絶え間ないセンシングを行っている。この技術は当社のAX画像センサで培ったもので，15年以上の研究開発と実運用のノウハウが含まれている。

パンチルトズームカメラには30倍のズームレンズを搭載し，管制装置から遠隔制御が可能である。また巡回中にプリセットされた角度に回転することで，ロボットを近づけなくても対象物を監視することができる。

炎検知センサは，炎が放つ独特な赤外線と紫外線を検知して，近づかなくても火災や放火を検出することが可能である。

前方に設置されている平面レーザーセンサは，走行用安全センサの中でも独特な特徴をもっている。このセンサにはロボット本体の前方3mほど先の地面を常に監視するように若干下向きに設置され，小さい障害物や路面の凹凸を検出するために利用される。

2.2　小型飛行監視ロボット「セコムドローン」

「セコムドローン」は画像技術・センシング技術・空間情報技術などの技術を結集した画期的な自律飛行監視ロボットである。侵入検知した直後は「セコムドローン」で撮影した侵入物体の映像をコントロールセンタの管制員が確認し，並行して緊急対処員による急行を行うサービスである。

2.2.1　小型飛行監視ロボットの目的

「セコムドローン」は，侵入異常発生時に対象の車や人に上空から接近し，車のナンバーや車種・ボディカラー，人の顔や身なりなど撮影することにより，不審車両/不審者の追跡・確保に役立つ情報の活用が可能となる。同様の効果は監視カメラでも実現可能であるが，対象物がカメラから見にくい場合や，遮蔽物によって見えない場合があるため，機動力の高い小型飛行監視ロボットは非常に有効である。

2.2.2　システム構成

「セコムドローン」(図4)はドローン本体，離着陸用のドローンポートとレーザーセンサで構成され，それぞれのコンポーネントは契約先の屋外エリアに設置される。

契約先の敷地への侵入はレーザーセンサで検出する。レーザーセンサはセンサ本体から半径30mの前方範囲を監視し，検出物体の位置や形状を正確に捉えることができる。

これらの情報は「セコムドローン」に随時伝送され，「セコムドローン」に搭載されたカメラ映像はリアルタイムでセコムのコントロールセンターに配信され，コントロールセンターの管制員が侵入した物体の特徴を確認して，緊急対処員に通報する。

「セコムドローン」(表2)は4つのプロペラを利用して飛行エリア内を自律で飛行する。自律飛行を行うため，「セコムドローン」内にはあらかじめ登録された契約先の三次元マップをもっている。マップは表3に示す4つのエリアに分類されている。「セコムドローン」には障害物検

－254－

第6章 見守る／警備する

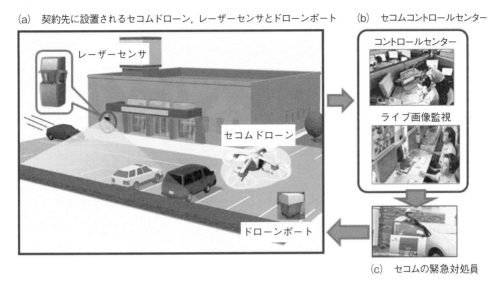

図4 セコムドローンのシステム構成

表2 セコムドローンのスペック

外形寸法	幅570 mm（対角685 mm）× 奥行570 mm × 高さ225 mm
質量	2.2 kg（バッテリを含む）
最高速度	約10 km/h
飛行速度	時速10 km
飛行高度	3〜5 m（不審者・不審車両撮影時）
連速飛行可能時間	約10分
カメラ・照明	広角レンズ，白色LED（夜間カラー撮影可）
センサ	GNSS，高度（測距・気圧），方位，加速度，ジャイロ，障害物検知

表3 飛行エリアの分類

分類	飛行動作
飛行可能エリア	自由に飛行可能なエリア
障害物エリア	障害物が発生するため飛行不可なエリア
飛行可能境界エリア	「飛行可能エリア」と「障害物エリア」のエリア間の境制限付きの飛行のみ可能
強制着陸エリア	すぐに着陸が必要なエリア

知センサが搭載され，「飛行可能エリア」内に障害物を検出すると障害物を回避しながら自律飛行を継続する。

また，「セコムドローン」には2種類の無線通信システムが搭載されており，長距離・低帯域無線は制御用として，短距離・高帯域無線は映像用として使用している。カラーカメラと白色LEDを利用して，夜間でもカラー映像をコントロールセンターへ画像伝送する（図5）。

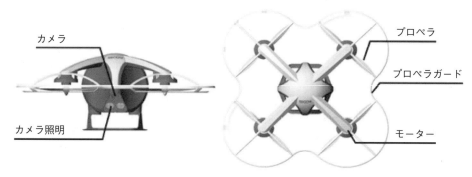

図5　セコムドローンの主なコンポーネント

3. おわりに

　これまでのロボットは,「3K（きつい・危険・汚い）」と呼ばれる業務をロボットに置き換えたいというニーズで普及してきた。当社はこの発想とは異なり,ロボットと人が協働することで,人がより効率的に作業できる状況でロボット技術を活用している。

　「人の力」を増幅する「サービスイノベーション」は,セキュリティサービス以外の分野でも適用可能である。日本は世界で類を見ない超高齢社会に突入しており,2060年には65歳以上の人口割合が40％になると推定されている。15～64歳の生産年齢人口の比率は低下する一方であり,一人の力を増幅して高齢者を支える社会を実現する必要がある。当社では,2002年に手の不自由な方が体の一部を動かすだけで自分で食事ができる食事支援ロボット「マイスプーン」を発売した。今後も,高齢者医療や介護人不足などの問題に対して,人とロボット技術を協働するサービスを提供していく予定である。

◆ 第2編　新しいロボットによるプロセスイノベーション〜ロボット概要とその用途〜
◆ 第7章　市場と利用促進

第1節　ロボット産業の市場動向

トーマツベンチャーサポート株式会社　瀬川　友史

1.　ロボット産業の市場概況

　ロボット産業は1970年代から利用が開始され，今日にはすでに産業として確立されている産業用ロボットと，国策として足元でも取り組まれておりこれからの新産業創出が期待される介護や生活支援，検査・メンテナンス，農業などのサービスロボットに大別される。

　前者の産業用ロボットの市場は，成熟産業と見られがちであるがそのようなことはなく，実際のところ産業用ロボットの利用は業界としては自動車・自動車部品に，用途としては溶接や塗装に，企業規模としては大企業中心に留まっているのが現状である。今後の成長期待として，3品産業（医薬品，化粧品，食品）への利用の広がり，人と共存・協調するロボット，知能化され組立てなどの難しい作業を担うロボット，中小企業への利用の広がりの4点が挙げられる。

　後者のサービスロボットの市場は現状では限定的な規模であるが，わが国の大きな課題である少子高齢化への対応策であることもあり，将来的には大きな市場創出が期待されている。介護ロボット，インフラ検査ロボットなどは国策として省庁横断での研究開発と実証が進められており，早期の市場創出が期待される。

　本節ではこうしたロボット産業の市場の現状と期待，市場創出のポイントについて解説する。なお，本節の意見にわたる部分は，すべて筆者の個人的見解であり，筆者の所属組織とは無関係である。

2.　産業用ロボット市場のさらなる成長期待

　産業用ロボットにはすでに確立された市場があり，経済産業省によると2011年の世界市場はおよそ85億ドルであったとのことである[1]。さらにいえば，産業用ロボット（ロボットアーム）本体の市場規模であり，その周辺装置も含みシステムインテグレーションされたロボットシステムの全体市場としては，300億ドル規模と推測される。一般的にロボット本体，周辺装置，システムインテグレーションの費用は3：4：3といわれており，システム全体ではロボット本体の3倍超の市場となるためである。

　なお，世界市場85億ドルのうちの50.2％（およそ43億ドル）が日本企業による出荷総額であった。産業用ロボット市場では，ロボット大国とよばれることもある日本のイメージどおり，日本企業が高い競争力を発揮しているといえる。

　産業用ロボットは自動車・自動車部品産業を中心とする溶接や塗装向けを筆頭に，アメリカで生まれ日本に持ち込まれた1970年代から利用されてきたものであり，成熟産業と見られることもある。しかし実際にはそのようなことはなく，産業用ロボットの利用は業界としては自動車・自動車部品に，用途としては溶接や塗装に，企業規模としては大企業中心に留まっており，

今後の伸び代は大きい。具体的には，今後の成長期待として，3品産業（医薬品，化粧品，食品）への利用の広がり，人と共存・協調するロボット，知能化され組立てなどの難しい作業を担うロボット，中小企業への利用の広がりの4点が挙げられる。

3品産業での活用は，これら業界でも多品種変量生産が進んだために専用機械に代わって汎用的で使い回せるロボットを活用する動きや，人が立ち入らないことが品質の向上につながる工程の無人化といった動きにより広がりつつあるものである。

人と共存・協調するロボットについては，重量物をロボットが持ち人がその動きに手を添えて指図する，人とロボットが部品の受け渡しを行うといった協調作業や，これまで安全柵を設ける必要があったロボットを人のそばで活用するなどの新たな用途が考えられ，すでに展示会等でもいくつかの実例が見られる。2013年12月24日に労働安全衛生規則が国際規格と整合をとる形に改訂されたこともあり，適切なリスクアセスメントと安全対策のもとでは，安全柵等を設けずとも人との協業作業が可能となったことも，こうした新用途の拡大を後押ししている。

ロボットの知能化は，カメラやレーザーセンサなどロボットの視覚の発達や，力センサのようなロボットの触覚の発達が一因となり進展しているものである。この結果，これまでロボットには難しかった組立作業への活用が進んだり，1台のロボットが複数の工程を担う多能工化が進められたりしている。

最後に中小企業におけるロボットの活用は，これまである程度の規模以上の生産でなければ投資対効果が出ないと考えられてきたロボットを，少量生産でも品質安定や生産立ち上げ早期化のために活用する動きや，安全柵を設けるには狭すぎる中小企業の工場において，柵を設けずとも導入できるロボットの登場，ロボットを使いこなすために必要なティーチング・プログラミングを簡易化する技術の登場によって後押しされ広がっているものである。

なお，これら産業用ロボットのさらなる成長の鍵を握るのは，ロボットを周辺装置と組合せて自動化システムとして組み上げるSIer（システムインテグレータ）である。産業用ロボットのメーカーは，半完成品であるロボットアームを生産・販売することがビジネスの基本であり，自社のロボットが最終的に工場などで使われるまでをカバーしているわけではない。またロボットメーカーとしては，多くのロボットを必要とする自動車産業における溶接や塗装の用途など，台数の出る産業・用途向けの製品に注力するのが合理的である。一方ユーザー側も，これまでにない高度な利用（知能化や人共存）や，これまでロボットになじみのないユーザー（3品産業や中小企業）の利用においては，ロボットをどのように使えばよいか知識がない。

こうしたメーカーとユーザーのギャップを埋め，間をつなぐのがSIerである。SIerの概念を図1に示す。

有識者によると，SIerは国内に1,000社程度存在し，それらの多くは中小企業といわれているが，全体像は把握されていない。業界団体も存在せず，ネットワーク化もされていない裏方である。しかし今後，各種の技術的進展がSIerの役割をさらに重要なものにすると考えられる。産業用ロボットをモーションコントローラやPLCなどの専用の制御装置ではなく汎用パソコンで制御できるようにするためのミドルウエア技術や，ロボットのティーチング・プログラミングを簡易化・不要化するような技術，さらにはロボット等の生産システムに蓄積されたデータを活用した自己診断・補正・最適化技術など，ロボットをシステムとして組上げる際の価値

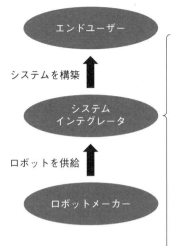

図1　システムインテグレータとは

を高めたり，そのための労力を軽減する技術が進展してきたからである。

このようにITをロボットシステムと結びつけるようなトレンドは，Industrial Internetを進めるアメリカや，Industry 4.0を進めるヨーロッパにおいて顕著である。日本の視点はどうしてもハードウエアに偏りがちであるが，こうしたITとの融合が今後の産業競争力を左右しうることを一層認識すべきであろう。

3. サービスロボットの市場拡大期待

サービスロボットは，少子高齢化をはじめとするわが国の社会課題解決にも資するものであり，将来的には大きな市場拡大が期待されている。国立研究開発法人新エネルギー・産業技術総合開発機構（NEDO）が2010年4月に公開した市場予測では，わが国の国内ロボット産業（生産ベース）は，2035年に9.7兆円に拡大するとされている。このうちサービス分野は2035年に4.9兆円であり，現在はロボット市場の大半を占めている製造分野のロボット市場をはるかに超える規模まで拡大する可能性があるとされている（**図2**）。

しかしこの市場予測を読み解くにあたっては，2点の留意点がある。1点目は，サービス分野の市場の合計は4.9兆円であるが，これは細分化された個別市場の合計額であるということである。たとえば介護・福祉分野のみを切り出せば，2035年に4,000億円という規模である。2点目は，あくまで社会の課題・ニーズからの可能性を試算したものであり，現存するロボットがそのまま普及する形で市場拡大することを示したものではないということである。サービス分野の多くは，わが国の少子高齢化に伴う労働力の減少と，産業の維持・成長のために必要な労働力のギャップを，ロボット技術がある程度補完するとして試算されたものなのである。

そして最後の3点目は，ロボット産業はハードウェアとソフトウェアから構成される製品の産業，つまりメーカーの産業のみではなく，ロボットを活用したさまざまなサービス産業も含むものであるが，それらはこの推計に含まれていないということである。実際，前述の経済産

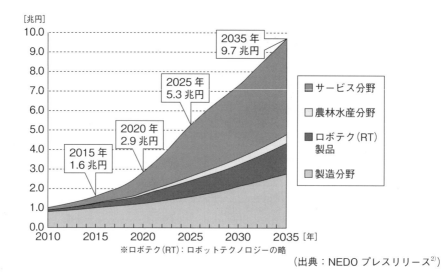

図2 2035年に向けたロボット産業の将来市場予測（経済産業省・NEDO）

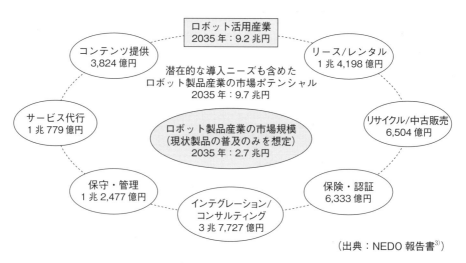

図3 2035年におけるロボット産業の全体像

業省とNEDOによる市場予測のプレスリリースの基となった報告書を見ると，2035年におけるロボット産業の全体像は以下のとおり推計されている。つまり，ロボット製品産業9.7兆円とは別に，それを活用したロボット活用産業が9.2兆円あり，全体として18.9兆円の産業規模と捉えられるのである（図3）。

しかしながら大きな市場成長期待がある一方で，サービスロボットの国内市場の現状を見てみると，経済産業省が2013年7月に公開した「ロボット産業の市場動向」によればサービス分野の足元の市場規模は合計でおよそ600億円である（表1）。

また，世界市場を見てみると，International Federation of Robotics（IFR；国際ロボット連盟）によるWorld Robotics 2015のExective Summary[4]によれば2014年の世界のサービスロボット販売台数はおよそ470万台，販売額は60億ドルであったとのことである。しかしこの内

第 7 章　市場と利用促進

表1　ロボット産業の市場動向（経済産業省）

中分類	小分類	推計対象時期	推計値（億円）
医療	手術支援	2012 年	75
	調剤支援	2012 年	100
	リハビリ機器	2012 年	5〜7
	医療周辺サービス（搬送等）	2012 年	2〜3
介護・福祉	自立支援	2012 年	5〜7
	介護・介助支援	2012 年	1〜6
健康管理	フィットネス	2012 年	30〜40
	健康モニタリング	2012 年	1〜2
清掃	–	–	N/A
警備	機械警備	2010 年	152
	施設警備	–	N/A
受付・案内	–	2012 年	1〜2
荷物搬送	ポーター	–	N/A
	重作業支援	–	N/A
パーソナルモビリティー	–	2012 年	2
物流	パレタイザ・デパレタイザ	2011 年	123
	無軌道台車システム	2011 年	84
	次世代物流支援	–	N/A
検査・メンテナンス	住宅	–	N/A
	社会インフラ	2012 年	2〜3
教育	–	2012 年	1〜10
アミューズメント	–	2012 年	1
レスキュー	–	–	N/A
探査	–	–	N/A
ホビー	–	2012 年	1〜6
家事支援	–	–	N/A
見守り・コミュニケーション	–	2012 年	1〜2

（出典：経済産業省プレスリリース[1]）

訳として Professional Use のうち金額ベース 35% が医療向け（手術ロボットなど），27% が防衛向け（無人機など）である。また，Personal and Domestic Use のうち台数ベースでおよそ 2/3 が掃除ロボットや芝刈りロボットである。いわゆるサービスロボットの領域は，海外でもいまだ市場は限定的と見てよいだろう。サービスロボットは，まさにこれから立ち上がる新産業なのである。

4.　ロボット産業拡大のポイント

　2014 年に政府が打ち出した「ロボットによる産業革命」の構想を受けた盛り上がりに対して，愛知万博の頃のブームの繰り返しなのではないかという声と，今度こそ違うのだという声の双

方が聞かれる。過去のブームでは，サービスロボットの市場化は間もなくといわれ，大きな市場予測も示されたが，思うように市場は伸びなかった。しかし筆者は今度こそロボット産業は成長すると期待している。この際のポイントは4つある。「ロボットありき」の発想にとらわれてはいけないということ，一方でユーザーの現状に合わせすぎてはいけないということ，ロボット活用のあるべき姿に向けた法制度の整備や改革が国の使命であるということ，中小企業やベンチャーにもっと着目すべきだということだ。

まず，「ロボットありき」の発想にとらわれてはいけないということだが，以前と違い，さすがに「こんなロボットを作ってみたが，何か使えないか」という話は減ったが，まだまだ何をどのようにロボット化すべきか十分に検討せず，何でもロボットにやらせようとしたり，機能をふんだんに盛り込んだ高額なロボットを提案したりしている例も見られる。費用対効果，リスク対効果の双方が見込まれなければロボットは活用されない。ロボットは手段である。現場をよく理解し，目的志向で発想する姿勢が重要である。この鍵は業務分析と，人とロボットの協力である。製造業向けのロボットでは，製造工程を分析したうえで，専用機や人に対してロボットの費用対効果が出るような使い方だからこそ導入が進んできた。サービス分野でも，たとえば清掃ロボットにすべての清掃を任せるのではなく，単純なところはロボットが，難しいところは人が清掃する協力が提案されたことがある。また，搬送ロボットにすべての搬送を任せるのではなく，ルーチンの搬送は人が担いイレギュラーな搬送のみをロボットが担う方がよいことを業務分析で明らかにした例もある。

2つ目のポイントは，逆にユーザーの現状に合せすぎてはいけないということである。これからロボットの活用が期待されている分野では，どのようにロボットを使うかはユーザーにとっても未知の世界だからだ。現場を理解することは必須だが，それにとらわれず未来の現場の姿を考える必要がある。そのとき，ユーザー側の既存のオペレーションやマネジメント，ビジネスモデルの変革すべき点が見えてくる。これも産業用ロボットの世界では当たり前のように行われてきたことである。ロボットの導入に際して前後を含む製造工程の見直し，時には製品設計の見直しまで行うことで，費用対効果の出るロボット導入が実現されてきたのである。たとえば，バリ取りをロボット化することにより，バリをなるべく出さないという成型工程の考え方を根底から変えた例もある。介護や農業においても同様の取り組みがある。介護にロボットを活用することで，ある作業の時間は増えても，トータルの業務効率やサービス品質を高めるという考え方や，収穫ロボットの活用のために栽培方法を工夫し，果実の高さをなるべく揃えようとする取り組みがある。掃除ロボットを使っている方であれば，有効活用するには生活スタイルを少し変えるとよいと言えばイメージしやすいだろう。家具の配置，段差対策，毛足が長すぎない絨毯，ロボットが下に入り込めるような家具，床にものを放置しない習慣などのちょっとした気配りである。

3つ目のポイントは，ロボット活用のあるべき姿に向けた法制度の整備や改革を国が進めることである。せっかくロボットを活用した新たな現場の姿を描いても，各種法律や制度の制約を受けたり，インセンティブが働かなかったりすることがあるからだ。たとえば介護へのロボット活用には，介護保険の適用対象となるか，介護報酬の体系にマッチするかなどがかかわってくる。平成24年度の介護保険法改正によって，これまで「購入」しなければ介護保険の適用対

象とならなかった自動排泄処理ロボットが「レンタル」でも適用対象となり，利用者の初期投資が大幅に軽減された。このような改正の議論が今後も必要である。逆に規制を作ることでロボット化を促進できる用途もある。たとえば看護・介護において腰に負担のかかる移乗介助は原則として人力で行ってはいけないとする「ノーリフトポリシー」が定着すれば，それを担う機器の普及が見込まれる。すでに，厚労省は2013年6月に「職場における腰痛予防対策指針」の改訂において前述のノーリフトポリシーを明記した。この実現策を現場とともに考えていく必要があるだろう。

　最後のポイントは，ベンチャーや中小企業による取り組みの重要性である。サービスロボットの市場化は，大企業だけでは進み難い。まず，足元の市場規模は大企業にはまったく見合わない。それでいて未確立な用途であることに起因する事故リスクなど，本業に対するレピュテーションリスクがある。さらにサービスロボットは，現状ではカスタマイズ性が高いものやサービスと一体で提供せねばならないものが多く，手離れが悪い。大手メーカーが手がけてきたマスプロダクションとはビジネスモデルが異なるのである。さらに前述の通り，ロボットをどう使えばよいかはユーザーも知らないため，事業化の過程において機動的な対応が必要であるが，大企業の場合は計画変更に時間がかかりがちである。こうした中で研究開発に資金投入し続けるほど，投資回収のためには大きなビジネス，高額な機器を指向せざるを得なくなる側面もある。こうした市場にマッチするのは，ベンチャー企業や中小企業である。ベンチャーや中小企業が個別のロボットビジネスをスピーディーに展開し，大企業はその束ね役や，共通プラットフォームの提供役，ビジネスが大きくなってきた後のサポート役となるという連携が，今後増えていくと考えられる。

　政府は2020年までにロボット市場を製造分野で現在の2倍，サービスなど非製造分野で20倍に成長させる目標を掲げている。これを大胆すぎる目標設定と見る向きもあるが，本当にそうだろうか。単純比較はできないが，ドイツが進めるIndustry 4.0の経済価値は2013年から2022年の10年間で400兆円とする試算もある。まだ黎明期のサービスロボット市場を20倍にすることは，しかるべき改革が伴えば十分に可能であると考えられる。産学官が連携して新産業を創出し，日本が名実ともにロボット大国であり続けることを期待したい。

文　献

1）2012年 ロボット産業の市場動向　経済産業省，平成25年7月.
http://www.meti.go.jp/press/2013/07/20130718002/20130718002-3.pdf

2）2035年に向けたロボット産業の将来市場予測 NEDO，平成22年4月.
http://www.nedo.go.jp/news/press/AA5_0095A.html

3）平成21年度「ロボット産業の新規市場創出に向けた国内外技術動向及び市場分析に係る情報収集」報告書，NEDO，平成22年3月.

4）World Robotics 2014 Executive Summary (International Federation of Robotics)
http://www.worldrobotics.org/uploads/media/Executive_Summary_WR_2014_02.pdf

◆ 第2編 新しいロボットによるプロセスイノベーション〜ロボット概要とその用途〜
◆ 第7章 市場と利用促進

第2節 人協働ロボットの取り組みについて

株式会社安川電機 中村 民男

1. はじめに

　国内の労働市場は，少子高齢化による労働人口の減少，それによる技能伝承の困難化，新興国企業の台頭によるコスト競争の激化という長年の問題が依然として目の前に横たわっており，これら問題を解決するためのロボット化による省人化，生産効率の向上や生産技術開発による自動化の促進，自動化をしやすくするための製品設計などのさまざまな取り組みは必然的な流れとなっている。

　このようなロボット化による生産設備の自動化の流れは今後も拡大していくものと思われるが，人とロボットを完全に分離した，ロボットによる完全自動化というアプローチのみでは，ロボットの適用範囲を飛躍的に拡大することは困難と思われる。ロボットの適用範囲を拡大していくためには，人の作業とロボットの作業およびそれぞれの作業領域を分離した完全な自動化だけでなく，作業項目を細分化し，人が得意なところ，ロボットが得意なところに分けて分業させ，人とロボットが同一の領域で作業させることも生産効率向上の手段として非常に重要である。

　本節では「人協調ロボット」に対する㈱安川電機（以下，当社）の考え方，安全技術の紹介および具体的な事例について述べる。

2. 人協調作業の進化プロセス

　現在，「人協調作業」に対する明確な定義はないが，ここでは下記に示す4つの作業形態で「人協調作業」を取り扱うものとする。

　⑴　エリア共有

　人の作業エリアとロボットの作業エリアは明確に分離されているが，人の作業領域がロボットの最大動作領域内にあり，人とロボットがそれぞれ個別の作業を行う作業形態。

　⑵　ハンドガイド

　パワーアシストマシンのように，人がロボットに触れてロボットを動作させる作業形態。

　⑶　人共存

　人の作業エリアとロボットの作業エリアが明確に分離されておらず，同じ作業空間に人とロボットが共存し，それぞれ任意の作業を行う形態。

　⑷　人協働

　人とロボットが同じ作業空間で人とロボットが協働して作業を行う作業形態。

　図1は，これら4つの作業形態に必要となる技術，実現する動作およびその進化プロセスを示している。

3. 人協調作業のシステム事例

当社では人協調作業で必要となる安全機能を準備しており，これら安全機能を使用することで人とロボットの協調作業を一部実現している。

ここでは従来から人が介在する作業において安全機能を使用することでメリットを創出するシステム事例を安全技術の特長とともに紹介する。

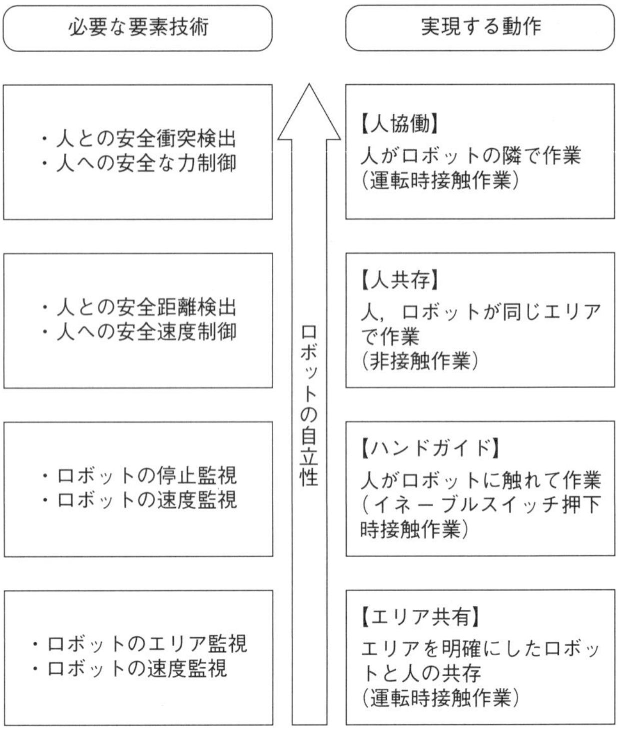

3.1 エリア共有

図2は，ターンテーブルを使用した従来のスポット溶接作業工程を示している。人はターンテーブルにワークをセットし，ターンテーブルを回転させロボット作業エリアへワークを移動させた後，ロボットがスポット溶接する。従来このような工程は，人の作業領域とロボットの作業領域はターンテーブルを境に完全に分けられ安全を確保していた。

このシステムでは，ターンテーブルの回転がクリティカルパスになっており，ターンテーブルの稼動中下記の動作は並列実行できない。

- ロボットでのスポット溶接
- ロボットでのワーク取り出し
- 人のワークセット

図1 人協調作業の進化プロセス

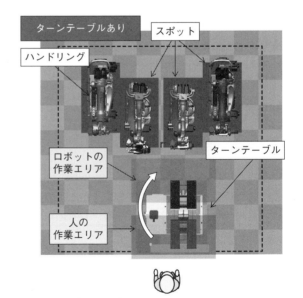

図2 従来の人協調システム

図3は，前記「エリア共有」の事例であり，2つのワークを人とロボットの共有エリア内に並列に置き，安全機能を用いることで，ロボットがシームレスに稼働するシステムを示している。
ここで使用する安全機能は下記の通りである。

- ロボット動作領域制限機能

● ロボット速度制限機能

ここで示した安全機能では，人がワークセット中に人がいるエリアにロボットが進入しないようロボットの動作領域を監視することによって，エリア共有を実現している。このシステム例の場合，人がワークセット中にもう一方のワークをロボットがスポット溶接することが可能となり，生産性の高いシステムが実現できる。

図4に，従来システムから安全機能を使用した人協調システムの場合のタイムチャート改善例を示している。

3.2 ハンドガイド

製造ライン，特に自動車組立ラインでは重量部品はハンドクレーンを用いて取り付けられている。しかしハンドクレーンは重力方向の力は相殺するが，慣性力はそのまま残るため必要な操作力は大きく作業負荷が非常に高い。

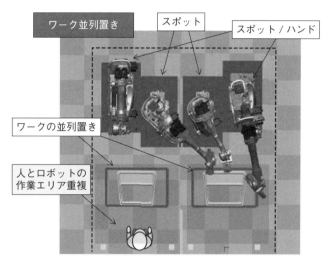

図3　安全機能を使用した人協調システム

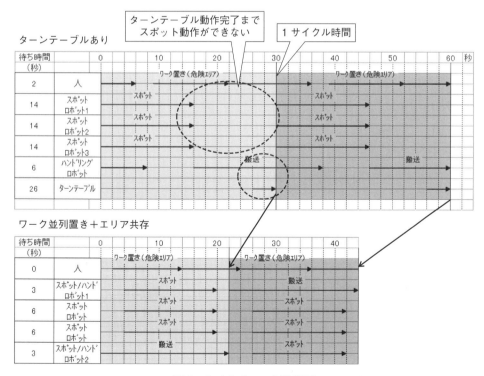

図4　タイムチャート改善例

また，狭い場所への投入等，繊細な操作が求められることもあるが，前述の操作力と軸構成影響により自由自在に動かせず，作業難易度も非常に高いため固定の熟練作業者のみしか作業ができない。さらには導入投資額も決して安くはなく収益性の悪化を招く要因になっていた。

これを解決する代案として産業用ロボットを使用した自動化があるが，安全柵で囲い広いスペースを占有する自動化では，人作業スペースを圧迫し工程編成自由度を阻害するだけではなく，最悪は組立てラインを延長しなくてはいけないというデメリットがあり，さらに高い導入ハードルがあった。

前述の背景から，省スペースでの自動化ニーズに対応するためには，人と装置の距離を近づけ共存させ，装置が占有するスペースの最小化が必要である。

当社ではこのような課題を解決するべきロボットとしてMOTOMAN-MHC130を開発した。

本ロボットはアーム動作による危険源を限りなく低減している。また，動力源に80W低容量のモーターを搭載しているにもかかわらず130kg可搬で広い動作範囲をもっていることを特長としている。

設置は天吊りタイプで構造は，1軸目（S軸）は旋回軸，2軸目（L軸）は重力方向アーム回転軸，3軸目（U軸）は伸縮する為の軸と従来の多関節ロボットの構造とは異なる形態になっており，挟み込みの可能性のある上アームの最下点2,515mm，アーム間134mm，下アームの最下点2,072mmと人の上空でアームが動作することで人が作業するエリアでのアームによる人との接触，挟み込みを本質的に排除している。

また，3軸目は伸縮構造にすることで広い動作範囲を確保できることとあわせて上下直線補間動作を2軸3軸の複合動作で実現している（**図5**）。

この新しい構造により，人の動作エリアでアームが動作することがないため，ユーザーにおける安全設計を非常に簡単に検討することができる。また，レイアウト設計する上でも，ロボット動作による周辺装置との干渉を考えることなく装置レイアウトを可能にし，ユーザーにおけるレイアウト作業の効率化が可能となった。

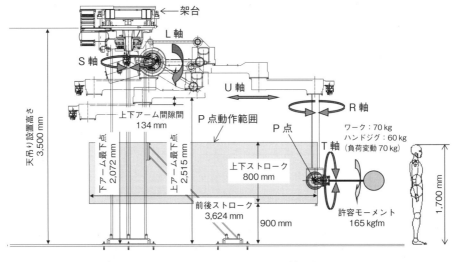

図5　MOTOMAN-MHC130外観図

また，本ロボットのハンドジグとして，図6に示すハンドガイド装置を装着することにより，イネーブルスイッチを握りながらレバーに力を加えることでロボットを操作できる。ハンドガイド装置は，イネーブルスイッチ，力覚センサ，非常停止スイッチから構成されている。ここでは，ロボット速度制限機能によりロボットの停止を監視し，イネーブルスイッチを握ると，リスクアセスメントし

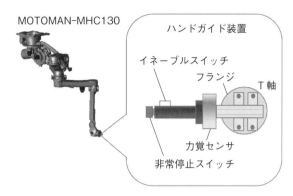

図6 ハンドガイド装置

た安全速度以下，たとえば250 mm/s 以下に制限する。また，力覚センサによりレバーに加わった力を検出し，力の方向にロボットを動作させる。さらに，ロボット動作領域制限機能により，万が一操作を誤ってワークにぶつけることがないように予めおおよそのエリアを設定しておくことも可能である。

このように，ロボットが得意な重量物の搬送などを自動化し，現状のロボット技術では難しいとされる作業のみ人が行うというシステム構築が可能であり，人と共存して作業するロボットシステムの構築をするうえでリスクアセスメントをもしやすくしており，安全機能との併用することで重量物搬送から人を解放し，省人化に貢献するとともに，組立てラインのロボット需要を開拓する。

3.3 人共存

図7に人共存の例を示す。

ロボットがワーク作業を終えた後，ロボットの動作領域を領域Bから領域Aに切り替え，人との安全距離を考慮した指定速度以下に動作速度を制限する。次に，ライトカーテンを無効にし，人がワーク取替え作業を実施する。ロボットは領域A内で動作中だが，人との安全距離を考慮した制限速度以下なので，人は安全にワーク取替え作業を実施できる。人のワーク取替え

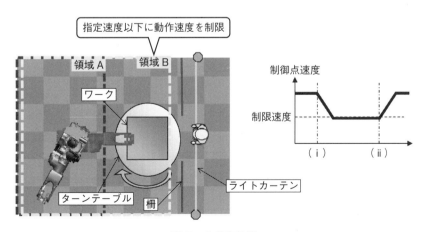

図7 人共存の例

作業が完了すると，ライトカーテンを有効にし，ロボットの動作領域を領域 A から領域 B に切り替え，ロボットの動作速度制限を解除する。

このように人との安全距離を検出し，人への安全速度を制御することで同じ作業空間に人とロボットが共存できる。

3.4 人協働

人とロボットが同じ作業空間で人とロボットが協働して作業を行うには，人との安全衝突検出，人への安全な力制御の技術が必要となる。

図8　MOTOMAN-HC10

すなわち，人とロボットが接触した際の静的な力と動的な力を検出し，安全に止まる機能を備えることができれば，リスクアセスメントによる危険のおそれを排除し，安全柵レスのロボット運用が可能となる。

当社はこのような要求を満たすロボットとして MOTOMAN-HC10 を開発した（**図8**）。

4. 安全機能

ロボット安全規格 ISO 10218-1：2011 の規定に従って準備している当社の安全機能は次の通りである。
- 各軸動作領域制限機能
- 各軸速度監視機能
- ロボット動作領域制限機能
- 速度制限機能
- ツール角度監視機能
- ツール切替監視機能

これらを実現する「機能安全基板（オプション）」は**図9**に示すようにロボットのモーターエンコーダデータに基づいて，ロボットの位置と速度を常時監視し，異常時にはモーターパワーを即時遮断しロボットを停止する。

また，「機能安全基板」は以下の規格に適合し，第三者認証機関による安全認証も取得している。
- EN ISO 10218-1：2011
- EN ISO 13849-1：2008
  （PL=d/Category3）
- IEC 61508（Edition2）SIL2

ここでは，これら安全機能の中で，ロボット動作領域制限機能，速度制限機能およびツール切替監視機能について説明する。

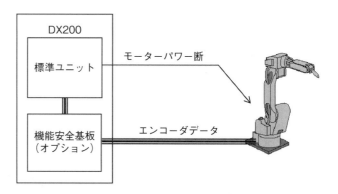

図9　機能安全基板の構成図

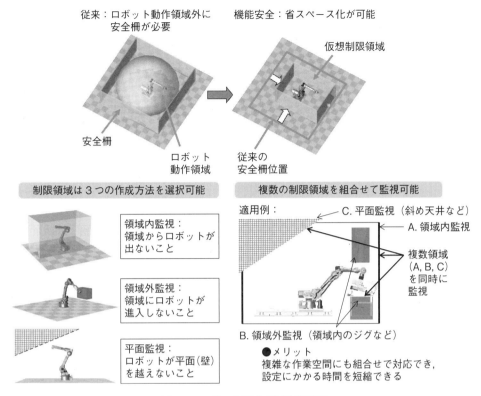

図10　ロボット動作領域制限機能

4.1　ロボット動作領域制限機能

ロボット動作領域制限機能は，ロボットアーム，ツールの位置を制限する仮想の制限領域を設定し，設定された領域に対して，ソフトウェアで監視する。ロボットの位置と速度を計算し制限領域を超える可能性がある場合は，サーボ電源を遮断し，ロボットを確実に停止させる。ロボットが惰走しても制限領域を超えることがないため，従来はロボットの動作範囲を覆うように安全柵を設けることが必要であったが，安全柵は作業に必要な最小限のエリアのみの設置で設備の省スペース化を実現する（図10）。

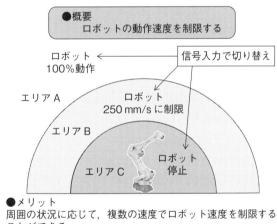

図11　速度制限機能

4.2　速度制限機能

速度制限機能は，周囲の状況に応じて，安全機器からの信号を取り込み，複数の速度でロボットの動作速度を制限する機能である。この機能を使うことによって安全距離を短くすることが

可能となり，省スペース化を可能にする（図11）。

4.3 ツール切替監視機能

ツール切替監視機能は，ツールを切り替えてもツールの大きさにあった領域制限を可能にするため，ユーザーのさまざまなバリエーションにも対応できる（図12）。

5. 力コントロールロボット

当社での力コントロールロボットの要素技術開発について紹介する。

5.1 力覚センサ内蔵ロボット

ロボットのベース部に高感度な水晶圧電センサを内蔵したロボットの紹介をする。

このロボットは，ロボットは決められた動作を連続運転するため，あらかじめセンサでの規範波形を取得しておき，運転時のセンサ信号を比較することで外力検知する機能を有している。偏差が閾値を超えたとき，外部との衝突（または異常な作業力）を検出する（図13）。高感度なセンサであるため50 gレベルの検出が可能である。

また，ベース部にセンサを内蔵しているためアームのどの部分に外力が加わっても検出が可能である。

5.2 内骨格アームロボット

MOTOMAN-BMDA 3はバイオメディカル用途に開発された新形双腕ロボットである。このロボットは内骨格構造で構成されており，アームは樹脂製のカバーで覆われている。また駆動部は全軸80 W以下のモーターで構成さ

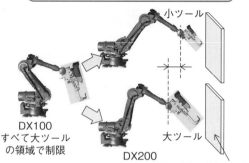

●概要
　ツールモデルの切り替えに対応する

小ツール
大ツール
DX100 すべて大ツールの領域で制限
DX200 ツールに最適な範囲で制限　制限領域境界

●メリット
ツールのモデルを切り替えてツールに最適な範囲で動作制限できる

図12　ツール切替監視機能

(a) 水晶圧電センサ（クリスタルセンサ）

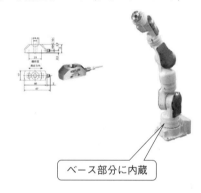

ベース部分に内蔵

(b) 外力検知のしくみ

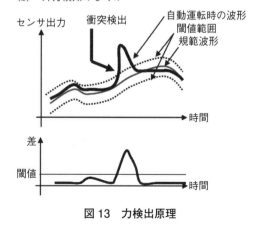

センサ出力　衝突検出　自動運転時の波形　閾値範囲　規範波形
時間
差　閾値
時間

図13　力検出原理

れているため，低推力のロボットでもある。
　このアームを利用し，カバを衝撃吸収材で構成したカバーに変更することで力コントロールの中で非常に困難である衝撃力のコントロールと生産性の両立を実現する可能性を秘めているものと考える（図14）。

6. 今後の展望と課題

　今後，人とロボットの協調作業は少なからず増加していくものと考える。しかし重要なことは，いかにリスクを同定し，見積りを行い，安全性を確保するかである。同時に人との協調作業は手段であるため，人とロボットが協調作業することに，どの程度の価値があるかを精査しなければならない。安全な設備であっても，生産性，対投資効果がなければ企業は採用しないからである。

　また，産業用ロボットのみで安全性確保するのは困難であり，その理解がシステムインテグレータおよび使用する企業に求められる。ロボットメーカー，システムインテグレータ，使用者が協力してリスクアセスメントを実施しリスクを共有し対策をたてることで実現していくものと考える。

　当社では人とロボットが協調作業することで，ユーザーの生産性向上に寄与し，豊かな暮らしができることを求めてロボットの提案，ロボットの使い方の提案をし続ける所存である。

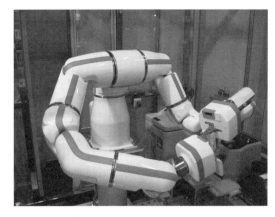

図14　MOTOMAN-BMDA3

第 3 編

ロボットデザインと利用者心理

◆ 第3編 ロボットデザインと利用者心理

第1章 デザインが人とロボットをつなぐ～機能するデザイン～

VECTOR株式会社　小山　久枝

1. はじめに

「ロボットは日本人に愛されている」。VECOR㈱（以下，当社）が案内あるいは介護サポートをするロボットをはじめて製作してから5年近く経過した。その間ロボットの展示や実証実験，また企業や施設でロボット面談を重ねてきた。その中でわかったことがある。人の生活の中にロボットが登場することを心待ちにしているロボットファンがいる。子どものころ親しんだロボットは窮地に立った子どもを助け，悪を退治するヒーローであったと目を輝かせるファンがいる一方，ロボットに強い警戒心をもっている介護現場のスタッフや一般消費者がいる。ロボットやシステム，機構などを日常で見慣れている高い技術をもった開発者や技術者には想像し得ない感覚だ。人とロボットが共生する社会を実現するためには，人々が抱くこの強い不安や警戒心は，必ず超えねばならない課題の1つである。この解決案をデザインが担うことができる。ロボットが人と共生するために，デザインが果たす機能とは何かを考えたい。

2. ロボットのもつ高い技術と人との共生

開発者の高い技術と消費者のニーズは一致しているか。

これまで当社では何度となく展示会へのロボット出展やロボットの実証実験を重ね，開発者や技術者だけでなく，一般の消費者にロボットに触れてもらうということを重視してきた。なぜなら，ロボットと人の共生をめざすからには，実際に「共生の対象となる人」のニーズを知ることが重要であると考えているからだ。ニーズをもつ「共生の対象となる人」とは，一般の消費者であり，生活者である。対して，開発者や技術者はシーズをもつ提供者である。ロボット開発に限らず，ものづくりの分野において，開発者や技術者は往々にして，自らのもつ技術をすべて盛り込みたくなる。現に，開発者や技術者の絶え間ない努力により，技術は飛躍的に進み続けており，心地よいサービスの陰にはセンサをはじめとする高い技術があり安定して提供できるようになっている。しかし生活サービスロボット分野において，それらは開発までに留まり，なかなか社会の生活環境で生かされているものは少ない。高い技術が，仕様だけでなく価格の点でも，また安全・安定性とも消費者のニーズとは合致していないのではないか。人間社会で共生するもの＝商品をつくるためには，消費者のニーズは必要不可欠である。ゆえに人との共生を見据えたロボットの開発を行うに当たっては，ニーズをもつ消費者・生活者の声を聴くことは必要不可欠なのである。

2.1 消費者のロボットへの印象

シーズを提供する開発者や技術者は，技術の発展や進歩が人々の生活を豊かにし，人々が喜

第3編　ロボットデザインと利用者心理

表1　消費者のロボットへの印象

困惑感	作業が難しそう，面倒くさい，難しい用語が多く理解できない，壊れたらどうしようと思うと触れたくない
不用感	ロボットが役立つ状況や環境が想像できない，ロボットがなくても困らない
警戒心	固くて冷たそう，襲われそう，安全かわからない，自分から近づくのはまだよいが近づかれると怖い

ぶと考えている。しかし，消費者は高い技術というより，高い技術により提供される心地よさを求めているのである。

　消費者が歓迎するロボットは展示や実証実験で一般の人々の声を聴くことで見えてきたことがある。当社が展示場や介護現場で集めたアンケートでは消費者がロボットに抱いている感情や印象は**表1**のようなものであった。

　技術が進むほど，高価な部品や機器が搭載される。消費者が使いきれない技術を盛り込むことは触れたときの操作性に対する「困惑感」を強くする。困惑するので触れたくない，そもそもなくても困らない，ない方が楽というように「不用感」が生じてくる。また，たとえ触れなかったとしても，ロボットに対する人々のイメージと現実の存在感との乖離が人々に違和感を生じさせ「警戒心」を引き起こしている。つまり，人々にとって，ロボットというと鉄腕アトムやドラえもんのようにアニメで描かれる人間味を帯びたロボットのイメージが強いが，現実の物体として再現されるには，ボタン1つで展開できるような機能が不可欠であり，さらに高い技術を求められることになる。ニーズよりシーズが先走り無機質性が生じる前に，技術は後戻りしてでも消費者が使いやすい機能を持たせることもロボットが普及していくうえで肝要である。

2.2　デザインは機能をもっている

　ロボットの歴史の中で，人々が抱く最初のイメージは二足歩行をする人型ロボットである。「困惑感」「不用感」「警戒心」。ロボットと人の共生をめざすには，このような自然に湧き起こる人々の心理に働きかける何らかの仕掛けが必要である。つまり開発者や技術者がめざす技術の目覚ましい進歩とは異なるアプローチ，いわばロボットと人間とを取りもつようなアプローチが必要であるといえよう。そのアプローチこそデザインの真骨頂であると考えている。

2.3　ロボットに求められる親和性とは何か

　人にとってロボットとは何を指すか。動き（歩き），会話をするタイプ，運搬や歩行支援など生活の役に立つタイプ等人によってロボットのイメージは違う。個々のニーズはさまざまで置かれる空間や機能・外形も違ってくる。反面，技術の集合体といえる車は，道路を走ることが使途として明確であり，機能の使い方は個人に任せられている。携帯電話コンテンツの進化は，従来の電話機の機能を超え，SNS・クラウドやアプリケーションの発達により，消費者参加型の世界観を確立している。

　ロボットは生活のあらゆる場面での使用が期待されている。移動と通話からスタートした車

－278－

や電話機とは一線を画す点である。人との共生のために，開発者はメカトロやソフト技術に裏付けられた安全性を消費者にわかりやすく伝え，使ってみたいと思わせる工夫が肝要だ。いわゆる親和性（表2）を高めていかなくてはならない。

表2　親和性とは何か

- 怖くない，あるいは不気味でない
- 人なつっこい雰囲気
- 人が自ら近寄りたくなる感じ
- 高齢者もつい触りたくなる
- 高齢者でも簡単に操作ができる

2.4　親和性を感じさせる案内ロボット「コンシェルジュ」

では，ロボットに親和性をもたせるにはどうしたらよいか。われわれが注目したのは和の心である。さりげないが細部にいき届く心遣い，つまり常に相手を敬う和の心を研究し，日本古来より伝わる武士の作法，心地よい接客の技法，人間心理に至るまでを調査・集約することで親和性をデザインで機能させた「おもてなし」ロボットが，当社の案内ロボット「コンシェルジュ」である（図1）。

コンシェルジュのデザインには，表3のように6つのポイントを盛り込んだ。

図1　案内ロボット「コンシェルジュ」

表3　コンシェルジュデザインの6つのポイント

姿　勢	正座から腰を浮かした前傾姿勢，武道の美しい姿勢
所　作	軽いお辞儀で腕は膝に，相手に敵意をもたない表現
視線高さ	見下ろさない低身長，圧迫感の回避
安心感	足はなく車輪移動で腕は絵図，不気味さの回避
表　情	微笑ましい丸顔，安心感や人なつっこさを表現
場所，環境への適応	着せ替え方式，場になじむ心地よさを表現

2.4.1 姿勢

コンシェルジュの姿勢は，正座から腰を浮かし，少し前傾した姿勢で歩行する武道の美しい姿勢を表現した。武道や能の世界では，ぶれない軸を育てるための基本姿勢のポイントは前傾姿勢とされる（図2(a)）。正座は，深く足を組み上体を少し前傾させる。まっすぐ立つときにも，少し前傾姿勢とし，それを助けるために膝を少し曲げる。歩くときはその姿勢を崩さないようにし，摺足で重心を移動させる。コンシェルジュには，このような武道や能に見られる和の美しい姿勢を取り入れた。自ら近づくのはよいが，近づいてくると怖いというロボットに関するイメージを払拭するためである（図2(b)）。

2.4.2 所作

コンシェルジュの所作は，軽いお辞儀で腕は膝に添えられ，仲居さんが宿泊客に声をかけるイメージで，相手に敵意をもたないデザインにした。意識的にせよ，無意識的にせよ，動くものに対して人が抱く印象は，姿形だけで決められているわけではない。重要なのは，その所作である。前述したように，コンシェルジュは和の心を基本としてデザインしている。和の所作の1つとしてお辞儀が挙げられる。西洋では相手の目をまっすぐ見て，握手をする挨拶の習慣があり，これには歴史的にさまざまな国や民族が対峙してきた大陸では，いつ攻撃されるかわからないという相手への警戒が背景にある。一方，日本のあいさつは，古来よりお辞儀の習慣があったことが知られている。お辞儀の体を縮め，大切な頭を下げる所作は，敵意がないこと，相手を信じる気持ちを表現する効果がある（図3）。

2.4.3 視線の高さ

コンシェルジュの姿勢高は，視線を低くするため，相手を見下ろさないように低身長でデザ

(a) 直立時の前傾角度　　(b) 和の美しい姿勢は角度30°

（出典：梅若基徳，河野智聖「能に観る日本人力」BABジャパン（2008））

図2　能における姿勢

図3　お辞儀の角度

インした。これは圧迫感を回避するためである。コンシェルジュの全体高さは 120 cm，小学生低学年の平均身長と同程度とした。視線を子供の目線高さとし，いわゆる「上から目線」を避けている（**図 4**，**表 4**）。

2.4.4　安心感

コンシェルジュのもつ安心感は，足はあえてデザインせず車輪移動としたこと，腕も本体の機構には組込まず絵図で表現するようにしていることからきている。腕は人を攻撃する武器となる。ヒューマノイドロボットの開発ではより人間に近づくことを望まれていると思われるが，コンシェルジュはまったく逆の思想に基づいてデザ

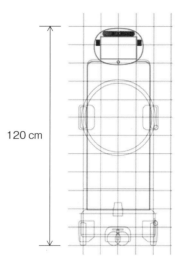

図 4　身長の比較

表 4　年齢別身長の平均値

[cm]

区分		平成24年度 A	平成23年度	昭和57年度 B（親の世代）	差 (A−B)
男 幼稚園	5歳	110.5	110.5	110.4	0.1
男 小学校	6歳	116.5	116.6	115.9	0.6
	7	122.4	122.6	121.5	0.9
	8	128.2	128.2	127.0	1.2
	9	133.6	133.5	132.2	1.4
	10	138.9	138.8	137.3	1.6
	11	145.0	145.0	142.8	2.2
男 中学校	12歳	152.4	152.3	149.8	2.6
	13	159.5	159.6	157.3	2.2
	14	165.1	165.1	163.6	1.5
男 高等学校	15歳	168.4	168.3	167.1	1.3
	16	169.8	169.9	169.2	0.6
	17	170.7	170.7	170.1	0.6
女 幼稚園	5歳	109.5	109.5	109.6	△0.1
女 小学校	6歳	115.6	115.6	115.2	0.4
	7	121.6	121.6	120.8	0.8
	8	127.4	127.4	126.3	1.1
	9	133.4	133.5	132.0	1.4
	10	140.1	140.2	138.3	1.8
	11	146.7	146.7	145.0	1.7
女 中学校	12歳	151.9	151.9	150.6	1.3
	13	155.0	155.0	154.2	0.8
	14	156.5	156.6	156.0	0.5
女 高等学校	15歳	157.2	157.1	156.6	0.6
	16	157.6	157.6	157.3	0.3
	17	158.0	158.0	157.3	0.7

（注）　年齢は，各年4月1日現在の満年齢である。

（出典：文部科学省学校保健統計調査（平成24年データ））

インしている。「ロボットは人間ではない。ロボットは人のさまざまな生活場面を助ける道具である。」という思想だ。よって，人間の形状に近づけるよりも，道具としての機能をより消費者にわかりやすく安全に伝えることが，デザインには求められる。道具に人間的なデザインや質感を与えることは，むしろ消費者に違和感や不気味さを感じさせ，同族嫌悪にも似た感情をもたらすと推測される。あえて足や手を曖昧にした平面としてデザインすることで，人間とは別のものという区別をはっきりさせて，不気味さを回避したのである。

2.4.5 表　情

コンシェルジュの表情は，幼児の顔をモチーフにしており，丸顔に目線を近く配置し，微笑ましい表情にした。特に海外での展示において好評である。これは人々に安心感を与え，コンシェルジュに人なつっこさを与えている。サービスロボット（案内ロボット）は老若男女と接する。特に，高齢者にも簡単に操作できそうと思わせることが重要である。またそれ以前に，高齢者がつい近づき触りたくなることが重要である。事実，展示会や実証実験においても，コンシェルジュは高齢者や主婦層にとりわけ人気者である。「触ってもいいですか？」「これなら私にも触れる」と笑顔でコンシェルジュに近づいてくる。コンシェルジュのもつ人なつっこさの効果であろう（図5，6）。

2.4.6 場所，環境への適応

コンシェルジュの胴体デザインは，衣裳着せ替え方式とした。コンシェルジュは案内ロボットである。案内役としてコンシェルジュが必要とされうる場面は無数に想像される。イベント会場，企業の受付，行政の窓口，病院の待合室などである。それぞれの場には，それぞれの場所の雰囲気があり，案内役にもその雰囲気への適応が求められる。たとえば制服には，サービススタッフとしての役目，その場の意味を消費者に案に伝えたり，一体した雰囲気を作り出したりする役割がある。あらゆる場面で適応できるよう，置かれた場での雰囲気を壊さず案内ロ

図5　お年寄りから近づいて話しかける

図6　人なつっこい表情

ボットの役割を果たせるよう，環境に適した衣裳デザインへの着せ替え方式を取り入れたのである。

本体前面には透明のアクリル板が取り付けられており，本体とこのアクリル板の間に，衣裳をプリントした紙を挟むことで着替えさせることができる。これは場に馴染む心地よさを重視したためである。簡易にプリントできる紙を挟むことで，服装が変化に即対応できるうえ，コンシェルジュの形状デザインが変化しないようにした。また液晶パネルなどではなく，紙を家庭用のプリンタでもプリントして挟めるというアナログな方法が，一般利用者にとって，これなら自分でもできるから大丈夫だという安心感を生んでいる（図7, 8）。

2.5 デザインで機能する当社のロボットたち

コンシェルジュに限らず，当社では，ロボットと人との親和性をテーマとし，消費者の生活場面になじむロボットのデザイン，ロボット技術と共生する生活場面を消費者が想像できるようなデザインを常に意識している。この親和性を生むデザインこそ人々のロボットに対する「困惑感」「不用感」「警戒心」を解くための重要な機能だからだ。「研究者や技術者たちの高い技術の総合知である機械体としてのロボット」と「社会的で感覚をもつ生活主体としての生身の人間」を取りもつ重要なパイプ的役割，これこそが親和性であり，デザインだからこそ果たすことができる機能の1つと考える。親和性を重視してデザインされた当社のロボットの一部を図9～12に紹介する。

図7　店舗の案内

図8　病院の待合室にて

第3編　ロボットデザインと利用者心理

コンシェルジュのデザイン要素に加えて，落ち着きや気品をより高めた案内ロボット。旅館やホテルの案内として。本体の桜柄は，絵師による手仕上げ

図9　案内ロボット「マヌカン」

お年寄りの一人暮らしにも安心，追従して一緒にいてくれる。かわいいペットのように，お出迎えしてくれる。もしも高齢者が倒れたり，トイレやお風呂から長時間出てこないときには，感知して介護者に連絡する

図10　見守りロボット「ミーモ」

ミーモのように追従して見守ってくれる。上部のちびロボでコミュニケーションなどが可能。下部は足が軽快に歩くイメージで軽快さを表現し，現代の家具等にもマッチするようなデザインとした

図11　見守りロボット「ウォーク」

ちょっとそこまでお買い物へ行きたい，ちょっとそこの公園へ出かけたい，坂道も多くて，歩くのは大変だけど，車に乗るまでもない。そんなときのスタイリッシュシニアカート。シニアが外に出かけたくなるようなデザイン，ちょっと自慢したくなるデザインにした

図12　シニアカート「チョイカ」

3. おわりに

　日本人にはあらゆる個性をもった文化を受け入れ自らの文化を発展させる能力がある。現在世界中でメイドインジャパンが欲しいといわれている。日本の技術は最高品質のものを提供し世界文化に貢献している。「よりよいものをつくりたい」という想像が創造をつくる力を生む。産業である限り，そこにはまず消費者を想定する。消費者にとっては，技術よりもいかに自分にとって役立つか，喜びをもたらしてくれるのかが重要である。ロボットを見ただけで「何かしてくれそう」とわくわくするような，わかりやすく親和性のあるデザインが消費財としてのロボットに機能するのである。メカトロ・ソフトそしてデザインとがコラボし，ロボットと人が共生する社会をめざして今後も取り組んでいきたい。

文　献

1）梅若基徳，河野智聖：能に観る日本人力，BAB
　ジャパン（2008）.
2）近藤珠實：日本の作法としきたり，PHP研究所
　（2010）.
3）山田みどり：「もう一度行きたい」と思わせるプロ
　の接客，日本実業出版社（2004）.
4）文部科学省　学校保健統計調査（平成24年デー

タ）.
5）ロベルト　ベルガンティ著，佐藤典司，岩谷昌樹，
　八重樫文共訳：デザイン・ドリブン・イノベー
　ション，同友館（2012）.
6）田子學，田子裕子，橋口寛：デザインマネジメン
　ト，日経BP社（2014）.

◆ 第3編　ロボットデザインと利用者心理

第2章　使う側の心理

龍谷大学　野村　竜也

1. はじめに

　Human Robot Interaction（HRI）は，人とロボットの間で行われる（言語的・非言語的なものにかかわらず）対話を対象とし，その対話を促進・阻害する要因を明らかにすることを目的とした研究領域であり，ロボットのさまざまな応用に寄与していくことが期待されている。対話の促進・阻害要因として考えられるのは，第1にロボット自体の外見や大きさ，動作，発話様式等の物理的特性であるロボット側要因，第2にロボットが人と対話を行う際の状況や文脈，ロボットに担わせるタスクの内容等の状況的要因，第3にロボットを使う人間側の心理や行動，さらにそれらに影響を与える個人特性や文化としての人側要因の3つが挙げられる。

　本章では，上記第3の人側要因について取り上げる。まず，HRI研究においてどのような人の心理が問題となるのか，その心理はどのような個人特性や文化によってどのような影響を受けるのかについて説明し，これらの心理が他のロボット側要因や状況的要因とどのように影響し合うのかについて検討する。

2. 対ロボット心理

　ロボットと同じ高度情報機器であるコンピュータに関して，技術恐怖症（technophobia）という心理が問題となっている[1]。これは，コンピュータの操作や存在による社会的影響に対して喚起される不安や否定的な態度と定義されており，コンピュータ技術の社会への浸透やその操作の学習において否定的な影響をもつものであることが明らかとなっている。また，これまで歴史的に社会は新規技術，特にコミュニケーションにかかわる技術（文字，電話，インターネット等）に対してユートピア的発想とディストピア的発想の両極的反応を示してきたという指摘がある[2]。

　これから社会に発展していこうとするロボットは，まさに人とのコミュニケーションを想定し社会性を実装した新規のコミュニケーション技術の具現化である。このため，人間が不安や否定的態度などの技術恐怖症的感情を抱く可能性がある。本節では，ロボットに対する否定的態度や不安を代表とするネガティブな感情およびそれらに類する諸々の心理概念について概観する。

2.1　ロボットに対する否定的態度・不安とその測定

　心理学的には，態度は人，物，事柄等に対して一定の仕方で行動・反応するための，相対的に安定で永続的な傾向として定義され，その源泉は文化的なもの，家族的なもの，個人的なものに亘るとされている[3]。一方，不安はさまざまな定義が存在するが，特定の対象をもたない将

－287－

第3編 ロボットデザインと利用者心理

来についての恐れと懸念が混在した感情，習得された回避行動を含む二次的衝動などと定義され，緊張等の生理的反応を含むとされる[3]。

前述のコンピュータにおける技術恐怖症の類推から，筆者ら[4][5]により，ロボットに対する否定的態度と不安を測定するための手法として心理尺度が開発されている。この心理尺度を用いた研究は国内外を含めて各種行われており，これらの心理がロボットとの対話行動を回避する方向に働くことが，心理実験により検証されている[5]。Syrdal ら[6]はロボットに対する否定的態度がロボットの動作の評価に影響することを見出し，Tsui ら[7]は遠隔ロボットの評価手法として否定的程度が利用可能であることを示している。また後述するが，ロボットに対する心理の文化差研究として，否定的態度を利用したものがいくつか存在する[8]-[10]。

2.2 その他の HRI に関連する心理とその測定

HRI では，心理学的な意味での妥当性が検証された心理尺度を用いた主観評価研究は，上記の否定的態度や不安が取り上げられる前にはほとんど存在しなかったが，多数の形容詞のペアによる印象評価，いわゆる Semantic differential 法を用いたもの[11]や，特定のタイプのロボットに対する独自の質問紙調査法を用いた主観評価[12]など，さまざまな取り組みが行われていた。また，インターネット上での意見交換フォーラムでの多数の言説を分析することで，ロボットに対する一般人の意識の抽出・分析を行ったものもある[13]。

近年開発された新な主観評価法としては，ロボットの評価として Technology acceptance model に基づき効率性や信頼性に重点を置いた質問紙[14]があり，いくつかの研究で用いられている[15]。また，ロボットとの長期間に亘る関係性（rapport）を測定することを目的とした心理尺度も開発されている[16]。

3. 対ロボット心理に関連する個人内要因

上記の対ロボット心理に影響を与える個人内の要因としては，当然さまざまなものが考えられる。代表的なものとして，本節では年齢と性別に焦点を当てる。

3.1 年　齢

ロボットに対する人々の期待や印象に関する年齢の影響については，国内外においていくつかの既存研究が存在する。アメリカ，日本，イギリス，オランダを含む各国で行われたアザラシ型ロボット"Paro"の展示会の来訪者を対象に行われた調査においては，20歳未満の来訪者は20歳以上よりも"Paro"に対して好印象を抱く傾向があることが示唆されている[12]。対ロボット実験の参加者を対象に行われた調査では，若年層参加者（35歳未満）は高年層参加者（35歳以上）と比べて将来家庭用ロボットを導入することに好意的であることが報告されている[17]。ローマ在住者を対象に行われた調査では，若年層（18〜25歳）は高齢者層（65〜75歳）よりも家庭用ロボットに対して親和性が高いことが見出されている[18]。

日本国内での研究では，博物館での等身大人型ロボットの展示会の来訪者対象に行われた質問紙調査において，40代の来訪者は20代の来訪者よりもロボットに対して肯定的である傾向が認められている[19]。また，商業施設内のショッピングセンターでの等身大人型ロボットの展

示イベントに立ち寄った買い物客を対象とした質問紙調査では，若年層（25歳以下）はロボットに対する期待と将来予測について，成人層（26〜50歳）や高年層（51歳以上）よりもイメージが曖昧であること，高年層はロボットに対する期待も将来予測も「人間とのコミュニケーションを主とする業務を実行するロボット」のイメージが強いこと，成人層においては，将来予測はコミュニケーション主体のロボット，ロボットに対する期待はコミュニケーション非主体のものへのイメージが強いことが示唆されている[20]。

上記の2つの研究は質問紙調査に基づくものであるが，高齢者は若年者と比べてロボットに好印象を抱く傾向があることが心理実験により示唆されている[21]。また，ロボットが身体動作によって表現した感情を被験者が同定する心理実験では，怒りや悲しみのネガティブな感情同定において高齢者は若年者よりも同定結果が誤りやすい傾向が示唆されている[22]。

3.2 性別

性別が対ロボット感情にどのように影響するかについては，HRIだけでなく，ディスプレイ上で表現されるソフトウェアエージェントの研究領域でも扱われている。

性別の影響を考える場合，まずロボットやエージェントと対話する人間側の性別によって対ロボット印象や行動が変わることを示したもの[23]，ロボット自体が（外見や音声の質，会話内容等で）表現する性別によって相対する人間の心理や行動に影響を与えることを示唆したもの[24]-[26]がある。また，人間の性別とロボット側の性別の交互作用，たとえば男性と女性それぞれ自分と異なる側の性別特徴が付与されたロボットに好印象を抱く現象を示すものなども存在する[27]-[29]。さらに，[2.1]におけるロボットへの否定的態度や不安についても，女性のほうが高い傾向にあることが示唆されている[4][5]。

一方，性別の効果は研究によって結果が一致しない場合もあり[30]，[5]に示す人側以外の要因との交互作用が起こる場合もあり，複雑である。

3.3 その他の要因

ロボットに関する経験や，当人が受けた教育によってロボットに対する否定的態度や不安が変化することを示す研究が存在する。

たとえば，実際のロボットを見た経験がある場合は，そうでない場合よりもロボットに対する否定的態度が低いことが見出されている[31]。この経験の効果は，実物を見たことがなくてもマスコミ等で見聞しただけでも影響がある。

また，受けてきた教育が高度であるほどロボットに対する不安が低減する傾向[32]や，自然科学・技術系の教育を受けた場合は否定的態度が低い傾向が見出されている[31]。

4. 対ロボット心理における文化の影響

日本人のロボットに対する受容は他の国よりも高いという言説は，広く流布している[33]。また，欧米には人間に類似した人工物を生成することが人間に災厄をもたらすことを示唆する「フランケンシュタイン症候群」という概念が存在する[34]。Kaplan[35]は，ヒューマノイドロボットの受け入れられ方に対する西欧と日本との違いを，西欧におけるこの概念の浸透によって説明し

第３編　ロボットデザインと利用者心理

ている。このことは，文化が対ロボット心理に影響を与えることを示唆しており，実際に異な
る文化間でどのようにロボットに対する受容が異なるかを具体的に示した研究が，近年現れて
いる。

　日本，韓国，アメリカの大学生を対象とした質問紙調査では，ロボットに対して想定する機
能，タスク，イメージにおいて３国間で差が存在することが見出されている。具体的には，日
本人大学生は韓国，アメリカの大学生よりも等身大人型ロボットに対して高い自律性と感情性
を想定し，ロボットが行うタスクについては，韓国の大学生は日本人大学生よりも病院などの
命にかかわる業務を，日本人大学生は韓国の大学生よりも教育や福祉場面での業務をより強く
想定している。また，アメリカの大学生では科学技術としての興味と慎重さが共存しており，
人型ロボットなどの技術が自然に対する冒涜であるというイメージは，日本や韓国よりも低い。
つまり，韓国やアメリカの大学生はロボットに対して正負両面のイメージを抱いているのに対
して，日本人大学生はロボットに対して正負どちらのイメージもそれほど強くないことが示唆
されており，「日本人は欧米人と比べてロボット好きである」という言説とは必ずしも一致しな
いということも示唆している[36]。

　また，アメリカ，日本，イギリス，オランダを含む数ヵ国の比較調査により，AIBO に対す
る態度において国の間での差が認められている[8]。中国とアメリカの比較調査では，中国人はア
メリカ人よりもロボットに対してより否定的な態度を示すことが示されている[9]。また，上述の
アザラシロボット"Paro"の比較研究[12]では，このロボットに対する主観的評価において国の間
で差が存在することを示唆している。

　さらに，ある心理実験では，対ロボット態度として質問紙によって測定される顕在的指標と，
Implicit association test[37]という手法により測定される潜在的な指標の両者において日米間で比
較を行い，顕在的指標は日本人がよりロボットに肯定的であることを示しながらも，潜在的指
標では日米間に差がないことが明らかにされている[38]。

5.　対ロボット心理と他の要因との関連

　これまで，HRI において主題となる対ロボット心理とそれに影響を与える個人要因および文
化的要因について概観してきたが，実際にはこれらの要因が相互に影響し合う，あるいはロボッ
ト側の要因や状況要因と相互に影響し合う，いわゆる交互作用が存在する。

　ASIMO と共にゲームを行う際，このロボットと協調して得点を稼ぐ状況と競合して得点を
争う状況とを比較する実験において，男性は協調的状況よりも競合的状況を好む傾向を示す一
方，女性にはこの傾向が見られないことが示されている[39]。これは，ロボットと共に作業を行
う際の文脈と性別との交互作用を意味している。

　個人要因としての年齢は他の要因と交互作用を示す。たとえば，ロボットに対する否定的態
度においては一般にロボットの見聞経験が低減効果を示すものの，その効果が年代によって異
なることが示されている[31]。また，人型ロボットに対する不安や期待を日英間で比較した調査
研究では，年代による差異が日本とイギリスで傾向が逆転していることが示唆されている[40]。さ
らに，ロボットが大人らしい仕草を行う場合と子供っぽい仕草を行う場合とでの印象比較を行っ
た実験では，印象評価を行う人間側の性別と年代とロボットの仕草の二次交互作用，つまり２

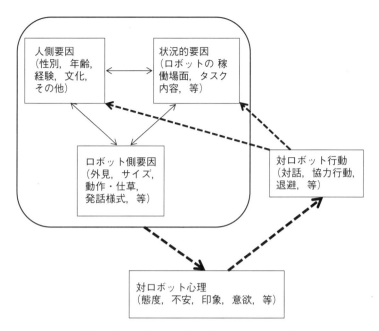

図1　対ロボット心理とその影響要因の仮説的フロー

種類のロボットの仕草それぞれへの印象が若年者と高齢者で逆転の傾向が見られ，加えてその傾向が男性と女性とで逆の方向を示すという複雑な現象が示唆されている[41]。

6. おわりに

これまで概観してきた通り，人とロボットとの対話における心理はさまざまな要因から影響を受ける。これに関する研究はまだ歴史が浅く，[5]でも示したように要因間のさまざまな交互作用の存在から現象は複雑なものとなるため，系統的な研究結果はまだまとめられていない。

以上を踏まえ，今後の研究展望として，これらの要因と対ロボット行動がどのように関連しているかについての仮説的フローを**図1**に提案する。この図では，人側要因とロボット側要因，状況的要因が交互作用を起こしつつ，人の対ロボット心理に影響を与え，それが対ロボット行動に影響を与える流れを示していると同時に，これらの行動が結果として経験や文化等の人側要因およびロボットの応用場面等の状況的要因に影響を与えるという無限ループを想定している。このループの構成要素がどのようなものであるか，さらなる研究が必要である。

文　献

1) M. Brosnan：Technophobia：The psychological Impact of Information Technology, Evanston, IL：Routledge (1998).
2) A. N. Joinson：Understanding the Psychology of Internet Behavior：Virtual World, Real Lives, Palgrave Macmillan (2002).（三浦麻子，畦地真太郎，田中敦（訳）：インターネットにおける行動と心理，北大路書房 (2004).
3) J. P. Chaplin, Ed.：Dictionary of Psychology, 2nd ed., New York：Dell Pub Co. (1991).
4) T. Nomura, T. Suzuki, Kanda and K. Kato：Measurement of Negative Attitudes toward Robots, *Interaction Studies*, 7, 437-454 (2006).
5) T. Nomura, T. Kanda, T. Suzuki and K. Kato：

Prediction of Human Behavior in Human-Robot Interaction Using Psychological Scales for Anxiety and Negative Attitudes toward Robots, *IEEE Trans. Robotics*, **24**, 442-451（2008）.

6 ）D. S. Syrdal, K. Dautenhahn, K. L. Koay and M. L. Walters：The Negative Attitudes towards Robots Scale and Reactions to Robot Behaviour in a Live Human-Robot Interaction Study, Proc. 1st Symposium on New Frontiers in Human-Robot Interaction, 109-115（2009）.

7 ）K. M. Tsui, M. Desai, H. A. Yanco, H. Cramer and M. Kemper：Using the "Negatixve Attitude toward Robots Scale" with Telepresence Robots, 2010 Performance Metrics for Intelligent Systems Workshop, Baltimore, MD, USA（2010）.

8 ）C. Bartneck, T. Suzuk, T. Kanda and T. Nomura：The Influence of People's Culture and Prior Experiences with Aibo on their Attitude towards Robots, *AI & Society*, **21**, 217-230（2007）.

9 ）L. Wang, P-L. P. Rau, V. Evers and B. K. Robinson P. Hinds：When in Rome：the role of culture & context in adherence to robot recommendations, Proc. 5th ACM/IEEE Int. Conf. Human-Robot Interaction, 359-366（2010）.

10）T. Nomura：Comparison on Negative Attitude toward Robots and Related Factors between Japan and the UK, Proc. 5th ACM Int. Conf. Collaboration Across Boundaries（CABS）：Culture, Distance and Technology, 87-90（2014）.

11）神田崇行，石黒浩，石田亨：人間ロボット間相互作用に関わる心理学的評価，日本ロボット学会誌，**19**, 362-371（2001）.

12）T. Shibata, T. K. Wada and K. Tanie：Subjective Evaluation of Seal Robot in Brunei, Proc. 13th IEEE Int. Ws. Robot and Human Interactive Communication, 135-140（2004）.

13）B. Friedman, P. H. Kahn and J. Hagman：Hardware companions?-What online AIBO discussion forums reveal about the human-robotic relationship. CHI 2003 Proceedings（long paper）, 273-280（2003）.

14）M. Heerink, B. Kröse, V. Evers and B. Wielinga：Assessing acceptance of assistive social agent technology by older adults：the almere model, *Int. J. Soc Robot*, **2**, 361-375（2010）.

15）T. Nomura and T. Kanda：Influences of Evaluation and Gaze from a Robot and Humans' Fear of Negative Evaluation on Their Preferences of the Robot, *Int. J. Soc Robot*, **7**, 155-164（2015）.

16）T. Nomura and T. Kanda：Rapport-Expectation with a Robot Scale, *Int. J. Soc Robot*（2015）.（DOI：10.1007/s12369-015-0293-z）

17）K. Dautenhahn, S. Woods, C. Kaouri, M. L. Walters, K. L. Koay and I. Werry：What is a robot companion? friend, assitant or bulter? Proc. IEEE/RSJ Int. Conf. Intelligent Robot and Systems, 1192-1197（2005）.

18）M. Scopelliti, M. V. Giuliani and F. Fornara：Robots in a domestic setting：A psychological approach, *Universal Access in Information Society*, **4**, 146-155（2005）.

19）T. Nomura, T. Tasaki, T. Kanda, M. Shiomi, H. Ishiguro and N. Hagita：Questionnaire-Based Social Research on Opinions of Japanese Visitors for Communication Robots at an Exhibition, *AI and Society*, **21**, 167-183（2007）.

20）T. Nomura, T. Kanda, T. Suzuki and K. Kato：Age Differences in Images of Robots：Social Survey in Japan, *Interaction Studies*, **10**, 374-391（2009）.

21）T. Nomura and M. Sasa：Investigation of Differences on Impressions of and Behaviors toward Real and Virtual Robots between Elder People and University Students, Proc. 2009 IEEE 11th Int. Conf. Rehabilitation Robotics, 934-939（2009）.

22）T. Nomura and A. Nakao：Comparison on Identification of Affective Body Motions by Robots Between Elder People and University Students：A Case Study in Japan, *Int. J. Social Robotics*, **2**, 147-157（2010）.

23）P. Schermerhorn, M. Scheutz and C. R. Crowell：Robot social presence and gender：Do females view robots differently than males? Proc. 5th ACM/IEEE Int. Conf. Human-Robot Interaction, 263-270（2008）.

24）A. I. Niculescu, D. H. W. Hofs, E. M. A. G. Van Dijk and A. Nijholt：How the agent's gender influence users' evaluation of a QA system, Proc. Int. Conf. User Science and Engineering（iUSER）, 16-20（2010）.

25）A. De Angeli and S. Brahnam：Sex stereotypes and conversational agents, Ws. Gender and Interaction：Real and Virtual Women in a Male World（2006）.

26）J. Carpenter, J. M. Davis, N. Erwin-Stewart, T. R. Lee, J. D. Bransford and N. Vye：Gender representation and humanoid robots designed for domestic use, *Int. J. Soc. Robot.*, **1**, 261-265（2009）.

27）A. Powers, A. D. I. Kramer, S. Lim, J. Kuo, S. Lee and S. Kiesler：Eliciting information from people with a gendered humanoid robot, Proc. 14th IEEE Int. Ws. Robot Hum. Interact. Commun., 158-163（2005）.

28）C. Crowell, M. Scheutz, P. Schermerhorn and M. Villano：Gendered voice and robot entities：

Perceptions and reactions of male and female subjects, Proc. IEEE/RSJ Int. Conf. Intelligent Robots and Systems (IROS), 3735-3741 (2009).

29) M. C. Siegel, C. Breazeal and M. I. Norton : Persuasive Robotics : The influence of robot gender on human behavior, Proc. IEEE/RSJ Int. Conf. Intelligent Robots and Systems (IROS), 2563-2568 (2009).

30) T. Nomura and Y. Kinoshita : Gender Stereotypes in Cultures : Experimental Investigation of a Possibility of Reproduction by Robots in Japan, Proc. Int. Conf. Culture and Computing, 195-196 (2015).

31) T. Nomura, T. Suzuki, T. Kanda, S. Yamada and K. Kato : Attitudes toward Robots and Factors Influencing Them, New Frontiers in Human-Robot Interaction (K. Dautenhahn, J. Saunders (Eds), John Benjamins Publishing, 73-88 (2011).

32) M. Heerink : Exploring the influence of age, gender, education and computer experience on robot acceptance by older adult, Proc. 6th Int. Conf. Human-Robot Interaction, 147-148 (2011).

33) 山本七平 : なぜ日本人にはロボットアレルギーがないのか, 現代のエスプリ, **187**, 136-143 (1983).

34) B. E. Rollin : The Frankenstein Syndrome : Ethical and Social Issues in the Genetic Engineering of Animals, Cambridge University Press (1995).

35) F. Kaplan : Who is afraid of the humanoid? : Investigating cultural differences in the acceptance of robots, *Int. J. Humanoid Robot.*, **1**, 465-480 (2004).

36) T. Nomura, T. Suzuki, T. Kanda, J. Han, N. Shin, J. Burke and K. Kato : What People Assume about Humanoid and Animal-Type Robots : Cross-Cultural Analysis between Japan, Korea, and the USA, *Int. J. Humanoid Robotics*, **5**, 25-46 (2008).

37) A. G. Greenwald and S. D. Farnham : Using the Implicit Association Test to Measure Self-Esteem and Self-Concept, *J. Personality and Social Psychology*, **79**, 1022-1038 (2000).

38) K. F. MacDorman, S. K. Vasudevan and C-C Ho : Does Japan really have robot mania? Comparing attitudes by implicit and explicit measures, *AI & Society*, **23**, 485-51 (2009).

39) B. Mutlu, S. Osman, J. Forlizzi, J. Hodgins and S. Kiesler : Task structure and user attributes as elements of human-robot interaction design, Proc. IEEE Int. Symp. Robot and Human Interactive Communication, 74-79 (2006).

40) D. D. Syrdal, T. Nomura and K. Dautenhahn : The Frankenstein Syndrome Questionnaire : Results from a Quantitative Cross-Cultural Survey, Proc. 5th Int. Conf. Social Robotics, 270-279 (2013).

41) T. Nomura and S. Takeuchi : The Elderly and Robots : From Experiments based on Comparison with Younger People, Proc. AAAI 2011 Ws. Human-Robot Interaction for Elder Care, 25-31 (2011).

◆ 第3編　ロボットデザインと利用者心理

第3章　「不気味の谷」現象はどこからくるのか
　　　　～「親近性」と「新奇性」の2つの評価軸の葛藤～

京都大学　明和　政子　　同志社大学　松田　佳尚

1. 映画『ファイナルファンタジー』

　2001年，アメリカのスクウェア・ピクチャーズが制作した『ファイナルファンタジー（Final Fantasy）』が公開された。ファイナルファンタジーは，世界初の本格3DCGによるSF映画であり，世界中の注目と期待を集めるなか，初日から数日間は大きな反響をよんだ。しかしその後，興収は急激に低迷，映画史に残る大失敗に終わった。156億円かけて制作されたこの映画の興業収入（全米）は36億円，結果として100億円を超える大赤字となってしまったのである。

　ファイナルファンタジーの売りは，写実性の追求であった。登場人物のしぐさや表情，自然な空気をすべてCGで表現した（図1）。俳優不要を大胆に謳ったこの映画を見ると，たしかに本物の人間と見間違うほどリアルに写実されている。しかし，映画を見てしばらくすると，登場人物の動きの微細が何となく気になりはじめるのである。たとえば，肌の表面に本来あるべき質感のようなものが感じられない。目や唇，体全体の動きにむだがなさすぎる。こうした一つひとつが気になって仕方がない。ファイナルファンタジーが興行成績という点で大失敗に終わった原因には，視聴者の多くがこうした感情を抱いたことが一因したともいわれている。これは，「不気味の谷」とよばれる現象によって説明することができる。

© 2001　FFFP　www.FF-movie.net.
図1　映画『ファイナルファンタジー』のワンシーン

2. 「不気味の谷」現象

　「不気味の谷」現象（図2）とは，ロボット工学者の森政弘博士（東京工業大学名誉教授）が，1970年に提唱した仮説である[1]。ロボットの外観や動作が人間の姿にある程度近い（人型ロボットや動物のぬいぐるみ）と，われわれはその対象に好感や共感を覚えるが，その類似性がより高まると，ある時点で急に強い嫌悪感が生じてくる。ところが，人間の外観や動作と見分けがつかないほどに類似性が高くなると，今度は再び好感が呼び覚まされ，人間と同じような親近感を覚えるようになる，森博士はこう予測した。この仮説にもとづくと，「中途半端に人間に近い」ロボットやアバターは人間にとって奇妙に感じられ，親近感が感じられなくなる。森博士

が「不気味の谷」現象を唱えた当時は，人間そっくりのロボットを作ることがまだ難しい時代であったが，森博士は人間にはそうした心的変化の顕著な傾向が見られることをすでに予測していたのである。

3.「不気味の谷」現象の検証

森博士が唱えた「不気味の谷」現象は，人間の主観に基づき説明されていたため，しばらくは仮説のひとつとして認知されるにすぎなかった。しかし，2011年，その科学的実証の試みが行われ，「不気味の谷」現象が脳内で実際に起こっている可能性が示された。

カリフォルニア大学サン・ディエゴ校の認知科学者Sayginらの研究

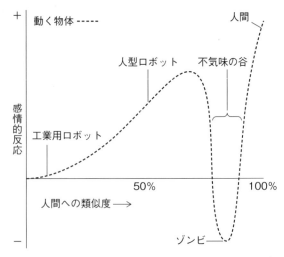

（出典：松田・明和，2013[2]）

ロボットやアバターが人間に近づくにつれ，好感度は上昇していくが，ある時点で突然嫌悪が生じる（不気味の谷）。その後，さらに人間への類似性が高まるにつれ，再び好感度は上昇する

図2 「不気味の谷」現象

チームは，「不気味の谷」現象が起こっていると推定される脳部位を特定した[3]。この研究は，20～36歳の成人を対象に行われた。

① 外見や動作が機械的（人間のそれとは類似性が低い）ロボット
② 人間そっくりの外見はしているが動作は機械的であるアンドロイド
③ 実際の人間が行ういくつかの行為（うなづく，コップの水を飲む等）

の3種類の行為を観察しているときの成人の脳活動を，機能的磁気共鳴画像法（fMRI）により計測した。その結果，機械的なロボットと実際の人間が行う行為を観察している間の脳活動には大きな違いが見られなかったのに対し，アンドロイドによる行為を観察している時の脳活動には顕著な特徴が見られた。アンドロイドの行為を見ている時には，頭頂葉領域，特に視覚野の身体動作を処理する頭頂部位とミラーニューロンシステムの一部である運動野とを結ぶ頭頂部位の脳活動が顕著に異なっていたのである（**図3**）。この結果についてSayginらは，アンドロイドの人間らしい外観と，反対に人間らしくない動作との間に生じてくる不一致を予測通りに処理できなかったためと解釈している。

その後の研究で，「不気味の谷」現象が見られるのは人間の成人だけではないことが明らかになりつつある。たとえば，Steckenfingerらはマカクサルを対象に，不気味の谷現象が見られるか否かを注視行動を指標として検証している[4]。サルに，

① 本物のサルの外見にさほど近くない対象
② 本物のサルの表情に近い外見をもつ対象
③ 実際のサル

の映像を見せ，それらに対するサルの注視反応を比較した。その結果，サルは本物のサルに類

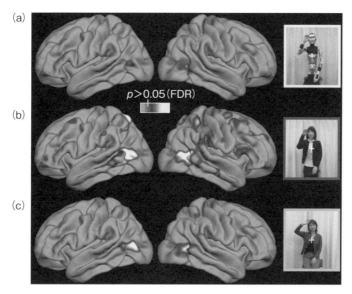

(出典:Saygin et al., 2012[3])

(a) 機械的な外見+動きをするロボット,(b) 人間らしい外見+機械的な動きをするアンドロイド,(c) 実際の人間が行う動きを観察したときの脳活動

図3 「不気味の谷」現象に関連する脳活動

似した外見をもつ対象には注意をあまり向けないことがわかった。サルは,実際のサルではないがそのようにも見える対象を見ることを避けたのである。

また,チンパンジーを対象とした検証も行われている。Matsuda ら[5]は,チンパンジーの成体に

① なじみある個体の顔
② 新奇な個体の顔
③ なじみある個体の顔50%と新奇な個体の顔50%を合成した顔

の3種類を見せ,注視行動を比較した。その結果,チンパンジーは新奇な個体の顔をとりわけ長く,そして頻繁に見ることがわかった。合成された顔に対する注意は,なじみある個体の顔と同程度であった。これらの結果から,チンパンジーはヒトとは異なり,なじみのある個体の顔の特徴が50%満たされている顔に対しては新奇とは知覚していない可能性が示されている。

さらに,上記と同様の実験手続きを用いて,「不気味の谷」現象がいつから見られるのか,その個体発生,発達のプロセスの検証も行われはじめている[6]。この実験は,Steckenfinger らによるサルを対象とした実験と同じ方法を用いて,生後6,8,10,12ヵ月児で行ったものである。それによると,乳児は生後12ヵ月から実際の人間に類似した外見をもつ対象を見るのを避けるようになるという。

4.「親近性」と「新奇性」―2つの評価軸

ここまで,人間の注意や関心を惹きつけなくなる,負の感情を喚起させる要因についてみてきた。ここからは,人間の注意や興味を惹きつける,快の感情を生みだす要因の方に目を向けてみよう。

第３編　ロボットデザインと利用者心理

　発達心理学では，乳幼児がある対象に対する注意に影響を与える要因として，「新奇性」と「親近性」の存在が知られている。新奇性とは目新しさのことで，たとえばあまり見たこと，接したことのない対象に乳幼児は注意を惹きつけられる。他方，親近性とはなじみ深さのことであり，慣れ親しんで愛着や安心を感じている対象，たとえば母親やお気に入りのぬいぐるみに対する選好が代表例である。新奇性に基づく注意は，その対象と繰り返し接触することで減衰していくが，親近性に基づく注意関心は，対象と繰り返し接触することでいっそう高まるという違いがある。新奇性と親近性はそれぞれほぼ独立に，対象への注意に影響を与えるといわれている[7]。

　この見方に基づくと，上記で紹介したいくつかの実験結果，つまり，実際の人間とはさほど類似してはいないが初めて経験する対象，そして日常的になじみある実際の人間の両方に対して選好注視が見られたとする結果がうまく説明できる。ただし，これら両方の対象に対して一見同じような選好がみられた場合でも，その選好を生みだした要因は異なっている点には注意しなければならない。初めて経験する対象への注意は，新奇性に基づいて喚起された感情，なじみある対象に対して向けられた注意は，親近性に基づく感情がもたらしたものである。

　こうした両極に位置づく２つの評価軸が，共に対象を選好するという一見すると同じようにみえる行動を導くのはなぜだろうか。進化的な意義からこの問いを考えてみると，次のような推測が成り立つ。まず新奇性についてみると，人間を含む生物は生存可能性を高めるため，環境とのインタラクションにおいて経験学習を積み重ね，環境を予測的に知覚する情報処理システムを進化の過程で獲得してきたと考えられる。いつもとは違う出来事を経験したとき，その異常事態を瞬時に検出し，早急に事態に対処することは生存上きわめて重要である。また，環境の微細な変化を敏感に知覚する処理システムの獲得は，ダイナミックに変化し続ける環境予測を柔軟に修正し，環境に対応していくことにつながるだろう。続いて，親近性がもたらす選好の適応的意義について考えてみる。なじみある環境刺激に持続的に注意を向けるという形質は，その経験の蓄積を一層促進し，環境の変化をより緻密に正確に予測するための基盤となる。つまり，新奇性と親近性という独立の評価系は一見両極に位置するように見えるが，いずれも環境に適応するための学習の促進，更新を稼働し続けるための重要な機能を担っているといえる。

　では，両方の評価軸のいずれにもあてはまりにくい，あいまいで奇妙な環境刺激に対して注意を向けなくなる，避ける傾向がみられるのはなぜだろうか。この点については，さまざまな考え方があるが，筆者らは現時点では次のように考えている。数限りない環境の情報の渦の中で，生存に直結するきわめて重要な情報を優先的に，瞬時に検出することはきわめて重要である。他方，どちらの軸にもあてはまりにくい情報については，その内容を他の情報と比較しながら緻密に，丁寧に処理する必要が出てくる。しかしそうした処理に注意を注ぐばかりでは，刻々と変化し続ける環境に対処していくことができない。そのため，あいまいな刺激の情報は無視するか，むしろ処理を回避するバイアスをあらかじめ備えておいたほうが生存可能性は高まる。もちろん，この仮説は現時点では推測の域を出るものではない。ただ，「不気味の谷」現象が生後の早い時期からすでに獲得されている事実には，そうした適応的意義があるのかもしれない。

5. 母子関係にみる「不気味の谷」現象

親近性—新奇性，そして，そのはざまに位置づく特性，これらの軸をもとにした知覚情報処理について，今度は対人関係の文脈にあてはめてみていこう。

一般的に，乳幼児にとって「母親」は，親近性のもっとも高い対象であり，見たことのない他者は，新奇な存在である。では，なじみのある母親の外見や動きがいつもと違うようにも感じる，つまり，親近性と新奇性のはざまに位置づくような存在が目の前に現れたとき，乳児はそれをどのように捉えるのだろうか。

ヒトは，生後4日目，おそくとも生後6～8週頃には，母親を母親以外の他者と区別し，母親の顔に選択的に注意を向けるようになる[8)9)]。さらにこの頃からは，顔だけではなく，母親の動作の特徴も敏感に検出しはじめているようである。乳児の目の前にテレビモニターを置き，そこに別室で待機している母親の映像を流す。母親の部屋にもモニターが設置され，母親は乳児の様子を遠隔で確認できる。この実験ではまず母親にモニターに向かってもらい，いつも通り乳児をあやすよう指示する。乳児は，モニターに映し出される母親の様子を観察する（ライブ映像）。続いて，この時の母親の様子を録画した過去の映像を，もう一度乳児に見せる（リプレイ映像）。どちらの条件も実際には目の前に母親はおらず，二次元の映像を見ていたことになる。結果は明瞭だった。ライブの母親の様子を見た場合に比べ，リプレイ映像を見た場合に乳児は早くに映像への興味を失い，モニターから目を離した。さらに，ライブ映像を見ていた間には微笑が頻出していたのに対し，リプレイ映像を見た時にはぐずり，泣きなどの不快表情が目立った[10)]。こうした反応の違いは，乳児はこの時期すでに母親の動作を予測的に捉えている可能性を示している。

上記と同様の実験手法により，母親の様子を時間をずらして乳児に提示した研究も行われている。Bigelowら[11)]は，生後2ヵ月児が，1秒遅延して応答する母親の様子に気づくこと，ただしそれは母親以外の他者の様子を観察した時には見られないことを示した（図4）。また，ロシャら[12)]は，生後2，4，6ヵ月児を対象に，見知らぬ他者とのインタラクションの途中に，突然微笑を停止させる実験（Still-Face paradigm）を行った。2ヵ月児は，微笑が停止されても他者の

（文献13）から許可を得て転載

図4 ライブ，リプレイ，時間遅延などの条件でモニター上に映し出した母親のインタラクション映像に対する乳児の反応を比較する

顔から注意をそらすことはなかったが，4ヵ月児は他者への注意を途切れさせるようになった。さらに6ヵ月児は，その後他者が微笑みを再開したとしても，インタラクションの不自然さに抵抗するかのように微笑を回復させなかった。

発達初期における母親とのインタラクションでは，乳児は次に起こる展開を予測しつつ，その予測を確認していくという親近性，それがもたらす快の感情が顕著であることがわかる。乳児がある対象に対して感じた親近性は，快の情動，報酬をもたらし，その対象への注意を一層持続させる。その結果，親近性を感じる他者とのインタラクションは持続し，養育を受ける機会は増えていく。養育者から手厚いケアを受けない限り生存できない人間は，発達初期においては特に親近性をうまく生かすことで生存可能性を高めてきたと考えられる。

われわれの研究グループは，上記に紹介した研究よりももう少し年齢が高い乳児を対象に，相手の外見に対する親近性—新奇性の評価特性を調べた[14]。生後7～12ヵ月児を対象に，以下の3種類の顔を見せ，そのときの注視反応を計測した。

① 母親顔（もっとも親近性の高い顔）
② 見知らぬ他者の顔（もっとも新奇性の高い顔）
③ 母親と他者の顔が半々で合成された「半分お母さん」顔（親近—新奇のはざまに位置づく顔）

実験を始める前，乳児の母親と見知らぬ他者に，真顔と笑顔の2枚の写真を撮影させてもらった。それら2枚の写真にモーフィング技術を適用すると，その中間の形状を自動生成していくことで自然に微笑む映像を作成することができる。また，「半分お母さん」の顔は，母親と他人を50％ずつ融合させて作成した（**図5**）。静止画ではなく，映像を使った理由は2つある。不気味の谷を予測した森博士は，止まっているものよりも動いているものの方が不気味さを感じやすいと指摘していたこと，また，乳児は静止している対象よりも動いている対象に注意を向けやすい性質をもっているためである。

これらの刺激を用いて，本実験を開始した。乳児に，図5(a)～(c)3種類の微笑み映像を見せたときの視覚的探索行動を，自動視線計測装置（アイトラッカー）を用いて記録した。その結果，乳児は母親と見知らぬ他者の表情映像は同じくらい見たのに対し，「半分お母さん」の映像

（出典：松田・明和，2013[2]）を一部改変）

図5 モーフィング合成による「半分お母さん」顔の一例

他人(a)と母親(c)の写真を50％ずつの混合比率でモーフィング合成したものが「半分お母さん」の顔(b)

には他の2種類の映像に比べて注意を向けなかった（図6左）。さらに、乳児を7〜8ヵ月、9〜10ヵ月、11〜12ヵ月の3つの群に分け、月齢による注意行動の差異を調べたところ、7〜8ヵ月児は3種類の映像を同じくらい見ていたことがわかった。他方、生後9〜10ヵ月以降になると、「半分お母さん」の映像を見なくなることがわかった（図6右）。しかし、乳児は「半分お母さん」の顔に不気味さを感じたのではなく、モーフィングによって合成された人工顔に奇妙さを感じただけかもしれない。

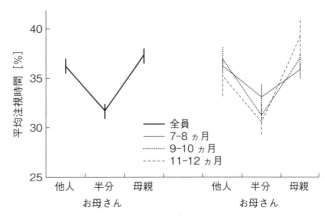

（出典：松田・明和、2013[2]）

全乳児の平均データ（左）と月齢ごとのデータ（右）。7〜8ヵ月児では3種類の顔を見る時間に差がないが、9〜10ヵ月児、11〜12ヵ月児では「半分お母さん」顔への注視時間が短かった。平均±標準誤差

図6 乳児は母親や他人の顔へ注意を同じくらい長く向けたが、「半分お母さん」の顔には注意を持続させなかった

もしそうなら、母親の顔ではなく見知らぬ他者2人を合成した顔にも奇妙さを感じるはずである。そうした可能性を排除するため、2人の見知らぬ他者（他者A、B）の顔を合成した人工顔（他者A顔50％＋他者B顔50％）と、他者C顔100％の2種類の微笑み表情を上記とまったく同じ方法で乳児に見せた。その結果、乳児はどちらの表情も同じくらい長く見た。つまり、乳児はいずれの表情にも新奇性を感じ、「不気味」を感じていると解釈しうる反応は認められなかった。つまり、乳児が注意を逸らすのは「半分お母さん」の顔だけだったのである。

これらの結果を、どのように解釈したらよいだろうか。この点について考えるため、われわれは成人を使った心理調査を行った。乳児とは違い、成人では内観（主観）報告を指標として用いることができる。成人に調査協力を依頼し、自分の母親と見知らぬ他者の顔写真を合成した「半分お母さん」顔を彼らに見せた。その結果、10人の協力者のうち8人が「気持ち悪さ」を感じたと報告した。この結果から、乳児も「気持ち悪さ」を感じている可能性が強い。面白いことに、「某有名人（母親ではないがメディアを介してなじみのある顔）」と「見知らぬ他人」の顔を合成した「半分有名人」顔を成人に見せたところ、この場合には気持ち悪さを感じたと報告した者は皆無であった。これらの結果は、自身の生存上きわめて重要な立場にある（あった）者の顔が、親近性と新奇性のはざまに位置づいている場合にとりわけ不気味さを感じていることを示唆している。

以上の実験結果は、生後12ヵ月頃から実際の人間に近い外見をもつ対象を見るのを避けるようになることを示したLewkowiczらの結果[6]とも一致する。彼らが用いた映像は、いずれも乳児にとって新奇なものであった。しかし、われわれの研究では母親の表情刺激を用いているという違いがある。母親の顔は、乳児にとって親近性をもっとも高く抱く視覚刺激のひとつである。こうした差異が、本研究ではより早期から「不気味の谷」とも呼びうる現象が認められた理由であるかもしれない。

6. 不気味の谷を乗り越える―「人見知り」現象

　生後半年を過ぎる頃，多くの乳児で「人見知り」という現象が起こる。しかし，その現れ方については個人差が大きく，時期や程度もさまざまであることは周知の通りである。多くの場合，人見知りはある時期を過ぎると消えてしまうが，人見知りを長期にわたり引きずる子どももいる。また，兄弟姉妹であっても人見知りの強弱は一貫していない。人見知りが起こるメカニズムについてはいまだ不明なままである。

　ところで，人見知りの強い乳児を養育中の母親に対して，「乳児が他人と母親を区別できるようになった証拠」だと説明する者がいるが，それは間違っている。先述の通り，生後2ヵ月までには，乳児は他人と母親を区別することがすでにわかっている。生後半年を過ぎる頃から見られることの多い人見知りは，他人と母親を区別できるようになったこととは異なる心的メカニズムによって生じている可能性が高い。

　従来，人見知りという現象は，単になじみのない人を怖がっていることで起こるという考え方が一般的だった。しかし，乳児の人見知りをよく観察してみると，快と不快の感情が入り混じった，はにかむような表情を見せている場合がある[15]。また，母親にしがみついて泣きじゃくっている間も，相手を凝視し続けるという一見矛盾した場面も見られる。乳児は，見知らぬ他者をただ怖がっているだけなのだろうか。ただ怖いだけならば，その相手を見なければよいにもかかわらず，なぜ見続けているのだろうか。

　われわれは，乳児期に見られる「人見知り」という現象にも，「不気味の谷」現象と同様の心的メカニズムが関与していると考えている。その仮説を検証した試みを，本章の最後に紹介したい。

　生後7～12ヵ月の乳児57名を対象に，乳児の気質に関する質問紙調査と視線反応を計測する課題を実施した[16]。質問紙調査は母親に回答を依頼し，乳児の「人見知り度」[17) 18]を回答してもらった。乳児の人見知りに対する回答と月齢との関係を調べたところ，人見知りが現れたと母親が感じた時期はさまざまで，個人差が大きいことが裏づけられた（相関係数：0.18）。また，今回の調査からは，人見知りがはじまった時期は一般的にいわれる生後8ヵ月とはいえないことも明らかとなった。

　乳児の気質に関する質問紙調査[19]では，母親に，乳児の「怖がり」度と相手へ「接近」気質について回答してもらった。どれほど相手に近づきたいのか（接近行動）と，相手から離れたいのか（回避行動）は，それぞれ相反する身体，心理状態に基づく行動である。これらは，生物における本質的な行動として多くの種で確認できる。これら相反する行動を動機づける気質が，「接近」と「怖がり」である。調査の結果，人見知りが強いと評定された乳児は，「接近」と「怖がり」両方の気質が共に強いことが明らかとなった（図7）。相反する感情が喚起され，そのいずれを選択して行動する意思決定に迷いが生じることを「葛藤」というが，本研究の結果から，人見知りの強い乳児は「快―不快」が葛藤する心的状態において人見知りを生じさせていることがわかった。

　続いて，乳児が相手（母親・見知らぬ他者）に対してどのように視線を向けているかを調べた。以下の3種類の顔を乳児に見せ，その時の注視時間を分析した。

①　母親の顔

②　見知らぬ他人の顔

第3章 「不気味の谷」現象はどこからくるのか

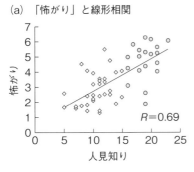
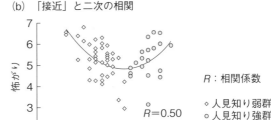

(出典：松田・明和，2013[2])

人見知りが強い乳児ほど，相手を怖がる気質が強かった (a)。また，人見知りが非常に強い，あるいは非常に弱い乳児の両方が，相手に接近する気質が強かった。人見知りが中程度と評定された乳児は接近する気質が低かった（二次の相関・(b)）。両者の結果を総合すると，人見知りの強い乳児は，「怖がり」と「接近」の相反する気質を両方強くもっていることがわかる

図7 乳児の気質（怖がり・接近）と人見知りの強弱の関係

③ 半分お母さんの顔（前掲）

である。面白いことに，人見知りの強い乳児と弱い乳児との間で，①～③の顔に対する注視時間に違いはみられなかった。つまり，人見知りが強かろうと弱かろうと，半分お母さんの顔はあまり見なかった一方，母親の顔と同様に他人の顔をよく見ていたのである。これは，前出の実験結果と一致していた。また，人見知りの強い乳児は他人をあまり見ないのではないかと思われがちだが，実際にはそうではなく，他人の顔もよく見ていたのである。上述の「強い接近気質」の裏づけと考えられる。

さらに，乳児が相手の顔のどのあたりに注意を向けていたのかを調べるため，顔を目，鼻，口のパーツに分け，乳児がそれぞれどのパーツに注視配分していたかを分析してみた。すると興味深いことに，人見知りの強い乳児は相手が母親であっても見知らぬ他者であっても，最初に相手と目が合った時点では目の部分を凝視していた。

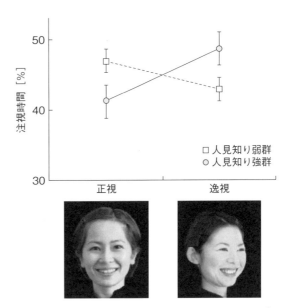

(出典：松田・明和，2013[2])

人見知りが強いと評定された乳児（○）は，正視顔（□）よりも逸視顔（右下）をよく見た。人見知りの弱い乳児（青丸）は正視顔をよく見た。平均注視時間±標準誤差（注視時間には個人差があるため個人の総注視時間を100としてそれぞれの割合％を算出。正規分布化のため逆正弦変換を適用

図8 乳児が示す顔の向きの選好

他人の顔もよく見ており，相手の目に敏感であるにかかわらず，なぜ，人見知りの強い乳児は行動上の「人見知り」を示すのだろうか。そこにはどのような心理状態が存在しているのだろ

-303-

うか。こうした問いを明らかにするため，今度は次のような実験を行ってみた。乳児を見つめている目をもつ顔（正視顔）と，目を逸らしている（逸視顔）顔を左右に並べて乳児に見せたところ，人見知りの弱い乳児は正視顔のほうを長くみた。反対に，人見知りの強い乳児は逸視顔を長く見たのである（図8）。このことから，人見知りの弱い乳児は相手との視線のやりとりを通して積極的にインタラクションを図ろうとしているのに対し，人見知りの強い乳児は自分を見ている相手よりも目を逸らしている相手をよく観察しようとしていることがわかった。これらの結果は，人見知りの強弱という特性のみと関連が見られ，月齢差や接近気質の強弱，怖がり気質の強弱とは関連しなかった。「近づきたい。でも，怖い。」1歳前にみられる人見知り行動の強さの背景には，こうした相反する心的葛藤が存在する可能性が示された。

7. おわりに

人間は，「親近性」と「新奇性」という2つの評価軸をもとに，発達の早期から環境について学習し，適応する術を身につけていく。特に，複雑な社会関係を築きながら生きている動物である人間にとっては，文脈に依存して目まぐるしく変化する社会的場面で，これら2つの評価軸を適切かつ効果的に行使することは，生存上きわめて重要であったとみられる。進化の過程で獲得されたこうした知覚形質の一端が，「不気味の谷」とよばれる現象として現れていると解釈することができそうである。人間以外の動物，特に社会集団を形成しながら生存してきた動物でも，「不気味の谷」現象が見られることも，この見方の妥当性を支持するように思われる。

今後そう遠くない時期に，進化の産物である人間が，進化の産物ではないロボットとともに生きる時代がやってくるといわれている。われわれの日常生活において，ロボットがどのように人間と違和感なくインタラクションし，人間の心理，行動を支援する上でどういった側面を担うことが可能かといった難問に，ロボット研究者たちは精力的に取り組んでいる。ここで重要なことは，人間の外見や動作にできる限りそっくりなロボットを作り出す方向をめざすだけでは問題を解決することにはならない点である。人間の心的機能の生物学的基盤，さらにはそうした機能が獲得されていく動的過程―個体発生と進化の道すじを理解すること，それらの知見を踏まえて，「不気味の谷」現象に見られるような心的制約をどのように克服できるかを，生態学的妥当性を重視して考える作業が不可欠である。こうした方向の模索こそが，人間にとってロボットが真に心地よい存在であると感じられる共生社会を実現するための第一歩である。

付 記

本論文の執筆にあたり，文部科学省科学研究費補助金（#24300103, 24119005）の助成を受けた。

文 献

1）M. Mori：*Energy*, **7**, 33-35（1970）.

2）松田佳尚，明和政子：遺伝, **67**, 685-690（2013）.

3）A. P. Saygin, T. Chaminade, H. Ishiguro, J. Driver and C. Frith：*Soc. Cogn. Affect. Neurosci.*, **7**, 413-422（2012）.

4）S. A. Steckenfinger and A. A. Ghazanfar：*Proc. Natl. Acad. Sci. USA*, **106**（43）, 18362-18366（2009）.

5）Y. Matsuda, M. Myowa-Yamakoshi and S. Hirata：under revision.

6) D. J. Lewkowicz and A. A. Ghazanfar：*Dev. Psychobiol.*, **54**, 124-132 (2012).

7) 下條信輔：サブリミナル・インパクト—情動と潜在認知の現代, 筑摩書房 (2008).

8) I. W. R. Bushnell, F. Sai and J. T. Mullin：*Brit. J. Dev. Psychol.*, **35**, 294-328 (1989).

9) O. Pascalis, S. de Schnen, J. Morton, C. Deruelle and M. Fabre-Grent,：*Infant Behav. Dev.*, **18**, 79-95 (1995).

10) J. Nadel, I. Carchon, C. Kervella, D. Marcelli and D. Réserbat-Plantey,：*Dev Sci.*, **2**, 164-173 (1999).

11) A. E. Bigelow and P. Rochat,：*Infancy*, **9**, 313-325 (2006).

12) P. Rochat, T. Striano and L. Blatt：*Infant Child Dev.*, **11**, 289-303 (2002).

13) T. Striano, A. Henning and D. Stahl：*Dev Sci.*, **8**, 509-518 (2005).

14) Y. T. Matsuda, Y. Okamoto, M. Ida, K. Okanoya and M. Myowa-Yamakoshi：*Biol. Lett.*, **8**, 725-728 (2012).

15) C. Colonnesi, S. M. Bógels, de W. Vente and M. Majdandžić：*Infancy*, **18**, 202-220 (2012).

16) Y. T. Matsuda, K. Okanoya and M. Myowa-Yamakoshi：*PLos One*, **8**, e65476 (2013).

17) A. H. Buss and R. Plomin：Temperament：early developing personality traits, Lawrence Erlbaum Associates, NJ (1984).

18) D. C. Rowe and R. Plomin：*J. Pers. Assess.*, **41**, 150-156 (1977)

19) M. A. Gartstein and M. K. Rothbart：*Infant Behav. Dev.*, **26**, 64-86 (2003).

第 4 編

リスクと安全対策

◆ 第4編　リスクと安全対策

第1章　サービスロボット安全規格 ISO 13482 の概要と課題

長岡技術科学大学　木村　哲也

1. ISO 13482 発行の背景

　社会の高齢化が進む日本では，介護や福祉だけでなく，生産現場での作業者支援などさまざまな場面でロボットの利用が望まれている。このような人に直接サービスするロボットはサービスロボットとよばれ，日本では近い将来に産業用ロボットの数倍の市場がサービスロボットでは期待されている[1]。人との共存を前提とするサービスロボットの産業化では安全性がもっとも大きな課題であり，関連する国際安全規格 ISO 13482　Robots and robotic devices-Safety requirements for personal care robots（ロボット及びロボティクスデバイス—生活支援ロボットの安全要求事項）の審議が 2009 年から開始され、二度のドラフトの作成を経て 2014 年 2 月に発行された[2]。

　ISO 13482 の審議中，実際に市場に出回るサービスロボットはきわめて限定的であり，事故の再発防止という観点から ISO 13482 は作成されたものではない。規格作成を主とする標準化活動は，将来の共通課題解決にも寄与するとされており[※1]，ISO 13482 の作成は国際規格としては自然なものといえる。

2. ISO 13482 の概要

2.1　対象とするロボット

　ISO 13482 が対象とする personal care robot は「人間の生活の質（quality of life）の向上に資する目的で，直接または間接的支援行動を実行するために人との物理的な接触を許すロボット」である。具体的には次の 3 種類を同規格では想定している（ただしこの 3 種類に適用範囲を限定するものではない）。

- mobile servant robot：人と相互作用しながら実施するサービスタスクを移動しながら実行する能力を有する生活支援ロボット。
- person carrier robot：自律的なナビゲーション，案内，移動によって人間を移動させる生活支援ロボット。

※1　ISO/IEC Guide 2　Standardization and related activities — General vocabulary（標準化及び関連活動——般的な用語）では標準化（standardization）を「実際の問題又は起こる可能性がある問題に関して，与えられた状況において最適な秩序を得ることを目的として，共通に，かつ，繰り返して使用するための記述事項を確立する活動」と定義している。この定義から標準は共通課題の教訓集であり，標準を用いることは，失敗を事前に回避し成功を継続することにつながると理解できる。「墓標安全（事故が発生し墓標が立ってから安全対策を考える）」でなく，「予防安全（事故の発生前にリスクを明らかにし対策する）」が ISO 13482 のめざすサービスロボット安全である。

第4編　リスクと安全対策

- physical assistant robot：要求されたタスクを実行するために，人間の行動能力を補うまたは拡大する生活支援ロボット。いわゆるパワーアシストロボット。

　これらのロボットは，ISO 13482 作成当時に市場創出の可能性が高いものとして選定された。ISO 13482 はロボット全体だけでなく，ロボット技術を応用したデバイスにも適用される。

　ISO 13482 は以下のロボットは対象としない。

- 時速 20 km より速く移動するロボット
- 水上・水中ロボット
- 飛行ロボット，ISO 10218 が対象とする産業用ロボット
- 医療用ロボット
- 軍用ロボット
- 治安用ロボット（爆発物処理等）

2.2　規格上の位置づけ

　ISO 規格上で ISO 13482 は，産業用ロボット安全規格 ISO 10218 を補い追加する C 規格[※2] とされている。しかし生活支援ロボットは多様な製品を内包するため，他の C 規格と比較して ISO 13482 の記述内容は概念的である。またバックデータの不足から，定量的な安全基準（特にロボットが人に与えてよい力の基準）は ISO 13482 としては示されておらず（身体を押しつぶさない距離等は引用規格としての例示されている），ロボットの設計者が個別に安全基準を考える事を求めている。今後，個々のサービスロボットの市場拡大に伴い，ISO 13482 は分野ごとに整理され，定量的な安全基準が示されていくと考えられる。

2.3　引用規格

　ロボットは機械，電気電子，情報の横断型技術であり，人との接触を前提とする生活支援ロボットは人間工学的配慮も安全設計上重要となってくる。したがって ISO 13482 を実際に運用する上では，多くの規格を参照する必要がある。ISO 13482 では 31 の規格が引用されて，ISO 13482 の一部とされている。その内訳は次のとおりである（区分は著者独自による）。

　人間工学（警告表示含む）：12，油空圧安全：2，制御安全・機能安全：8，電気安全：4，安全設計基礎：3，製品安全：2。

　これらの引用規格のうち，特に次の規格は基本的なものであり ISO 13482 を適切に理解する上で重要と考えられる。

- ISO 12100（機械類の安全性―設計のための一般原則―リスクアセスメントおよびリスク低減）：リスクアセスメントおよび 3 ステップメソッドに基づくリスク低減方策の一般原則が示されており，国際安全規格での安全設計の原理を示す A 規格である。

[※2]　国際安全規格では規格をその位置づけにより A 規格（安全の原理原則を示す規格），B 規格（安全距離など複数の製品に共通の情報をまとめた規格。グループ安全規格），C 規格（個別製品の安全性を規定する規格。個別安全規格）と区別している。A 規格が最上位規格であり，下位規格は上位規格に従うことを原則としている（アンブレラ規格）。

- IEC 60204-1（機械類の安全性―機械の電気装置―第1部：一般要求事項）：感電保護等の電気安全が示されている。

- ISO 13849-1（機械類の安全性―制御システムの安全関連部―第1部：設計のための一般原則）：光カーテンなど比較的単純な制御システムの安全を規定する規格であり，電気回路だけでなく空圧・油圧制御回路も対象としている。Performance Level（PL）とよばれる基準で安全性のレベル（PLa〜PLeの5レベル）が定義されている。安全の目標値はPLrと表記され，ISO 13482では主としてPLrで表記される。

- IEC 62061（機械類の安全性―安全関連の電気・電子・プログラマブル電子制御システムの機能安全）：PLC等のコンピュータを含む複雑な制御システムの安全を規定する機能安全に関する規格であり，Safety Integrity Level（SIL）とよばれる基準で安全性のレベル（SIL 1〜SIL 4の4レベル）が定義されている。なお，機能安全規格としてはIEC 61508が広く引用されているが（IEC 62061はIEC 61508の派生規格），IEC 61508は化学プラント等の大規模システムでの機能安全を想定した規格であり，個別機械の機能安全を想定しているIEC 62061がその親和性からISO 13482で引用されている。

2.4　規格の構成

ISO 13482の構成（目次）を次に示す。カッコ内の数字は各章のおおむねのページ数を示す。

1. はじめに(1)
2. 引用規格(2)
3. 用語と定義(7)
4. リスクアセスメント(1)
5. 安全要求事項と保護方策(28)（代表的危険源に対して3ステップメソッドに基づくリスク低減方策の例が示されている）

   5.1　一般

   5.2　バッテリー充電に関する危険源

   5.3　エネルギー蓄積と供給に関する危険源

   5.4　ロボットの通常使用時の起動と再起動

   5.5　静電気

   5.6　ロボットの形状に関する危険源

   5.7　エミッションに関する危険源

   5.8　電磁干渉に関する危険源

   5.9　ストレス，姿勢，使用に関する危険源

   5.10　ロボットの運動に関する危険源

   5.11　耐久性の不十分さに関する危険源

   5.12　不適切な自律的意思決定と動作に関する危険源

   5.13　可動部との接触に関する危険源

   5.14　人のロボットの認識欠如に関する危険源

   5.15　危険な環境

　　　　5.16　自己位置推定とナビゲーションに関する危険源

　6.　安全関連制御システムへの要求事項(14)（ロボットの種類とタスク毎に PLr が例示されている）

　　　　6.1　要求される安全性能

　　　　6.2　ロボットの停止

　　　　6.3　可動範囲の制約

　　　　6.4　安全関連速度制約

　　　　6.5　安全関連環境計測

　　　　6.6　安定化制御

　　　　6.7　安全関連力制御

　　　　6.8　特異点に関する防護

　　　　6.9　ユーザーインターフェースの設計

　　　　6.10　オペレーションモード

　　　　6.11　手動操作装置

　7.　検証と妥当性確認(1)

　8.　使用上の情報(6)

　附属書 A　パーソナルケアロボットの重大危険源のリスト(8)（85 項目の危険源が例示されている）

　附属書 B　パーソナルケアロボットの動作空間の例(3)

　附属書 C　安全防護空間の実装例(3)

　附属書 D　パーソナルケアロボットの機能タスクの例(3)

　附属書 E　パーソナルケアロボットのマーキングの例(2)

　なお附属書はいずれも informative であり，規格の一部ではない。

2.5　生産設備安全と比較した特徴

　ISO 13482 の引用規格は生産設備安全と関連するものが多いが，ISO 13482 には生産設備安全とは異なる，以下の特徴を有している。

- ●愛玩動物や財産も（適切と考えられる場合は）保護すべき対象としている。同規格内ではこれらを「安全関連物体（safety-related object）」と総称している（ISO 12100 では環境，動物，財産のリスクは対象としないとしている）。

- ●ロボットの動作空間を，保護停止空間，安全防護空間（以上が安全関連空間），監視空間，制限空間，最大空間に区別している（ISO 13482 附属書 B，C）。生産設備では，当初決定した機械類の制限の決定（≒機械の使い方）を変えることは，設備の稼働条件を変えることになり，実務的ではない。一方，生活支援ロボットはさまざまな場面で利用できる可能性があり，機械類の制限の決定も，ある意味，リスク低減の重要な手段である[3]。動作空間を，ここでのように明示的に分類することは，生活支援ロボットの安全コンセプトの立案を容易にすることに寄与していると考えられる。

- ●ロボットの安全に係わる停止を非常停止と保護停止に区別し，保護停止では停止カテゴリ 2 による停止後の自動復帰を認めている。ここでの保護停止は，IEC 61800-5-2 の示すセー

-312-

フティードライブシステムの停止に対応するとしている。

● 使用者の多様性をより明確に示している。例：使用者が冬用の分厚い手袋をした場合の操作性低下も危険源として挙げられている。

● 生産設備の安全は「隔離の原則」に従い接触を意図しない場合が多いが，生活支援ロボットは意図して人と接触する場合がある。その場合は，接触部分の皮膚の変形量や，人とロボットの関節可動法の差異（人の関節は複数の回転中心で成り立っているが，ロボットの関節の多くは回転中心は１つ）への配慮を ISO 13482 は求めている。

3. ISO 13482 の課題

ISO 12100 を生活支援ロボット分野へ適用したものが ISO 13482 であると同規格では明示されており，ISO 13482 は国際安全規格に基づく安全設計の各フェーズで有用な情報が例示されている。その対応を以下に示す（文中【　】内が ISO 13482 の対応部の説明である）。

(1)　リスクアセスメント

(1)-1　機械類の制限の決定：

● 意図する使用の明確化：【附属書 D では各ロボットの利用シナリオが例示されており，意図する使用の文書化の参考になる】

● 空間の制限：【附属書 B，C ではロボットから安全関連物体までの距離と目的により安全関連空間と非安全関連空間に分けた例示があり，安全コンセプト立案の考えの整理に繋がる（安全設計上，安全関連空間用コンポーネントは安全認証が要求されるが，非安全関連空間用コンポーネントは任意の物が利用可能である）】

(1)-2　危険源の同定：【附属書 A の危険源とその潜在的危害は，危険源同定のガイドワードとして利用可能である】

(1)-3　リスク見積り：【6 章では各ロボットの各制御安全機能（力制御、速度制御等）の目安が PLr で表現されており，対応するタスクのリスクが推定できる】

(2)　リスク低減方策

(2)-1　3 ステップメソッドによるリスク低減方策：【5 章では制御安全・機能安全を除く 3 ステップメソッドによるリスク低減方策が代表的危険源毎に例示されている。8 章では残留リスクを「使用上の情報」として記載すべきときに考慮すべき項目が，附属書 E では警告表示マークの例が示されている】

(2)-2　制御安全・機能安全によるリスク低減方策：【6 章では各ロボットの各制御安全機能（力制御、速度制御等）の目安が PLr で表現されており，対応するリスク低減方策の技術的難易度が推定できる】

(2)-3　妥当性確認【7 章では妥当性確認の代表的手法（実地検査，ソフトウェアの検証）を 8 個例示している】

なお，多様性を有する生活支援ロボットのリスクアセスメントは，リスクパラメータの組合せ爆発が起こりやすいという特徴を有しているが，その組合せ爆発を効率的に考慮する具体的

第4編　リスクと安全対策

な手法は ISO 13482 では示されていない。生活支援ロボットのリスクアセスメントは大きな課題であり，今後の整備が期待される。

4. おわりに

　新規な生活支援ロボットでは，社会に広く受け入れられた安全の考え方自体が存在せず，ロボットのメーカーが基礎的な部分から安全コンセプトを立案し認証に臨む必要がある。また，ISO 13482 には具体的な数値基準が少なく，具体的な試験法も示されていないこととも合せて，同規格に基づく安全認証習得はロボットメーカーに多くの負担を強いているのが現状である。日本では，ISO 13482 認証に対応した生活支援ロボットの安全検証が具体的に実施できるセンターが設置され，世界に先駆けた同規格での安全認証を支援している[3]。今後の ISO 13482 の普及に対し，日本のより一層の寄与が期待されている。

　なお本章は，文献 4) を加筆修正したものである[※1]。

文　献

1）新エネルギー・産業技術総合開発機構：ロボット白書（2014）.

2）ISO 13482 Robots and robotic devices-Safety requirements for personal care robot, ISO（2014）.

3）生活支援ロボット安全検証センター：http://robotsafety.jp/,（2015.1.18 アクセス）.

4）木村哲也，大賀公二：日本信頼性学会誌信頼性,**37**（2）（2015）.

※1　論題：生活支援ロボット安全規格 ISO 13482 とシステム安全

◆ 第4編　リスクと安全対策

第2章　社会実装するためのシステムデザイン論

国立研究開発法人産業技術総合研究所　大場　光太郎

1.　はじめに

　ロボットに代表されるシステムは，高度成長時代の大量生産を背景に，主に第二次産業において，工場内にロボットシステムが大量導入され，業務分析を基盤とした"カイゼン"が工場内で進められ，国際競争力強化につながってきたことは周知なことである。

　昨今，第一次産業や第三次産業分野において，第二次産業と同様にロボットシステム利活用の社会的な期待が高まりつつある。ロボット技術自体は，過去に大学や国立研究開発法人産業技術総合研究所において試作レベルのロボットは世の中に数多くあるが[1]-[7]，実際の利用する人の期待に応えられるようなロボットは数少ないというのが現状である。

　ここではなぜ，過去のものづくりのための第二次産業において培われたシステムおよびシステムデザイン論が，なぜ，第一次産業や第三次産業にそのままでは適応できないのかについて考えたい。

2.　過去の成功体験の分析

2.1　業務分析不足

　過去に第二次産業で成功してきたモノづくりをベースとした効率化のためのシステムデザインは，現状のシステムの業務分析として，人や物の流れを徹底的に「量」として分析し，むだを洗い出し，そのむだをなくすことによってシステムの再構築を行うのが基本とされてきた。

　この場合，評価指標は非常に明快な数値であることが多く，モノを作るためのシステムに係る費用や人件費「入力量」対して，作られたモノとし売られた価格や利益「出力量」，また入力量と出力量の比「効率」を算出し，それぞれのサブシステムでの効率から，むだをなくすことで効率のよいモノづくりシステムをデザインするシステム設計論であったといえる。

　しかしながら，第一次産業や第三次産業では，そもそも，業務分析データが多くは存在していないこと。また，たとえ業務分析データが存在したとしても，業務分析データ取得方法が第二次産業をベースとした，「量」と「効率」という評価指標をベースに分析されており，特に第三次産業において重要な，人の感覚による「質」を見落とした議論を行うために，得られた業務分析に基づいたシステム改善が成功することは少なかったのではないかと考える。

2.2　価値観の多様性

　さらには，昨今のモノづくり産業にもいえることであるが，単一製品を大量に作れば売れた大量所費社会から，価値観の多様化による多品種変量生産が求められ，単に「量」や「効率」だけを評価指標としてきたモノ主体の社会形態から，ものではないところに価値を見出すことに

－315－

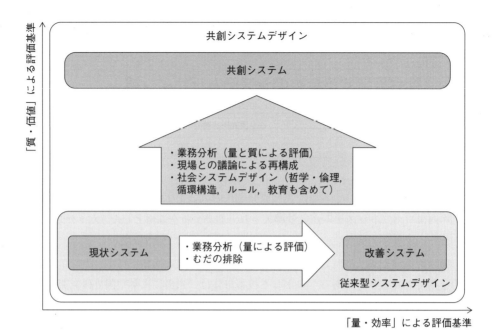

図1　共創システムデザイン

よるサービスビジネスを考えなければいけない世の中になり，その中でどのようにモノづくりシステムを構築するのか，という新しい側面も考慮しなければいけなくなってきているのはなかろうか。

この新たな価値観は，モノではないサービス（コト）を基盤とすることが多く，目に見えないコトを対象とすることから，その評価指標は難しく，特に人の満足度・幸福度などになると，その価値観は個人差が多く，1つの尺度では測りきれない指標を用いると同時に，個人の多様性をも許容したシステムデザイン論を展開する必要性が出てきている気がする。そういう意味では，工学の領域と芸術の領域を融合した「工芸品的システムデザイン理論」が必要となってきているのかもしれない。

このような「工芸品的システムデザイン理論」や「共創システムデザイン」は，欧米の特に北欧では，ドナルド・ノーマンに代表される「ユーザー中心デザイン」，「参加型デザイン」として重要視されており，社会科学の領域での"アクションリサーチ"や"社会工学設計（Sociotechnical Design）"とも概念を共有している（図1）。

3. ロボットとは

まずはじめに多くの議論が陥りがちである，「ロボット」という"単語"と"物理的な実態"にとらわれるあまり，本当に何が必要とされているのかを見失う，ということについて議論するために，ここでは最初にロボットの定義について述べたい。

残念ながら世界的にロボットの定義はなく，個人的にはセンサ，処理システム，アクチュエータの3要素を含むものをロボット，ロボット要素，知能システムとしたい。しかしながらこの定義は物理的な定義であり，他方にはロボットサービスとして，何を実際にやって欲しいのか，

何をやればその対価としてビジネスモデルが描けるのかの議論が曖昧なままモノが作られてしまう傾向が見受けられる。

いま一度，ロボットを作ることだけに目を留めた第二次産業をベースとした SIer の議論に陥るのではなく[8]，ロボットはあくまでも道具の1つとして割り切り，"ロボットで人間のために何をやりたいのか"，というサービスを主体的に見ることが，ロボットによるサービスを実現し，社会に定着させることができる早道なのではないかと感じている。

このような視点を変えた考え方は，たとえば，ピーター・ドラッカーが，「企業の目的とは？」の問いに対し，「利益を求めるのではなく顧客創出である」と返したのと同じである。先に利益追求を行うと顧客は逃げるが，顧客創出を主にするとお金はついてくる，という発想と同じような気がする[9]。

4. 何のために

そもそも何のためのロボットか？　という疑問について考える際に重要な視点は，「ユーザーはロボットというモノが欲しいのではなく，ロボットが提供するサービスが欲しい」ということである。サービスを提供してくれるのであれば，手段的にロボットであっても人間であっても，はたまた，仮想空間の情報操作で実現しても，ユーザーは手段を意識はしていないということである。昨今の若者の車離れと同じで，昔は自動車に憧れ，特定の自動車がステータスシンボルとして保有することが自己満足につながったが，そのような時代は終わり，公共交通機関が十分に発達している場合には，自動車をもつよりも公共交通機関を利用したほうが"安価"，"快適"，"便利"，"高速"，"安全"であるということに気づきはじめたのではなかろうか。そうなると自動車の設計手法も，いままでのようにものとしての視点から，コトを提供する道具としての視点からの設計を余儀なくされているようである。

何のため，という問いに対して，「理念」をもったモノづくりが求められているような気がする[10]。

5.「俯瞰的システムデザイン」の重要性

前述のように"ものとしてのシステム"，さらには"サービスシステム"，人を含んだ社会をマクロに考えると，社会自体が1つのシステム"社会システム"[11][12]であるという考えも可能である。つまり，社会の中でものとしてのシステムが果たすべき役割，人の役割，サービスの役割を明確にして，社会制度の中にものを取り組むことで，各ステークホルダーがどのような利益とデメリットを得る可能性があるのかを，俯瞰的に社会をシステムとして捉えたデザインを行い，法制度や社会インフラ，さらにはものとしてのシステムはどうあるべきかを総合的にデザインすることが重要なのではなかろうか。

社会システムをデザインすることは，1つのライフスタイルや文化をデザインするに等しく，社会そのものを変えうるものと確信している。事例としては，ソニー㈱のウォークマンを作った部隊の方は「ソニーはウォークマンを作ったのではない。音楽を携帯する文化を作ったのだ」といわれていた。文化を作るために必要な道具，ものがウォークマンであったという考えである。

あえて苦言を呈させていただければ，現在の日本の教育の中で，よくいわれる上流設計のできるエンジニアの育成がされていないのは，工学，法学，経済学などの現在の学問体系の縦割

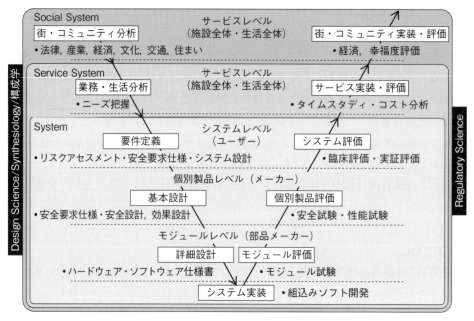

図2 俯瞰的システムデザイン

りの中でのみ議論が繰り返されてきたためではなかろうか？

　もともと現在の学問ですら，黎明期には体系化されず，俯瞰的な議論を行いながら進歩してきたものであり，視野の狭い「木を見て森を見ない」人材育成が今の社会の不安定さを生み出す1つの要因のような気がしている。

　ロボットが導入される社会を俯瞰的に考え，社会システムとして捉えると，ロボットというものではなく，対象であるヒトのことを深く考えることになる。人と人のつながり"コミュニティ"を考えながら，社会システムを回す1つの歯車（道具）としての位置づけを明確にしながら，システム設計することが求められている（**図2**）[13)-16)]。

6. システムを安全に使うために

　世間一般に，ロボットといわれているものの多くは，その機械的な要素を含むために，人間への危害を与えることが容易に想定される。先述したロボットサービスの定義とも密接に関係するが，その安全性を評価するためには，どのようなサービスをロボットという道具で実現し，ビジネスができるか，そのためにどのような環境を想定し，どの程度のリスクとベネフィットが想定されるのかをあらかじめ見積もる必要がある。

　たとえば自動車は現在，社会に認知され，そのベネフィットの高さのゆえに万が一の場合のリスクについては，ライセンス制度，自賠責保険，任意保険，さらには道路交通法が整備され，社会インフラとしての道路，信号，高速道路やETCなどと進化し続け，現在では自動運転技術が期待されている（自動運転にビジネスモデルがあるかどうかは甚だ疑問ではあるが）。

　片やロボットは，人間とは隔離された産業用のロボットとして高度成長期の道具として発展し，企業内の限られた空間でその進化を遂げてきたものであり，そのロボットが檻を破り社会

に出るためには，自動車の歴史と同じ過程を経なければ社会実装は難しい[17)-19)]。

茨城県つくば市にある「生活支援ロボット安全検証センター」[20)]は，2009年から25年間の5年間の国立研究開発法人新エネルギー・産業技術総合開発機構（NEDO）の"生活支援ロボット実用化プロジェクト"の一環として，18の試験装置などが整備されていると同時に（図3），認証プロセスの手助けとなる，チェックシートやリスクアセスメントのひな形などが公開されている。NEDOプロジェクトの成果としては，機械安全規格のC規格の1つとして，2014年2月にISO 13482（図4）が正式に発行し，ドラフト版での認証と合わせると，合計7件のJQA（日本品質保証機構）での認証実績を有している（図5）。

2013年から2017年の5年間の経産省の"ロボット介護機器開発・導入促進事業"に引き継がれ，現状は生活支援ロボットから，ロボット介護機器にスコープを絞った安全性の評価手法などの研究を継続している。同時に同センターでは，"ロボット介護機器開発・導入促進事業"にかかわっていない企業からも，見学や技術相談にも応じており，必要とあれば依頼試験や認証を受けることも可能な体制となっている。

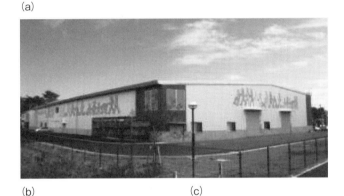

図3　生活支援ロボット安全検証センターと試験装置（EMC，衝突試験装置）

```
        A規格（基本安全規格）
      ・ISO 12100…基本安全規格
      ・ISO 14121…リスクアセスメント規格
         B規格（グループ規格）
        ・ISO 13849…システム安全規格
        ・IEC 61508…機能安全規格
           C規格（個別製品安全規格）
         ・工作機械　化学プラント　溶接機
         ・産業用ロボット　無人搬送機　プレス機
         ・ISO 26262…自動車
         ・ISO 13482…生活支援ロボット
```

図4　機械安全のための国際規格

図5　認証事例

7. 社会実装プロセスガイドライン

前項では，ロボットの社会実装のための安全性の評価について述べたが，システムを社会実装するためには，設計段階，実証段階，実装段階においてそれぞれ以下のようなプロセスを考慮する必要があると感じている（図6）。

7.1 設計段階

(1) 手　法
① コンセプト明確化（コンセプトチェックシートなどの活用）：想定ユーザーとの意識すり合せ，「共創システムデザイン」
② 実証・実装を想定した設計：法律や教育などを想定，「俯瞰的システムデザイン」
(2) ステークホルダー
① コンセプト企業：商社，金融機関，自治体などでも可能
② （仮想）ユーザー
(3) 妥当性
① コンセプト認証
② コンサル活用（人材育成が課題）
(4) 保全：不要

7.2 実証段階

(1) 手法：PDCA サイクル
(2) ステークホルダー

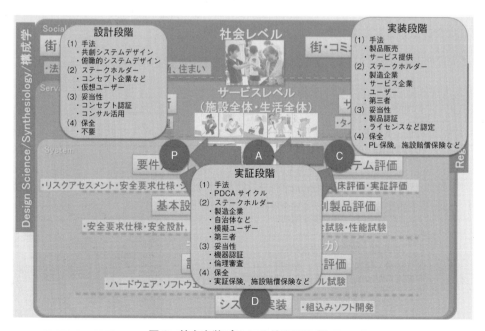

図6　社会実装プロセスガイドライン

① 製造企業：試作品認証

② 自治体：実証事業サービス体制（場所とサービス提供）

③ （模擬）ユーザー：ユーザー教育体制

④ 第三者：社会受容のための啓蒙活動

(3) 妥当性

① モノ：機器認証（試験・認証，EUでは実証段階でCEマーク取得義務，国際連携必須）

② ヒト：倫理審査

(4) 保　全

① 実証保険：施設賠償保険

7.3　実装段階

(1) 手法：製品販売，サービス提供

(2) ステークホルダー

① 製造企業：製品認証

② サービス企業：サービス体制

③ ユーザー：ユーザー教育体制

④ 第三者：社会受容のための啓蒙活動

(3) 妥当性

① モノ：製品認証

② 体制（ヒト）：ライセンスなどの認定制度

③ 体制（環境）：

(4) 保全

① PL保険

② 施設賠償保険

8.　現状の問題

　先に示した設計・実証・実装プロセスのガイドラインを実行しようとした時の，日本における現状の問題としては，以下のようなものが考えられる。

(1)　システムの安全とヒトへの効果効能の分離

　薬の効果効能をみることを主として厚労省の薬事審査制度であるが，機器の安全性の認証と，効果効能の審査が混在している。EUなどでは，機器の認証は実証以前にCEマーク取得義務を課し，効果効能の審査とは別で行っている。

(2)　人材育成不足

　モノづくりがもてはやされる日本では，「量」での評価指標を尊重するあまり，「質」で評価が求められるサービスデザイン，さらには，社会システムデザインの様な上流設計を行う人材が不足している。

(3)　意識レベルの向上

　システムを安全に使うためには，モノだけで安全にするのは完全安全がない以上，限界があ

る。人のリテラシーをどうやって維持し向上させるか，さらには，安全理念や安全哲学をもった文化を，お互いに育むためのコミュニティ育成が，システムのベネフィットを享受するためには必要不可欠なのではないかと考えている。

9. 産業技術の変革

先にロボットの導入には安全の評価が重要であることを述べた。ロボットは，二次産業においては，産業革命における大量生産自動化のために大きな役割を占めてきたが，現在，高齢社会になり多品種変量生産に対応するため，第二の大きな産業技術の改革が起ころうとしている。その一例が，ヒューマノイド型ロボットの導入である。

同様に，一次産業や三次産業においても，高齢社会におけるその産業技術の変革が求められている。一次産業においては，自動トラクタや植物工場などの大量生産化で，これはある意味では二次産業の産業革命期と同じである。しかしながら，今後20～30年で求められるロボット技術は，恐らく「高齢社会対応型農業」であり，ロボットをその経済性から導入するのではなく，"食の安全"や高齢者でもできる農業をアシストするか，六次産業化に資する技術が求められてくると考えられる。そういう意味では，かゆいところに手が届く，個別対応型の産業技術であり，今までの集約化とは大きく異なる産業構造をめざす必要があると考えている（図7）。

このような新たな産業構造を考える際には，前述の安全性を考慮し，図8に示すようなリスクとベネフィットのバランスを考えながら，社会的なシステムとして俯瞰的なデザインのできる能力を有する人材が非常に大きな役割を果たすが，残念ながら現時点で，日本ではこのような人材が十分に育っているとはいいにくい。想定内の対応は"リスクアセスメント"であるが，

図7　産業技術の変革

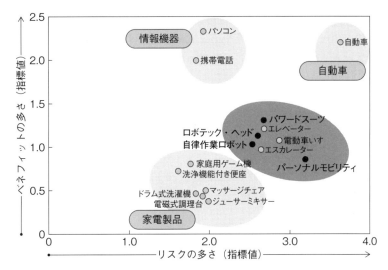

(出典：国立研究開発法人産業技術総合研究所：「製品の安全性イメージに関する調査」
(2010年11月実施))

図8　リスクとベネフィットのバランス

想定外のリスクへの対応能力は"レジリエンス"といわれる。答えのない実際に社会的課題を，課題を有する現場で，現地の人と話し合いながら，社会的な課題を解決する「共創」を，教育の現場で実践することこそが，このレジリエンス能力を高める方法ではないかと考えている。

筆者たちは，2011年3月11日の東日本大震災に際し，被災地気仙沼に出向き，"気仙沼〜絆〜プロジェクト"を行いながら，現地の人との対話の中から，この共創モデルを見出したものである。

10. 国際戦略

いままで，社会実装するために必要なプロセスや，安全評価，背景などについてまとめてきたが，特に高齢社会に向けた介護支援機器を考えた場合，海外の動向に応じた国際戦略を考える必要がある。

福祉国家として先行しているのは北欧などがあるが，特にデンマークでは，日本のロボット機器を先行的に導入した社会実証を進めており，参考になる部分が非常に多い。特に社会実装プロセスとして，特筆すべきは，実証を行う前に認証としてCEマークを取ることを義務づけている点である。実証として模擬ユーザーが使うにしても，その安全性は担保しなければいけないということである。

しかしながら，デンマークで実証している日本のロボット企業からすると，CEマークを取り，デンマークで実証することで改良点などが見つかった場合，CEマークを取り直さなければいけなくなり，PDCAサイクルを回すことがかなり困難となっている。

このようなことからも，日本の認証制度ISO 13482と，欧州のCEマークとの国際戦略連携を図り，国際的にPDCAサイクルを回す仕組みづくりを考えることが大事なのではないか。

第4編　リスクと安全対策

11. おわりに

　最後に，今回のレポートが第一次産業や第二次産業における本当の課題を探り出す1つのヒントとなり，来るべき高齢社会に対応した農業の発展に資することを期待する。

文　献

1）日本ロボット工業会：21世紀におけるロボット社会創造のための技術戦略調査報告書（2001）.
2）日本ロボット工業会：21世紀におけるロボット産業高度化のための課題と役割に関する調査研究—ロボット産業の長期ビジョン—（2000）.
3）日本ロボット工業会：マニピュレータ，ロボットに関する企業実態調査報告書（2007）.
4）経済産業省：「次世代ロボットビジョン懇談会」報告書（2004）.
5）経済産業省：新産業創造戦略（2004）.
6）経済産業省：ロボット政策研究会報告書（2005）.
7）総合科学技術会議：ロボット総合市場調査報告書（2007）.
8）谷江和雄：ロボット市場を立ち上げるために，東芝レビュー，**59**(9)，9-14（2004）.
9）P. F. ドラッカー：マネジメント，ダイヤモンド社.
10）野中郁二郎：知識創造企業，東洋経済新報社.
11）横山禎徳：東大エグゼクティブ・マネージメント課題設定の思考力.
12）前野隆司ほか：システム×デザイン思考で世界を変える　慶應SDM「イノベーションのつくり方」.
13）"unlocking the future"，1988，L.Branscomb議会証言 2001，C. Wessner，OECD 講演資料
14）民間企業（山万）が地域を経営する街〜ユーカリが丘調査報告書〜
http://www.minnano-yokohama.com/wp-content/uploads/2013/01/20121029ooiwareport.pdf
15）山崎亮：街の幸福論，NHK出版.
16）山崎亮：コミュニティデザイン，学芸出版社.
17）ロボット技術の国際標準化活動（OMG）の紹介
http://staff.aist.go.jp/t.kotoku/omg/omg.html
18）ロボット技術国際標準化会議の報告
http://www.nedo.go.jp/content/100105101.pdf
19）知的財産推進計画 2012
http://www.kantei.go.jp/jp/singi/titeki2/120529/siryou01-2.pdf
20）生活支援ロボット安全検証センターホームページ
http://robotsafety.jp/wordpress/
21）気仙沼〜絆〜プロジェクト
https://www.youtube.com/watch?v=TvQN1bWlYlk
22）D. Norman：The Design of Everyday Things（1986）.

索　引

●英数・記号●

3 ステップメソッド ･･････････････････ 311
3D
　　プリンタ ･･････････････････････････ 214
　　マッピング ････････････････････････ 192
3 品産業 ･･･････････････････････････････ 258
ADL；Activities of Daily Living ･･･････････ 127
AGV；Automated Guided Vehicle ･･･････････ 57
AI ･･････････････････････････････････････ 204
　　＝人工知能
Arduino UNO ･･･････････････････････････ 214
Bluetooth ･･･････････････････････････････ 223
　　Low Energy；BLE ･･････････････････ 223
CAN-BUS ･･････････････････････････････ 179
CFRP ･･･････････････････････････････････ 27
chatterbot システム ･････････････････････ 90
City GML；City Geography Markup Language ･･ 241
CLAS ･･････････････････････････････････ 185
COP；Center Of Pressure ･･････････････････ 124
Co-X ･･･････････････････････････････････ 5
CRoSDI ･････････････････････････････････ 173
DIR-3 ･･･････････････････････････････････ 174
DroneCode ･････････････････････････････ 189
Easy to use ･･････････････････････････････ 39
Erica ･･･････････････････････････････････ 91
Estimote ･･･････････････････････････････ 228
fMRI ･･･････････････････････････････････ 296
　　＝機能的磁気共鳴画像法
Function Block ･･････････････････････････ 74
F-フォーメーション ････････････････････ 110
GPS ･･･････････････････････････････････ 145
　　オートステアリングシステム ･･･････ 182
　　ガイダンスシステム ･･･････････････ 182
Hardware Abstraction Layer For Robotic
　　Technology；HAL4RT ･････････････ 242
Human Robot Interaction；HRI ･････ 25, 87, 237, 287
iBeacon ････････････････････････････････ 227
ICHIDAS ･･･････････････････････････････ 64
Implicit association test ･･････････････････ 290
in vivo ･････････････････････････････････ 81
Indoor GML 1.0 ･････････････････････････ 241
Industrial Internet ･･･････････････････････ 259
Industry 4.0 ･････････････････････････････ 259
Intelligent Cane ････････････････････････ 119
IoT；Internet of Things ･･･････････････ 33, 185

iPadrone ･･･････････････････････････････ 213
iPhonoid ･･･････････････････････････････ 212
ISO 10218 ･･････････････････････････････ 310
ISO 13482 ･･････････････････････････････ 309
ISO/IEC Guide 2 ････････････････････････ 309
ITU-T ･･････････････････････････････････ 241
Laser Range Finder；LRF ････････････････ 120
LiDAR ･････････････････････････････････ 192
Lucia（ルチア）･･･････････････････････････ 98
MEMS 技術 ･･････････････････････････････ 23
MOTOMAN-BMDA 3 ････････････････････ 272
MOTOMAN-HC10 ･･･････････････････････ 270
MOTOMAN-MHC130 ･･･････････････････ 268
NFC ･･･････････････････････････････････ 223
Open Source Robotics Foundation；OSRF ･････ 241
OpenEL；Open Embedded Library ･････････ 242
OpenRTM-aist ･･････････････････････････ 241
O-空間 ･････････････････････････････････ 110
PID 制御 ･･･････････････････････････････ 132
PLC ････････････････････････････････････ 73
pre-question ････････････････････････････ 115
Quality of Community；QOC ･･････････････ 219
Quality of Life；QOL ････････････････････ 219
RCPV；Remote Control Platform Vehicle ･････ 175
Remote Center of Motion ･････････････････ 82
RIBA ･･････････････････････････････････ 135
RLS；Robotic Localization Service ･････････ 241
ROBEAR ･･･････････････････････････････ 135
Robotic Technology Component；RTC ･･･････ 241
RoIS；Robotic Interaction Service Framework ･･ 241
ROS；Robot Operating System ･･････････････ 241
RT ミドルウェア（OpenRTM-aist）････････ 241
RTK-GPS ･･････････････････････････････ 179
SCARA ･････････････････････････････････ 80
　　〜型ロボット ････････････････････････ 20
Semantic differential 法 ･･････････････････ 288
Siri ･････････････････････････････････････ 90
SLP ･････････････････････････････････････ 75
SLS ･････････････････････････････････････ 75
SR センサ ･･･････････････････････････････ 140
SS1 ･････････････････････････････････････ 75
STO ････････････････････････････････････ 75
STR ････････････････････････････････････ 75
Technology acceptance model ･･････････････ 288
technophobia ･･･････････････････････････ 287
　　＝技術恐怖症

索 引

Terapio（テラピオ）················98
time of fry·····················30
ToF；Time of Flight···········59, 69
Transition Relevant Place··········109
UNR Platform·················238
Watson······················90
WiGig······················223
WOZ 法·····················115
ZigBee······················223

●ア行●

アイトラッカー·················300
アクセス技術··················171
アクチュエータ···············19
アシストアーム開発··············134
アドミッタンス制御·········123, 132
アプリケーション
　〜層·····················211
　ソフト····················32
アルゴリズム層·················211
アンコンシャス型ロボット···········226
安全
　関連物体··················312
　技術··················67, 143
　装置·····················60
　認証···················314
　方策····················143
アンドロイド·············87, 296
案内型移動ロボット··············210
維持管理····················171
移乗介助····················135
異常判断システム···············233
位置
　合せ·····················63
　同定·····················59
逸視顔·····················304
移動
　機構····················177
　制御····················177
医療
　格差·····················84
　〜用ロボット（アプライドロボット）··40
インタラクション···············299
インターロック信号··············73
インピーダンス制御··············137
インフレータブルロボット···········29
ウエハー搬送ロボット·············44
受け手性····················111

運動
　イメージ··················105
　〜野····················296
エイジフリー事業···············127
エコシステム···················9
エスノメソドロジー············107
エレベータ····················59
遠隔
　手術ロボット················79
　操作型ロボット···············91
　操縦技術···················22
オープンループ制御··············79
オフセット···················83
オムニホイール················120
おもてなしロボット··············279
親子型災害調査ロボット··········172
音声
　合成·····················25
　対話·····················90
　認識·····················25
オンライン販売·················87

●カ行●

外界センサ····················30
介護······················129
　機器····················128
　（支援）ロボット······24, 128, 135
　施設····················134
階層制御構造··················122
ガイドライン···················57
快の感情··················297
回避行動··················302
開腹開胸手術··················77
会話······················216
　〜の順番取りシステム···········108
　分析···················108
カウンタウエイト···············28
学習制御·····················51
確定環境·····················20
隔離の原則···················313
火山
　災害····················171
　〜性ガスセンサ··············170
下肢筋力····················133
仮想
　係数····················125
　トルクセンサ···············136
画像処理····················254

索-2

片まひ疾患‥‥‥‥‥‥‥‥‥‥‥99
カラーコンサルティング‥‥‥‥‥89
環境予測‥‥‥‥‥‥‥‥‥‥‥‥298
関係性（rapport）‥‥‥‥‥‥‥288
観光地活性化‥‥‥‥‥‥‥‥‥208
看護支援ロボット‥‥‥‥‥‥‥24
感情‥‥‥‥‥‥‥‥‥‥‥‥‥‥92
　生成モデル‥‥‥‥‥‥‥‥‥93
　表出‥‥‥‥‥‥‥‥‥‥‥93
干渉回避‥‥‥‥‥‥‥‥‥‥‥68
鉗子ロボット‥‥‥‥‥‥‥‥78
慣性航法装置‥‥‥‥‥‥‥179
完全無人作業システム‥‥‥184
機械
　〜的弾性要素‥‥‥‥‥‥‥28
　特性‥‥‥‥‥‥‥‥‥‥‥123
聞き手性‥‥‥‥‥‥‥‥‥‥109
技術恐怖症‥‥‥‥‥‥‥‥‥287
　　＝technophobia
機能安全‥‥‥‥‥‥‥‥‥‥313
　基板‥‥‥‥‥‥‥‥‥‥‥270
機能的磁気共鳴画像法‥‥‥‥296
　　＝fMRI
逆運動学計算‥‥‥‥‥‥‥‥81
共感‥‥‥‥‥‥‥‥‥‥‥‥295
教示・再生‥‥‥‥‥‥‥‥‥48
教示再生方式‥‥‥‥‥‥‥20
協調制御‥‥‥‥‥‥‥‥‥‥68
協働ロボット‥‥‥‥‥‥‥5, 54
橋梁定期点検要項‥‥‥‥‥‥191
極限作業用ロボット‥‥‥‥‥21
極座標‥‥‥‥‥‥‥‥‥‥‥84
起立支援‥‥‥‥‥‥‥‥130, 133
　スキル‥‥‥‥‥‥‥‥‥130
起立のアシスト‥‥‥‥‥‥‥129
近距離無線通信技術‥‥‥‥‥223
空撮‥‥‥‥‥‥‥‥‥‥‥‥190
駆動器‥‥‥‥‥‥‥‥‥‥‥19
組合せ技術‥‥‥‥‥‥‥‥‥208
組立て‥‥‥‥‥‥‥‥‥‥‥67
クラウド‥‥‥‥‥‥‥‥‥32
訓練効率‥‥‥‥‥‥‥‥‥‥125
ケーブルロッド‥‥‥‥‥‥‥81
計算論的システムケア‥‥‥218
携帯情報端末（タブレット）による操作
　・ティーチング‥‥‥‥‥‥44
経路探索‥‥‥‥‥‥‥‥‥‥147
牽引‥‥‥‥‥‥‥‥‥‥‥‥58
健康高齢者‥‥‥‥‥‥‥‥‥99

検査‥‥‥‥‥‥‥‥‥‥‥‥71
高減速比ギヤ‥‥‥‥‥‥‥‥28
交互作用‥‥‥‥‥‥‥‥‥289
格子占有地図‥‥‥‥‥‥‥‥146
高信頼化‥‥‥‥‥‥‥‥‥‥177
構造化
　技術‥‥‥‥‥‥‥‥‥‥‥67
　光‥‥‥‥‥‥‥‥‥‥‥‥69
構造物の点検‥‥‥‥‥‥‥‥190
拘束有無‥‥‥‥‥‥‥‥‥‥125
国際安全規格‥‥‥‥‥‥‥309
個人機械‥‥‥‥‥‥‥‥‥‥12
骨盤の前傾‥‥‥‥‥‥‥‥‥131
固定治具レス‥‥‥‥‥‥‥‥73
言葉と身体‥‥‥‥‥‥‥‥‥107
個別適合サービス‥‥‥‥‥‥12
コミュニケーションロボット‥‥25
ゴム人工筋アクチュエータ‥‥29
怖がり‥‥‥‥‥‥‥‥‥‥‥302
コンシェルジュ‥‥‥‥‥‥‥279
コンテンツ会話‥‥‥‥‥‥‥217
コンパニオン PC‥‥‥‥‥‥196
コンプライアンス制御‥‥‥‥71

●サ行●

サービス
　イノベーション‥‥‥‥‥252
　〜付き高齢者住宅‥‥‥‥127
　ロボット‥‥‥24, 237, 277, 309
　〜の国内市場‥‥‥‥‥‥260
災害対応ロボット‥‥‥157, 171
サイバーフィジカルシステム（CPS）‥‥197
雑談対話‥‥‥‥‥‥‥‥‥‥90
差動 2 輪型‥‥‥‥‥‥‥‥‥58
サブクローラ‥‥‥‥‥‥‥‥158
産業
　インフラ‥‥‥‥‥‥‥‥177
　〜用ロボット‥‥‥‥19, 47
　　市場‥‥‥‥‥‥‥‥‥257
三次元
　環境地図‥‥‥‥‥‥‥‥146
　測量‥‥‥‥‥‥‥‥‥‥191
　認識技術‥‥‥‥‥‥‥‥68
　（ビジョン）センサ‥‥‥68
　マップ‥‥‥‥‥‥‥‥‥254
残存‥‥‥‥‥‥‥‥‥‥‥‥133
　〜している身体能力‥‥‥130
視覚センサ‥‥‥‥‥‥‥‥‥52

索　引

軸脚 ················· 124
自己位置推定 ··········· 147
システム
　インテグレータ ······· 9, 258
　エンジニア ············ 9
　〜の汎用性 ··········· 209
視線配布 ··············· 113
実証試験 ··········· 144, 147
自動運転技術 ············ 143
自動機械 ··············· 19
シナリオ会話 ············ 217
シニアコンシェルジェ ······· 9
社会インフラ ············ 171
　〜の老朽化への対応 ···· 171
社会コスト算定 ··········· 12
柔軟素材 ··············· 136
重力補償 ··············· 28
手術支援ロボット ······ 23, 40, 78
出張手術 ··············· 84
術野展開 ··············· 79
巡回警備ロボット ········· 252
準天頂衛星システム ········ 185
障害物 ················· 59
　回避 ················· 144
　検出センサ ············ 184
状態認識 ··············· 92
衝突回避装置 ············ 194
情報
　構造化空間 ············ 208
　支援会話 ············· 217
　〜の共有性 ············ 209
触覚センサ ············· 135
自立支援
　アシストロボット ········ 134
　〜型起立歩行アシストロボット ··· 127
　ロボット ············· 24
自律走行機能 ··········· 144
自律飛行監視ロボット ······· 254
進化 ················· 298
　〜的ロボットビジョン ····· 215
新奇性 ··············· 297
親近性 ··············· 297
人工知能 ·········· 31, 74, 204
　＝AI
深層学習 ··············· 25
信地旋回 ··············· 131
心的葛藤 ·············· 304
心的機能 ··············· 304
伸展フェーズ ············ 131

ジンバル ··············· 80
心理尺度 ··············· 288
親和性 ················ 279
垂直多関節ロボット ········ 47
すくみ足 ··············· 99
ステレオ
　カメラ ··············· 69
　視 ················· 30
ストレインゲージ ········· 31
スパイキングニューラルネットワーク ·· 216
スマートデバイス ········· 207
　連動型ロボット ········ 207
スマートファクトリー ······ 197
スマートフォン ··········· 223
スライダクランク ········· 81
スリングホールド装具 ······ 132
すれ違い通信 ············ 221
制御安全 ··············· 313
正視顔 ················· 304
製造現場 ··············· 57
生存可能性 ············· 298
生態学的妥当性 ·········· 304
静電容量型 ············· 140
製品事故 ··············· 143
セキュリティサービス ······ 251
セコムドローン ··········· 254
セコムロボットⅩ ········· 252
接客アンドロイド ········· 88
接近行動 ·············· 302
背中の反り ············· 131
旋回動作 ··············· 125
前傾姿勢 ··············· 130
前傾フェーズ ············ 130
全方位カメラ ············ 117
前方注視距離 ············ 181
走行経路 ··············· 61
相互行為分析 ··········· 109
操作
　インタフェース ········· 79
　領域 ················ 110
操舵制御系 ············· 180
挿入動作 ··············· 70
速度制限機能 ············ 270
ソフトウェアエージェント ···· 223
ソロサージェリー ········· 84

● タ行 ●

体圧分散 ··············· 141

索-4

第三の手 …………………………… 78
台車 ………………………………… 58
　　連結アーム …………………… 58
態度 ………………………………… 287
大都市大震災軽減化特別プロジェクト ……… 157
対面販売 …………………………… 87
ダイレクトティーチング（機能） ……… 20, 44
対話 ………………………………… 216
　　〜の誘導 ……………………… 88
多角形テンプレート ……………… 215
卓上型ロボットパートナー ……… 210
タスク指向的対話 ………………… 90
タスク指向型対話システム ……… 216
タッチディスプレイ ……………… 88
タッチパネル ……………………… 60
多品種少量生産 …………………… 67
単孔式内視鏡下手術 ……………… 77
タンデムスタンス ……………… 124
力制御（技術） ……… 71, 129, 132, 134
力センサ ………………………… 31, 49
地図 ………………………………… 60
　　作成・位置同定用コンポーネント ……… 64
　　ソフト ………………………… 64
知能
　　〜化技術 ……………………… 67
　　ロボット ……………………… 49
着座のアシスト …………………… 129
ツール切替監視機能 ……………… 270
追従制御系 ………………………… 180
つえ ………………………………… 129
　　〜型ロボット ………………… 119
ディペンダビリティ ……………… 188
適応 ………………………………… 298
　　〜的意義 …………………… 298
デザイン機能 ……………………… 278
テレノイド ……………………… 91
電動車いす ……………………… 143
転倒予兆 …………………………… 119
臀部の離床 ………………………… 130
トータルチューリングテスト …… 94
道具としての機能 ………………… 282
搭乗型移動ロボット ……………… 210
頭頂葉 ……………………………… 296
導電性ゴム ………………………… 140
特定非営利活動法人国際レスキューシステム
　　研究開発機構 ………………… 158
独話 ………………………………… 216
床ずれ ……………………………… 140
土砂災害 …………………………… 171

特区 ………………………………… 147
とも歩き …………………………… 99
トラバース機構 …………………… 167
トルク
　　監視 …………………………… 72
　　センサ ………………………… 31
ドローン …………………………… 171
トンネル災害調査 ……………… 175

●ナ行●

内界センサ ………………………… 30
内視鏡下手術 …………………… 77
内部状態 …………………………… 92
日常会話 …………………………… 217
日常生活動作 ……………………… 127
入院期間の短縮 …………………… 126
乳児 ………………………………… 297
人間との親和性 …………………… 209
ねじ締め …………………………… 72
ネットワーク
　　〜・ヒューマン・インタフェース ……… 225
　　ロボット ……………… 223, 237
農薬散布 …………………………… 192

●ハ行●

パーキンソン病 …………………… 99
パーソナルモビリティ …………… 143
バーチャル型ロボット …………… 226
排泄の支援 ………………………… 134
跛行 ………………………………… 99
バックドライバビリティ ………… 29
発達 ………………………………… 297
話し手性 …………………………… 109
母親 ………………………………… 299
ばら積み …………………………… 70
パラレルリンクロボット ………… 47
バリューチェーン ………………… 197
パルスオキシメータ ……………… 120
搬送 ………………………………… 57
ハンドガイド装置 ………………… 269
バンパスイッチ …………………… 60
光ファイバジャイロスコープ …… 179
非言語行動 ………………………… 110
ビジブル型ロボット ……………… 226
非常停止 …………………………… 312
　　スイッチ ……………………… 60
歪みゲージタイプ ………………… 136

非タスク指向的対話‥‥‥‥‥‥‥‥94
非タスク指向型対話システム‥‥‥‥‥216
ピトー管‥‥‥‥‥‥‥‥‥‥‥‥‥170
人機械協調学習‥‥‥‥‥‥‥‥‥97
人協調制御技術‥‥‥‥‥‥‥128, 134
人協働‥‥‥‥‥‥‥‥‥‥‥‥‥‥76
人とロボットとの共存と協調‥‥‥‥‥39
人なつっこさ‥‥‥‥‥‥‥‥‥‥282
人見知り‥‥‥‥‥‥‥‥‥‥‥302
ヒューマノイドロボット‥‥‥‥‥‥87
ヒューマンロボットインタラクション‥107
表面筋電図‥‥‥‥‥‥‥‥‥‥‥138
ビン・ピッキング‥‥‥‥‥‥‥‥30
不安‥‥‥‥‥‥‥‥‥‥‥‥‥‥287
フィードバック制御‥‥‥‥‥‥‥‥79
フィールド
　実験‥‥‥‥‥‥‥‥‥‥‥‥‥87
　ロボット‥‥‥‥‥‥‥‥‥‥‥22
フォルマント情報‥‥‥‥‥‥‥‥‥93
不気味の谷‥‥‥‥‥‥‥‥‥‥295
複合センシング‥‥‥‥‥‥‥‥‥‥26
物理層‥‥‥‥‥‥‥‥‥‥‥‥‥211
負の感情‥‥‥‥‥‥‥‥‥‥‥297
フライトコントローラ‥‥‥‥‥‥189
プラグ＆プロデュース（plug & produce）‥199
プラグイン充電方式‥‥‥‥‥‥‥164
フランケンシュタイン症候群‥‥‥‥289
プレイバック‥‥‥‥‥‥‥‥‥‥48
ブレーキ‥‥‥‥‥‥‥‥‥‥‥‥60
プロセスイノベーション‥‥‥‥‥‥6
プロダクトライフサイクル（PLC）‥‥198
プロポ‥‥‥‥‥‥‥‥‥‥‥‥‥188
平行リンク‥‥‥‥‥‥‥‥‥‥‥82
変換の双方向性‥‥‥‥‥‥‥‥‥209
変種変量生産‥‥‥‥‥‥‥‥‥‥21
方位偏差‥‥‥‥‥‥‥‥‥‥‥180
報酬‥‥‥‥‥‥‥‥‥‥‥‥‥300
補完機能‥‥‥‥‥‥‥‥‥‥‥185
補強機能‥‥‥‥‥‥‥‥‥‥‥185
歩行器‥‥‥‥‥‥‥‥‥‥‥‥129
保護停止‥‥‥‥‥‥‥‥‥‥‥312
母子関係‥‥‥‥‥‥‥‥‥‥‥299
歩幅‥‥‥‥‥‥‥‥‥‥‥‥‥‥99

●マ行●

マイクロフォンアレイ‥‥‥‥‥‥‥92
マカクサル‥‥‥‥‥‥‥‥‥‥296
マスタスレーブ制御‥‥‥‥‥‥‥‥78

マニピュレータ‥‥‥‥‥‥‥‥‥‥78
マルチコプタ‥‥‥‥‥‥‥‥‥‥171
マルチモーダル‥‥‥‥‥‥‥‥‥‥90
ミドルウェア（層）‥‥‥‥‥32, 211
ミニマルデザイン‥‥‥‥‥‥‥‥‥91
見守り
　支援‥‥‥‥‥‥‥‥‥‥‥‥208
　センサ‥‥‥‥‥‥‥‥‥‥‥141
ミュージアムガイドロボット‥‥‥107
ミラーニューロンシステム‥‥‥‥‥296
無自覚的な動作‥‥‥‥‥‥‥‥‥‥93
無人
　調査車両‥‥‥‥‥‥‥‥‥‥172
　　ヘリ‥‥‥‥‥‥‥‥‥‥‥172
　トラクタ開発‥‥‥‥‥‥‥‥179
無線
　LAN‥‥‥‥‥‥‥‥‥‥‥‥145
　中継機‥‥‥‥‥‥‥‥‥‥‥175
滅菌‥‥‥‥‥‥‥‥‥‥‥‥‥‥78
モーフィング‥‥‥‥‥‥‥‥‥‥300
目的別階層構造‥‥‥‥‥‥‥‥‥218
モデルレス認識‥‥‥‥‥‥‥‥‥‥70
モニター機能‥‥‥‥‥‥‥‥‥‥113
モニタリングロボット‥‥‥‥‥‥159
もののインターネット‥‥‥‥‥‥227
モビリティ‥‥‥‥‥‥‥‥‥‥‥148

●ヤ行●

ユーザーインタフェース‥‥‥‥‥‥26
油圧アクチュエータ‥‥‥‥‥‥‥‥29
遊脚‥‥‥‥‥‥‥‥‥‥‥‥‥124
有人・無人協調作業システム‥‥‥183
ユニバーサルジョイント‥‥‥‥‥120
ユビキタスネットワークロボット（プラット
　フォーム）‥‥‥‥‥‥‥‥225, 238
腰痛‥‥‥‥‥‥‥‥‥‥‥‥‥127
横方向偏差‥‥‥‥‥‥‥‥‥‥180
欲求・意図モデル‥‥‥‥‥‥‥‥94

●ラ行●

ライフスタイル‥‥‥‥‥‥‥‥‥‥3
ライフハブ（Life Hub）‥‥‥‥‥‥208
理学療法士‥‥‥‥‥‥‥‥‥‥128
力覚（系）センサ‥‥‥‥‥68, 120, 136
離床フェーズ‥‥‥‥‥‥‥‥‥131
リスクアセスメント‥‥‥‥‥‥‥311
リスク対応策の検討‥‥‥‥‥‥‥177

リハビリ機器‥‥‥‥‥‥‥‥‥‥‥‥‥128
リハビリテーション‥‥‥‥‥‥‥‥‥‥120
　支援ロボット‥‥‥‥‥‥‥‥‥‥‥‥23
リフト‥‥‥‥‥‥‥‥‥‥‥‥‥‥‥‥129
リモート操作‥‥‥‥‥‥‥‥‥‥‥‥‥78
隣接対‥‥‥‥‥‥‥‥‥‥‥‥‥‥‥‥109
レーザー
　測域センサ‥‥‥‥‥‥‥‥‥‥58, 117
　レンジスキャナ‥‥‥‥‥‥‥‥‥‥30
　レンジファインダ‥‥‥‥‥‥92, 144
レスキューロボット実機リーグ‥‥‥‥‥157
ローカル操作‥‥‥‥‥‥‥‥‥‥‥‥‥78
ロバストカルマンフィルタ‥‥‥‥‥‥123
ロボット
　革命イニシアティブ協議会‥‥‥‥‥‥4
　　実現会議‥‥‥‥‥‥‥‥‥‥‥‥‥4
　活用コミュニティ‥‥‥‥‥‥‥‥‥‥9
　新戦略‥‥‥‥‥‥‥‥‥‥‥‥‥‥‥4
　セル‥‥‥‥‥‥‥‥‥‥‥‥‥‥‥51
　速度制限機能‥‥‥‥‥‥‥‥‥‥‥267
　動作領域制限機能‥‥‥‥‥‥‥‥‥266
　〜による産業革命‥‥‥‥‥‥‥‥‥261
　〜のBTO‥‥‥‥‥‥‥‥‥‥‥‥214
　プラットフォーム‥‥‥‥‥‥‥‥‥‥8
ロングテール市場‥‥‥‥‥‥‥‥‥‥‥11

●ワ行●

ワークシェア‥‥‥‥‥‥‥‥‥‥‥‥‥5
ワークスタイル‥‥‥‥‥‥‥‥‥‥‥‥3
和の心‥‥‥‥‥‥‥‥‥‥‥‥‥‥‥279

人と協働する
ロボット革命最前線

基盤技術から用途、デザイン、利用者心理、ISO 13482、安全対策まで

発行日	2016年5月16日　初版第一刷発行
監修者	佐藤　知正
発行者	吉田　隆
発行所	株式会社 エヌ・ティー・エス
	〒102-0091 東京都千代田区北の丸公園2-1　科学技術館2階
	TEL.03-5224-5430　http://www.nts-book.co.jp
編　集	新日本印刷株式会社
印刷・製本	新日本印刷株式会社

ISBN978-4-86043-451-9

Ⓒ 2016　佐藤知正，川村貞夫，谷口忠大，橋本康彦，榊原伸介，白根一登，松本高斉，中拓久哉，奥田晴久，河合俊和，小川浩平，港隆史，石黒浩，三枝亮，小林貴訓，久野義徳，山崎敬一，山崎晶子，福田敏男，長谷川泰久，志方宣之，岡﨑安直，向井利春，松本治，小林宏，小栁栄次，加藤晋，野口伸，市原和雄，澤田朋子，久保田直行，大保武慶，武田隆宏，宮下敬宏，松村礼央，富田順二，亀井剛次，萩田紀博，鬼頭明孝，横山考弘，篠田佳和，瀬川友史，中村民男，小山久枝，野村竜也，明和政子，松田佳尚，木村哲也，大場光太郎.

落丁・乱丁本はお取り替えいたします。無断複写・転写を禁じます。定価はケースに表示しております。
本書の内容に関し追加・訂正情報が生じた場合は、㈱エヌ・ティー・エスホームページにて掲載いたします。
※ホームページを閲覧する環境のない方は、当社営業部(03-5224-5430)へお問い合わせください。